建筑自动化系统

工程及应用

JIANZHU ZIDONGHUA XITONG
GONGCHENG JI YINGYONG

杨绍胤　杨　庆　编著

中国电力出版社
CHINA ELECTRIC POWER PRESS

内 容 提 要

本书考虑读者的实际需要，结合工程需求，介绍建筑自动化系统的基本知识和技术应用。内容包括建筑自动化系统的基础知识，涉及建筑自动化系统的组成、功能，所用的控制器及元件，建筑自动化系统的网络及软件；以及建筑暖通空调、供水排水、供配电、照明等应用技术，并讨论了建筑物自动化系统的设备、网络、软件、电源、防雷与接地、机房等问题。全书注重反映智能建筑技术领域新技术、新产品的应用，为读者展现智能建筑技术的全景技术体系。

本书可供从事智能建筑工程设计、施工、管理及系统集成的技术人员使用，也可供高等院校智能建筑、建筑电气自动化及高职高专院校建筑电气工程等专业的师生作为教材使用，还可供房地产开发、物业管理等有关人员阅读参考。

图书在版编目（CIP）数据

建筑自动化系统工程及应用/杨绍胤，杨庆编著. —北京：中国电力出版社，2015.6
ISBN 978 - 7 - 5123 - 7129 - 3

Ⅰ. ①建… Ⅱ. ①杨… ②杨… Ⅲ. ①房屋建筑设备-自动化系统 Ⅳ. ①TU855

中国版本图书馆 CIP 数据核字（2015）第 017646 号

中国电力出版社出版、发行

（北京市东城区北京站西街 19 号　100005　http：//www. cepp. sgcc. com. cn）
北京市同江印刷厂印刷
各地新华书店经售

＊

2015 年 6 月第一版　2015 年 6 月北京第一次印刷
787 毫米×1092 毫米　16 开本　15.25 印张　370 千字
印数 0001—3000 册　　定价 **45.00 元**

前　言

随着我国经济的高速发展，各种建筑增长很快，运用电子信息技术进行管理的建筑物也不断发展，曾先后涌现出各种智能建筑，如办公建筑、金融建筑、医疗建筑、体育建筑、住宅。与此同时，自动控制技术和计算机技术等也不断应用到智能建筑。对建筑物中各种各样的设备进行智能化集中控制和管理已经成为现实。这对智能建筑工程的设计、安装和验收提出更高的要求。

智能建筑工程涉及知识面较广，如信息、通信、自动控制、计算机网络。在设计、施工、调试时需要和建筑、空调、采暖通风、给水排水等专业密切配合。

但是从目前来看，智能建筑中建筑物自动化系统的规划、设计、施工安装、调试等工作存在不少问题，需要提高建筑物自动化产品开发、应用的水平。

本书主要以建筑工程的功能需求为出发点，提出其解决方案，然后以技术应用为主导，注重建筑物自动化系统新技术的发展和应用，其目的主要是帮助从事智能建筑规划、设计、施工的技术人员加深对智能建筑技术应用的理解。

本书主要包括智能建筑和建筑物自动化系统及其子系统的设计、安装、调试、检测等内容。

编者在国内外长期从事电气和自动控制、建筑设备、动力工程和计算机应用技术工作，积累了一些智能建筑工程建筑物自动化系统设计、施工、管理工作的经验。在总结一些工程实例和编写有关书刊的经验的基础上参考最新资料编写此书。希望能为提高智能建筑工程的质量和效益作出一些贡献。

本书在编写过程中得到有关建筑物自动化设备生产、设计、施工、检测单位的支持和协助，他们提供了许多宝贵的资料和意见。同时参考了国内外大量的资料和书刊，并引用部分材料，在此一并表示感谢。

由于编写人员的知识和实践经验有限，书中难免有不妥之处，欢迎读者提出宝贵意见或深入探讨以利改进和完善。

编者

2015.4

目 录

第1章

智 能 建 筑

1.1 智 能 建 筑 概 念

智能建筑（Intelligent Building，IB）是近年来发展较快的一种新型建筑，主要是将电子信息技术应用在建筑物内，使传统的建筑技术与现代高科技相结合，为人们提供通信、管理的便利。这是建筑技术适应现代社会信息化要求的结晶。GB/T 50314—2006《智能建筑设计标准》中对智能建筑的定义如下：以建筑物为平台，具备信息设施系统、信息化应用系统、建筑设备管理系统、公共安全系统等，集结构、系统、服务、管理及其优化组合于一体，向人们提供安全、高效、便捷、节能、环保、健康的建筑环境。世界各国目前还缺乏对智能建筑的统一定义。

智能建筑是采用电子技术对建筑物内的设备进行自动控制，对资源进行管理，对用户提供信息通信服务等的一种新型建筑，它具备综合信息应用、建筑（机电）设备监控（自动化）与智能管理等功能。

1.2 智 能 建 筑 的 兴 起

智能建筑兴起于20世纪80年代。1981年，美国联合科技建筑系统公司（United Technology Building System co，UTBS）提出对康涅狄格（Connecticut）州的哈佛城市大厦（Hartford City Place）进行信息技术改造，并于1983年成功实现。UTBS公司主要负责控制和操作建筑物的公用设备，如空调、给水、事故预防设备，为用户提供计算机设备和网络、电话交换机等，使住户可以取得通信、信息技术服务，使建筑物功能产生了质的飞跃，用户获得了舒适、高效、安全、经济的良好环境。

1.3 智 能 建 筑 的 发 展

智能建筑和其他事物一样，其迅速发展有深刻的技术、经济和社会背景，是现代社会经济和科学技术发展的产物。

智能建筑是在最近几年发展起来的，它可以满足住户对信息技术的需求和对管理建筑物的要求。美国正不断地开展对智能建筑的研究工作，在智能建筑领域始终保持技术领先。美国一些公司为了适应信息时代的要求，提高国际竞争能力，纷纷兴建或改建具有高科技装备的高科技建筑物（Hi-Tech Building），如美国国家安全部和国防部大楼等。从1975年办公自动化系统的出现，到 1983 年第一座智能大厦的诞生，美国用了约 10 年的时间。随着电子信息技术特别是计算机技术的发展，智能建筑也得到广泛的发展。

接着，日本、英国、法国等发达国家也开始积极建造智能建筑。1984 年，日本引进了智能建筑的概念，相继建成了野村证券大厦、安田大厦、KDD 通信大厦、标致大厦、NEC 总公司大楼、东京市政府大厦、文京城市中心、NIT 总公司的幕张大厦、东京国际展示场等。法国、瑞典、英国等欧洲国家，以及中国香港、新加坡、马来西亚等地的智能建筑也发展迅速。智能建筑的数量以美国、日本为最多。据统计，日本新建的建筑物中 60％以上属于智能建筑，美国新建和改造的办公楼约 70％为智能建筑，智能建筑总数超过万座。

国际上智能建筑的不断涌现以及相关技术的迅速发展，引起了我国学术界、工程界和有关部门的高度重视。

1990 年建造的北京发展大厦，堪称我国第一座智能建筑。随着房地产的发展，我国智能建筑也得到发展，开始在高速发展的城市，如北京、上海、深圳、大连、海南等地，相继建成具有不同水平的智能建筑，建筑物类型有邮电、银行、海关、空港、码头、商业、办公、体育及旅游宾馆等。

20 世纪 90 年代，智能建筑在我国高速发展，如中国国际贸易中心、京广中心、上海博物馆、上海金茂大厦、深圳发展大厦、福州正大广场、武汉金宫大厦、武汉中南商业广场、广州国际大厦、广州时代广场、深圳地王大厦、深圳发展大厦、珠海机场、西安海星大厦、浙江日报大楼、杭州浙江世贸中心大楼、浙江国际金融大厦等相继建成。不仅在武汉、西安等大城市出现了智能建筑，智能建筑迅速向中国内地推广，像乌鲁木齐这样远离沿海的西部地区也建造了智能建筑。

如此巨大的智能建筑工程，形成了一个广阔且具有无穷潜力的市场，同时在实践中培养和锻炼出一支庞大的技术队伍，如建筑设计院和安装公司以及系统集成企业。国外产品纷纷进入市场，我国自有技术产品也得到发展和应用。

智能建筑已从办公写字楼向宾馆、医院、体育场馆、住宅、厂房等领域扩展。智能建筑技术在我国住宅居住区中的应用是一个技术创新，同时为建设智能化城市提供必要的经验。近年来，智能居住区在深圳、上海等地相继出现，如广州汇景新城、南京天地国际花园、上海诒东花园、泉州金帝花园、长沙梦泽园、沈阳亚太国际花园已经列入国家示范小区。

目前，除单体智能建筑继续发展外，智能建筑已向智能化街区、智能化建筑群、智能化国际信息城方向发展。美国于 1998 年首次提出了数字地球的概念，我国也提出了数字中国的战略构想。

1999 年，在我国召开了数字地球国际会议，专家认为，数字地球是信息技术、空间技术等现代技术与地球科学交融的前沿。经多次研讨，国内专家目前对数字化地球的定义、技术、内涵、功能及基本框架已达成共识。数字化地球的基本框架包括信息提出与分析、数据与信息传输、数据处理与存储、数据获取与更新、计算机与网络、应用体系、咨询服务等体系。数字化地球的特点是具有空间性、数字性和整体性，三者融合统一，其服务对象遍及全球。同时，还提出了数字城市、数字社区等概念。

1995 年开始，我国智能建筑标准化工作得到进一步推进，到现在，该领域推出的重要标准包括 GB 50311—2007《综合布线系统工程设计规范》、GB 50312—2007《综合布线系统工程验收规范》、GB/T 50314—2006《智能建筑设计标准》、GB 50339—2013《智能建筑工程质量验收规范》等。

1.4　智能建筑的特点

智能建筑的特点是具有多种的内部及外部信息交换能力，能对建筑物内的机械（空调、给排水）设备、电气设备进行集中自动控制及综合管理，能方便地处理办公事务，具有舒适的环境和易于改变的空间。一般智能建筑的特点和优越性如下。

（1）建筑物具有良好的信息通信能力。通过智能建筑物内外四通八达的电话、电视、计算机网络等现代通信手段和各种业务办公自动化系统，为人们提供一个高效便捷的工作、学习和生活环境。

（2）提高了建筑物的安全性。如对火灾及其他自然灾害、非法入侵等可及时发出警报，并自动采取措施排除及制止灾害蔓延。智能建筑首先确保人、财、物的高度安全以及具有对灾害和突发事件的快速反应能力。

（3）使建筑物具有良好的节能效果，能取得一定经济效益和保护环境。通过对建筑物内空调、给排水、照明等设备的控制，不但提供了舒适的环境，还有显著节能效果。建筑物空调与照明系统的能耗很大，在满足使用者对环境要求的前提下，智能建筑应通过其"智能"，尽可能利用日光和大气能量来调节室内环境，以最大限度地减少能源消耗。按事先在日历上确定的程序，区分"工作"与"非工作"时间，对室内环境实施不同标准的自动控制，下班后自动降低室内照度与温湿度控制标准，已成为智能建筑的基本功能。利用空调与控制等行业的最新技术，最大限度地节省能源是智能建筑的重要特点之一，它的经济性也是智能建筑得以迅速推广的重要原因。

（4）降低建筑物运行维护的费用。依据日本的统计，建筑物的管理费、水电费、煤气费、机械设备及升降梯的维护费，占整个建筑物营运费用支出的 60% 左右；并且其费用还将以每年 4% 的速度增加。通过智能化系统的管理功能，可降低机电设备的维护成本，同时由于操作和管理高度集中，人员安排更合理，使得人工成本降到最低。

（5）改善对建筑物客户的服务。智能建筑提供室内适宜的空气温度、湿度和新风以及照明、音频、视频，可大大提高人们的工作、学习和生活质量。

1.5　智能建筑的构成

智能建筑与一般建筑不同的地方是除了一般的电力、给排水、空气调节、采暖、通风等机电设施外，还配置了信息处理及自动控制系统。

智能建筑或智能建筑系统（Intelligent Building System）或者建筑智能化系统是为建筑物提供信息通信、建筑设备自动控制、火灾自动报警、安全技术防范等功能的各种设备或子系统。

现代智能建筑一般配置有建筑自动化系统（Building Automation System，BAS）、办公自动化系统（Office Automation System，OAS）、通信系统（Telecommunication System，

TCS）三大系统。这 3 个系统中又包含各自的子系统，按照其功能可细分为多个子系统。

1.5.1 通信系统

通信系统提供的功能有语音通信、数据通信、图形图像通信。通信系统主要提供建筑物内外的一切语音和数据通信，也就是说，既要保证建筑物内话音、数据、图像的传输，又要与建筑物外远程数据通信网相通。通信系统是智能建筑物的"中枢神经"，可包含公用电话网（PSTN）、公共广播（PA）、电视（TV）、用户电报网、传真网、分组交换网（X. 25）、数字数据网（DDN）、卫星通信网（VAST）、无线通信网以及国际互联网（Internet）等，以利信息通信和共享的资源。

通信系统有以下设施。

（1）有线通信。主要是语言通信系统，如数字程控用户电话交换机、调度交换机、虚拟交换机及模块局为核心的电话、集团电话等通信网络系统。它可组成内部和外部通信系统。

（2）无线通信。有公共移动电话、专用集群移动电话、无绳电话系统、室内移动通信覆盖系统、卫星通信（VSAT）系统等。

（3）电视。包括有线电视（CATV）、卫星电视（SATV）、视频点播（VOD）等。

（4）广播扩声系统。包括公共业务广播和事故广播（PA）、背景音乐（BGM）、厅堂音响、厅堂会议系统、同声传译系统等。

（5）信息显示系统。包括信息显示（信息导引及发布）、呼应信号、信息查询装置、时钟系统。

（6）视频通信系统。有远程视频会议（Video Conference）、可视电话（Video Phone）、多媒体现代教育系统等。

1.5.2 办公自动化系统

办公自动化系统（Office Automation System，OAS）或信息化应用系统是智能建筑的基本功能之一。

智能建筑办公自动化系统应该能够对来自建筑物内外的各种信息，予以收集、处理、储存、检索等综合处理。通用办公自动化系统提供的主要功能有：文字处理、模式识别、图形处理、图像处理、情报检索、统计分析、决策支持、计算机辅助设计、印刷排版、文档管理、电子账单、电子邮件、电子数据交换、来访接待、电子黑板、会议电视、同声传译等。另外，先进的办公自动化系统还可以提供辅助决策功能，提供从低级到高级的为办公事务服务的决策支持系统。

办公自动化系统有通用和专用之分。专用型办公自动化系统能提供特定业务的处理，如物业管理、酒店管理、商业经营管理、图书档案管理、金融管理、交通管理、停车管理（Car Parking System，CPS）、商业咨询、购物引导等方面综合服务。住宅可以包括住户管理、物业维修管理系统。

办公自动化系统的主要设备有电子信息网络交换机、服务器、终端设备和电子信息网络（WAN，LAN）。

1.5.3 建筑自动化系统

建筑自动化系统（Building Automation System，BAS）又称为建筑设备管理系统（Building Management System，BMS）、建筑设备监控系统或楼宇自动化系统，是采用现代传感技术、计算机技术和通信技术对建筑物内所有（机电）设备进行自动控制和管理。一般建筑物（机电）设备包括变配电、电气照明、给排水、空调、采暖、通风、运输等设备。建筑自动化系统包含建筑设备自动控制系统、家庭自动化系统、能耗计量系统。目前还可以集成火灾自动报警系统（Fire Alarm System，FAS）、安全技术防范系统（Security System，SCS）。有的建筑还配置水表、电能表、煤气表、暖气表的能耗远程自动计量系统。

　　图1-1所示是智能建筑系统及其子系统的组成。具体系统设置按照各种建筑物的功能需求而定。

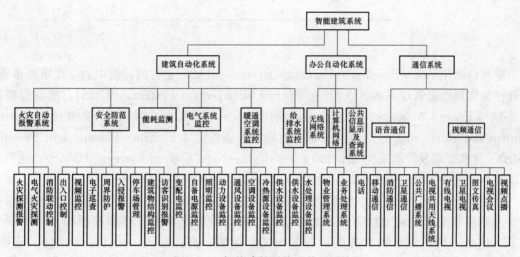

图1-1　智能建筑系统及其子系统

第2章

建筑自动化系统概述

建筑自动化系统（Building Automation System，BAS）是智能建筑中的一个重要系统，也被称为建筑能量管理系统（Building Energy Management System，BEMS）、能量管理控制系统（Energy Management and Control System，EMCS）、集中监控系统（Central Control and Monitoring System，CCMS）、设备管理系统（Facilities Management System，FMS）、建筑管理及控制系统（Building Management and Control System，BMCS）、建筑设备监控系统或楼宇自动化系统，但国际上一般将其称为建筑自动化系统。

随着科技和经济的发展，建筑物内各种机电设备越来越多，越来越复杂，对机电设备的管理和控制要求也越来越高，因此对建筑物内各种机电设备管理和控制的系统发展起来了。这是一种将建筑物有关的设备如电力、照明、空调通风、给排水、消防、安防、运输等设备集中监视、控制和管理的综合性的系统，以使设备安全、可靠运行，节约能耗、节省人力。

过去对空调、采暖通风、动力站房、给排水、变配电等设备的运行状态进行监视的监视系统和空调、给排水、变配电的自动控制装置是各自独立分散的现场自动控制系统。随着计算机技术的进步及数字通信技术的提高，将有关设备的监视和控制综合起来，发展成为所有控制设备之间可相互传送信息，形成综合控制管理系统。这种系统以计算机技术为核心，计算机局域网络为通信基础，具有分散监控和集中管理的功能。它是用于设备运行管理、数据采集和过程控制的中央监视控制系统。

2.1 建 筑 设 备

建筑设备一般指建筑物中的机械电气设备，如暖通空调系统设备、给排水设备、电气设备、照明设备、交通运输设备等。

（1）暖通空调（Heating Ventilation and Air Condition，HVAC）系统设备。包括空调设备、采暖设备和通风设备。

1）空调设备。包括新风机组、空气处理机组（定风量或变风量）、风机盘管、可变冷媒空调、热泵空调、地热装置、天花板供冷装置等。冷热源设备是为空调系统提供冷热媒体的设备，如冷热水系统的热水泵、冷冻水泵、制冷机组、热泵机组、热交换器、锅炉、分汽缸、凝结水回收装置，冷却水系统的冷却塔、冷却泵，各种管道等。

2）采暖设备。包括暖气片、辐射采暖、地热采暖设备。

3）通风设备。包括通风机（送风机、排风机）、风道等。

（2）给排水（Water Supply and Sewerage）设备。包括（生活用水、热水、直饮水）供水系统、（污水、废水）排水系统。包含饮水设备、热水供应系统、生活水处理设备、污水处理设备。系统一般有高位水箱、低位水箱、水槽、水井、水泵等配套设备。

（3）电气（Electric）设备。包括变配电设备、自备电源（发电机、蓄电池）、不间断电源（UPS）、照明设备、动力设备等。

（4）交通运输（Transport）设备。包括电梯、自动扶梯、自动输送（原料、材料或文件）装置等。

2.2 建筑自动化系统的组成

一般建筑自动化系统由两个子系统组成：环境控制管理子系统和防灾与安防子系统。每个子系统包含若干受监控对象的系统，各受监控对象的系统又有相互协调的功能。

1. 环境控制管理子系统

环境控制管理子系统主要对建筑物设备进行检测、控制和管理，保证建筑物有良好的环境和节能。监视控制管理的设备有变配电及自备电源、电力、照明、空调、通风、给排水、运输设备、遮阳装置。

2. 防灾与安防子系统

（1）火灾自动报警（Fire Alarm System，FAS）。提供火灾监测告警、定位、隔离、通风、排烟、灭火等功能。其他还可有煤气泄漏报警、水灾报警、结构及地震监视与报警等功能。

（2）安全技术防范系统（Security System，SCS）。也称为公共安全系统，为维护公共安全，综合运用现代科学技术，以应对危害社会安全的各类突发事件而构建的技术防范系统或保障体系。可以防止非法入侵、窃取，保护人身和财产安全。安全防范系统包含入侵报警系统（Intruder Alarm System）、视频安防监控系统（Video Survey System）［或称为闭路电视系统（Close Circuit TV，CCTV）］、出入口控制系统（Access Control System，ACCS）、电子巡查系统、边界防卫系统、访客对讲系统、保安对讲系统。

2.3 建筑自动化系统各子系统间的关系

建筑自动化（Building Automation，BA）系统的设备运行管理和控制系统与防火与安防系统这2个子系统各有不同的功能，但相互间又有一定的联系。目前，这2个子系统之间的关系有以下方式。

1. 防灾与安防系统纳入 BA 系统

在技术上，这2个子系统完全可以纳入 BA 系统，监控系统共用主站，仅仅分站分设或是做成一套系统，这样，整个 BA 系统控制协调性较好。如发生火灾，可以自动打开公共避难通道及出入口、关闭空调系统等协调性动作。因此，设备资源可以共享，节省投资，节省人力。为满足管理体制的要求，可以设防火及安防专用中央站，赋予它较高的操作级别。有人指出："建筑智能化系统集成，应具有各个智能化系统信息的汇集和对各类信息的综合管理功能。""火灾报警与消防联动控制系统应与建筑物自动化系统合用或作为其一子系统实现报警、灭火、消防联动等的各项功能。当管理体制上有困难时，可以单独组成系统，但应留有接口，使其与 BA 系统联网。"

2. 防灾与安防系统独立于 BA 系统

防灾与安防系统是受到目前管理体制的限制或技术原因不得已的做法。因为目前大多数的火灾报警系统是自成系统或不开放的。这种系统控制的协调性往往不好，除了造成设备浪费外，还带来使用和管理不便。因而在设计上应注意其协调性。

2.4 建筑自动控制系统的形式

建筑自动控制系统有两种形式：分散控制系统和集中控制系统。

1. 分散控制系统

分散控制系统（Discretion Control System，DCS）用于对空调、动力站房、给排水等设备相关的过程（物理量）进行常规控制、程序控制、节能控制等。有如在空调设备中，进行空调和通风的空气调节机（空调机）的温度、湿度的控制。在动力站房设备中进行生产空调用冷水、热水的热泵、冷冻机、水泵的台数控制和水压系统集成控制等。在给排水设备中，进行建筑物内给水、排水、水处理的水箱、水泵的控制。还有照明自动控制、电梯的自动控制等。如果没有相互连接成网络，这些控制系统都是相对独立的。

2. 集中控制系统

集中监控或中央监控（Centurial Control）系统在中央控制室能够监控建筑物内的各种建筑设备的运行状态，不仅进行显示、记录、操作，还能使变配电、空调等整个系统相关的设备联动控制。例如，按照预先设定的时间表进行设备运行控制，当使用办公室时，为了按时达到设定的温度，通过设定空调机的起动/停止时刻，进行最佳起动/停止控制。

目前主要采用中央监控系统。

2.5 建筑管理系统

现代的建筑管理系统（Building Management System，BMS）是一个智能化的综合管理系统，是建筑控制系统的扩展。它能够将收集到的建筑物内部有关资料，分析、整理成有效的信息，运用先进技术和方法使建筑物的运行更有效、运行成本更低、竞争力更强。同时，使建筑物内各个子系统高度综合，做到设备控制与安防、防火综合，提高物业管理的效率和综合服务功能。这种具有高生产力、低运行成本和高安全性的建筑物管理系统称为"智能建筑物管理系统"或"智能建筑管理与控制系统（Building Management & Control System，BMCS）"。建筑管理系统收集建筑物内的各种设备的信息，并进行数据的收集、累积、计算等。它包括建筑管理的管理业务、保养业务、收租业务、能源管理及建筑物所有者的维持预算管理等事务的自动处理。例如，台账管理、合同管理、运行业绩管理、保养时间表管理、维修计划管理、维修业务支援、设备履历管理、预算管理、设备图纸管理、集中自动抄表、费用计算等管理业务的软件自动处理。这是一种以目前国际上先进的分布式信息与控制技术而设计的集散型系统或分布型控制系统。

2.6　建筑自动化系统的功能

　　建立建筑自动化系统的目的在于向建筑物的利用者提供舒适、安全和方便的环境，使承租者及管理者能够通过整个建筑物的节能、节省人工来降低运行成本，维持和提高总的资产价值。

2.6.1　建筑自动化系统的基本功能

建筑自动化系统的功能有以下几个方面。

1. 创造了安全可靠的生产条件

　　保护人员和设备的安全，提高灾害防治能力，使建筑物成为安全的场所，是建筑物自动化系统的主要目标。由于建筑物设备的所有信息集中于中央监控室，因而了解设备状态和操作就变得相当容易。即使有停电或火灾等异常发生时，也能进行相应的处理，维持建筑物在良好的运行状态。另外，通过安全系统的综合化，在不妨碍使用的前提下，实现了确保建筑物使用者的安全及机密。将建筑物内的机电设备纳入建筑物自动化机电设备自动管理系统（BMS），可实现对每一台设备的在线实时监控并进行科学的管理，确保各类机电设备安全、可靠地运行，并得到维护延长其使用寿命。

　　如果建筑内的机电设备突然发生故障，将给建筑物运行带来不良后果。因此，建筑物自动化系统可从以下几个方面进行预防。

　　(1) 监视设备运行状况，实时 24 小时在线监测，一旦发现其中某台设备运行异常，立即发出报警信息，通知检修人员迅速检查，以防引起更大范围的设备故障。

　　(2) 记录设备的累计运行时间，当累计时间达到规定的维修时间时，自动通知中央控制室，及时提示维修人员进行设备检修。

　　(3) 通过这些检测、报警和处理方式，使建筑物对机电设备突发故障具备有效的预防手段，以确保设备和财产安全。

　　(4) 通过对设备运行状况的监测、诊断和记录，早期发现和排除故障，及时通知维护和保养，保证设备始终处于良好的工作状态。系统可根据设备运行状况，按要求提出设备保养、维护计划。改善设备运行状况，可不断地收集设备运行资料，安排计划性维修，改进建筑物和设备的管理，并可将大量的信息集中进行综合的管理。有效地利用信息，实现更高质量的管理。

2. 创造舒适宜人的环境

　　建筑物的环境包括温度、湿度等的温热环境，空气中的二氧化碳（CO_2）、粉尘的含量以及照明等。对于每个使用者以及设备来说，始终维持最佳的环境，是提高工作效率的前提，更好地发挥设备功能和延长使用寿命，使建筑物具有良好的工作和生活环境，已成为建筑自动化系统的主要管理目标。

　　建筑自动化系统可以根据环境变化随时自动地调节各种参数，使楼内环境始终处于舒适的状态。建筑内的新风机及空调机组众多，如果采用人工或就地仪表调节，则很难达到满意的效果。首先，人不能灵敏地察觉出外部温度的变化，进而不能准确地把室内温度调节到理想的数值；再者，人不能保证时刻坚守岗位。

　　而建筑自动化系统却可以非常方便地实现这一功能：通过温度传感器随时把外部温度数

值传送给建筑自动化系统，系统把这个温度同建筑内温度进行对比，如果温差符合要求则维持现有平衡，否则调节空调设备参数，使室内时刻保持理想的温湿度。

3. 节省能源和保护生态环境

根据有关数字统计，全球有 41% 的能源消耗在建筑物中。其中，85% 的能耗用于房间供暖或制冷；15% 用于照明。很显然，新建建筑物或现代化改造项目的投资问题主要就是如何优化能效的问题。其原因主要有以下两点。首先是生态方面的原因：在建筑物规划期间做出早期需求评估，以确定建筑物是否达到现在所期望的能效等级。其次是经济原因：一般高效建筑物自动化系统最高可以帮住户节省 20%～30% 的能耗，从而为投资带来直接收益。

通过贯穿整个系统的完整自动化解决方案，能够充分利用协同作用并显著减少建筑物能耗。这只有通过使用建筑物自动化系统才能实现，该系统能够随时监视所有建筑物中的能耗信息并能够将这些信息用于优化能效。无论是照明、幕墙控制、空调系统、冷热源装置、照明或出入口控制，所有建筑物自动化系统都相互配合且能精确调节——可以连续进行系统优化，确保最大限度地降低能耗，提高整体节能效果。以空调系统为例，建筑物自动化系统根据传感器检测的数据，自动调整制冷供热的需求，能正确地控制房间达到所设定的温度，加入适当的新风。根据空调的负荷进行适当的控制，就可以有效地利用自然能源，避免浪费。根据《实用暖通空调设计手册》提供的数据，供暖时温度每降低 1℃ 可节能 10%～15%；供冷时温度每提高 1℃ 可节能 10% 左右。建筑物自动化系统可以按舒适性空调的要求，自动将空调区域的温度设定在适当的温度上，使能源消耗大大降低，进而可节约大量的资金。对建筑物的照明，按照是否有人及照明时间或外界自然采光情况进行综合控制，也能收到很好的节能效果。这对于设定目的的实现具有很大的作用。首先是资金回收得到实现。其次是可靠地保障未来投资安全。通过制订能源使用计划，可全面管理各类智能电器等家电设备，建立能源使用计划，根据评估结果清晰了解家庭用电情况，调整家电使用情况，实现节能降耗。

建筑物对生态方面的需求总是相同的：必须获得最大的节能效果、降低有害气体的排放、符合法律规定、获得各种认证方法（DGNB、LEED、BREEAM、绿色建筑等）认证。但是，由于建筑物自动化解决方案的要求是由三个因素来决定的：建筑物所处的位置、建筑物的使用方式和建筑物的特殊设计，因此，没有两栋建筑是完全相同的，每个基于建筑物自动化系统解决方案都是量身定制的，以满足具体的要求。不仅如此，由于采用的是预定义的模块化软件组件，用户可随时对所有的建筑物自动化系统进行功能扩展或修改。所以，这种集成式解决方案具有可持续发展性。

4. 节省人工及提高管理的效率

建筑自动化系统设备管理的特点如下。

（1）集中化管理。现场的传感器或智能节点发至监控中心的设备运行的各种状态参数，可集中管理、显示、打印、控制及运算。

（2）科学化管理。可实现设备例行性时序操作，如节假日、上下班等定时启动、停止及顺序操作均由系统自动完成，可减少人为操作。

（3）协调运作。如遇突发或意外事件，系统可按程序自动处理，并起到后备和保护作用。

（4）精简管理人员。建筑物自动化系统通过对所有设备的监控可减少设备管理人员和他们的劳动强度。集中的监控和管理方式，使操作、值班和管理人员减少，也可以将不同系统的操作值班人员合并为一班人员，以产生更好的经济效益。因此，投入很少的人员即可操作建筑物内的设备。良好的管理将延长设备的使用寿命。

建筑物自动化系统还可以使机电设备的故障率降低，使维修工人数量减少。

5. 能更好地给建筑使用者提供方便

通过各设备的综合控制，可以为每个利用者提供更好的服务和方便。在确保安全的同时，使用者可 24 小时不分昼夜自由地出入建筑。

2.6.2 建筑自动化系统的服务功能

建筑自动化系统（BAS）的功能是通过设置建筑设备控制系统来实现的，特别是节能功能。建筑设备控制系统的投资主要通过节能来回收。节能可以通过优化控制及优化控制的条件来取得。

建筑设备控制系统的服务功能是对各种设备自动控制和数据处理。

1. 各种设备的自动控制

设备的自动控制内容很多，主要是按照一定的条件控制设备的运行。具体有：程序控制设备的启动和停止；用于室温控制的自动调节；能耗管理、能源管理；优化启停、时间优化控制，设备定时启动和停止；日期——时间与节日程序（TOD）；维护管理、优先级操作，报警报告、数据报表、参数设定。

2. 数据处理

数据处理包括数据传输和数据处理两个方面。

（1）数据传输。将控制点的模拟量和数字量传输到控制器。各个控制器间数据传输，如通过通信接口（如 RS232、RS485）或调制解调器（MODEM）进行数据传输，或通过网络传输数据到中央站。

（2）数据处理。主要有模拟量测量、设备故障监测报告、运行时间累加、脉冲积算、设备启停状态、历史趋势数据、警报及事故处理。

2.6.3 建筑自动化系统的整体功能

建筑自动化系统的整体功能可概括为以下几点。

（1）对建筑设备实现以最佳控制为中心的过程控制自动化。

（2）对建筑设备实现以运行状态监测和计量为中心的设备管理自动化。

（3）对建筑设备实现以安全状态监视为中心的防灾自动化。

（4）对建筑设备实现以节能运行为中心的能源管理自动化。

2.6.4 建筑设备运行管理和控制系统的功能规划

设备运行管理和控制系统的功能要按照需求、等级标准和实际情况来提出。通常建筑物内有多种设备，如空调设备、通风设备、锅炉、冷冻设备、冷库、给排水设备、水处理设备等，大多由制造厂提供一定的配套测量控制仪表和自动化装置，以便对这些设备进行监控。这些装置有的已经从模拟仪表发展为数字化的监控装置，如果能够符合要求，就用配套的控制装置。当然，也可增加一些需要设备运行管理和控制系统完成的功能。建筑自动化系统的主要作用是进一步提供对这些设备的集中监控，也可以说是对这些设备控制的补充和完善。这时，要注意它和建筑自动化系统的通信接口。如果配套的控制装置不能够符合要求，就要用建筑自动化系统来完成。

1. 暖通空调设备的监控

对空调设备、通风设备和热源设备的运行工况进行监视、测量、控制和记录。它包括下面几个方面的内容。

(1) 冷热源设备控制及有关物理参数的测量、监视、控制和记录。如系统中的流量、压力、温度、热量测量控制。设备包括冷冻机、锅炉、采暖系统、冷却塔、热交换器、终端散热器。

(2) 空调工况优化控制。所控制的设备包括空气处理机组、变风量机组、风机盘管、新风机组和排风机。

当空调负荷发生变化时，通过采集相关参数值，经系统运算后改变制冷机组工作状态、冷冻（温）水和冷却水流量以及冷却塔风机的风量，确保制冷机组始终工作在效率最佳状态，使主机始终处于高转换效率的最佳运行工况。

对中央空调系统末端的新风机、空调机乃至风机盘管等装置进行状态监视并进行"精细化"控制，以实现节能的目的。

具体措施如下。

1) 对制冷机组可根据冷负荷需求，自动调控机组开启的台数。并通过自动调节集水器、分水器之间的压差旁通，控制空调水的循环方式，达到节能管理。

2) 空调机组、新风机组根据作息时间或预先设定时间程序，预先开启或关闭，并可根据设定值，自动调节冷热水阀门，加湿蒸汽阀门的开度，使被控制区域温湿度达到舒适环境要求。

3) 季节工况自动转换，合理利用室外空气这一天然冷源作为新风，调节新风、回风混合比，最大限度地节约制冷机组的能耗，但又满足室内的卫生要求——最小新风量的要求。

4) 实现以下节能控制程序：时间表、最佳启停、焓值控制、顺序控制、负荷峰值控制。

(3) 室内外空气参数测量。室内外空气参数包括温度、湿度、风速等。

(4) 通风系统可根据时间表（日常和节假日）合理启停送排风，达到节能目的；监视风机的运行状态和故障报警，记录风机工作时间，及时提请维护、维修，达到延长设备使用寿命的目的。

如对家庭分体式空调、中央空调、地暖设备、新风设备、排气装置均可集中统一管理，进行远程和联动控制。

2. 给排水设备的监控

给排水系统的监控一般包括各种水箱、水池、管道、泵、水处理设备，等等。设备包括给排水设备、饮水设备、污水处理设备。一般监控内容如下。

(1) 给排水系统包括系统流量、压力、温度测量控制，高位水箱、地下水池、污水池的水位测量、报警、控制。

(2) 给排水设备监控。系统主要通过对水泵的合理控制达到延长设备使用寿命和节省能源的目的。给排水设备（水泵、电控阀等相关设备）运行状态显示控制、查询、故障报警。

(3) 按水箱水位起动停止水泵或按照管网压力系统控制水泵转速，备用泵自动投入。蓄水池（含消防水池）、污水池的水位高低检测。

（4）热水供应系统控制。热水系统温度、压力控制，流量记录。

（5）排水系统阻塞显示、报警。

（6）水处理系统的自动控制。如压力、流量控制、水质控制，系统处理，饮用水过滤、杀菌设备控制监视。

（7）绿化喷淋及喷水池设备的监视控制。

3．电气设备监控

电气系统设备有变配电设备、应急电源设备、直流电源设备、不停电电源设备、动力设备和照明设备。主要监控内容如下。

（1）电源监测。对高低压电源进出线及变压器的电压、电流、功率、功率因数、频率、断路器的状态进行监测。

（2）负荷监测。对各级负荷的电压、电流、功率进行监测。

（3）负荷控制。按电网负荷调度进行控制。当超负荷时，系统停止优先级低的负荷。

（4）照明控制。办公室按照规定的工作时间或室内有无人员控制照明开关，公共场所按室外亮度控制照明，按照时间程序进行节日照明控制、室外照明控制、航空障碍灯控制；与火灾报警及安防系统联动控制有关应急照明系统控制；照明设备的照度控制，以营造气氛、节能及延长灯泡寿命；灯光场景的设定及照度的调整。

例如，家庭灯光控制：照明灯、开关、调光器，均由触摸屏控制，场景变化，营造舒适的灯光空间；走廊、卫生间、玄观、楼梯，通过人体感应器，晚上人经过，自动亮起；室内灯光，可根据亮度和时间进行控制。

（5）电器控制。电动机启动控制、状况及行程监控，如家庭电动窗帘、电动卷帘、电动卷帘窗、电动百叶帘、电动推窗器、电动蓬帘、电动衣架、电动卷帘门均可掌上操控，定时开启、遥控控制和联动开启等。

家电控制：电视机、DVD、蓝光播放器、音响系统、投影机、电动投影幕均可一键控制，随意点播想看的电视节目或最新影片。智能阳台自动浇灌系统，即使人不在家，各种花草盆栽同样备受照顾，无须担忧。

（6）备用电源自动启动。在主要电源供电中断时自动启动备用柴油发电机或燃气轮机发电机组，在恢复供电时停止备用电源，并进行倒闸操作。采用直流电源监测。

（7）供电恢复控制。当供电恢复时，按照设定的优先程序，启动各个设备电动机，迅速恢复运行。避免同时启动各个设备，而使供电系统跳闸。

4．运输设备监控

建筑自动化系统对电梯运行状态显示、控制、查询、故障报警及停电时的紧急状态进行处理。通常只是监视每部电梯的运行情况，以便操作人员随时获得这些信息，如遇紧急情况可以及时发现和处理。

（1）自动扶梯按时间调度控制。

（2）传送系统控制，即自动控制传送系统将物品输送到目的地。

（3）建筑物内的电梯是由专门的控制系统控制的，一般由电梯供应商提供。主要有电梯的群控、自动调度、卡片控制。

（4）空气压缩机组或气力输送装置控制：空气压力测试，机组启动、停止，故障显示。

🛠 2.7 安全防范系统

安全防范系统是由视频监控（或闭路电视）系统、入侵（或防盗）报警系统、出入口控制（或门禁）系统、保安巡查（或巡更）系统及安防对讲系统等构成的。该系统适用于各类公共建筑及住宅等安全防范工程。

例如，住宅室内防盗、防劫、防火、防燃气泄漏以及紧急救助等功能，全面集成语音电话远程控制、定时控制、场景控制、无线转发等智能灯光和家电控制功能；轻松实现家庭智能安防；多路预设防盗报警电话。

1. 出入口控制系统

出入口控制系统主要对强行闯入进行报警。一般对重要的房间或通道出入口用卡片或生物识别方法进行控制，并对通过出入口的人员、时间进行记录。

图2-1是一种出入口控制（或门禁）系统。在进出口设置读卡器或指纹识别器，门磁、电子锁，等等。门磁是用于感知门的开关状态，按钮是用于出门，警号是用于告警。

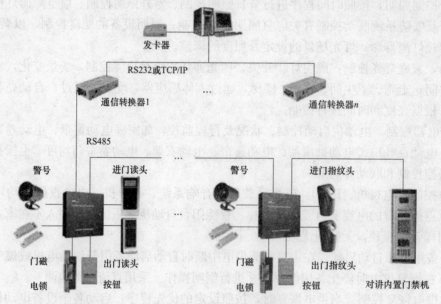

图2-1　出入口控制系统

2. 周界防越报警系统

周界防越报警系统是建立封闭式的区域，加强出入口管理，防范区外闲杂人员进入，同时防范非法翻越围墙或栅栏。其功能要求如下。

（1）周界须全面设防，无盲区和死角。

（2）探测器抗不良天气环境干扰能力强。

（3）报警中心具备语音/警笛/警灯提示。

（4）中心通过显示屏或电子地图识别报警区域。

（5）翻越区域现场报警，同时发出语音/警笛/警灯的警告。

（6）夜间与周界探照灯联动，报警时，警情区域的探照灯自动开启。

（7）与视频监控系统联动，报警时，警情区域的图像自动在监控中心监视器中弹出。

（8）进行报警中心状态、报警时间记录。

目前主要周界防范系统有：脉冲电子围栏系统、静电感应周界系统、振动电缆周界系统、埋地泄漏电缆报警系统。图 2-2 是周界脉冲电子围栏系统。电子围栏是分布于周界的有形的脉冲式电子围栏，其中警灯用于告警，射灯用于恐吓。当有人入侵、破坏电子围栏，经防区探测器判断满足报警条件（断线、短路）时，探测器立即报警，同时起动现场声光报警等联动报警设备；并向监控中心的报警主机传输报警信号，报警主机显示报警防区号并发出报警提示音。

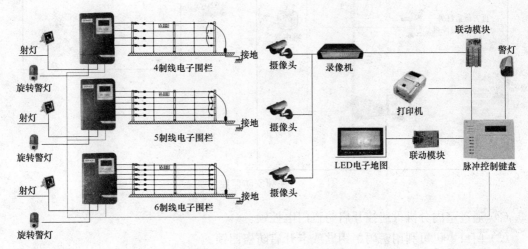

图 2-2　周界脉冲电子围栏系统

3. 安防视频监控系统

视频监控（或闭路电视）系统是在主要通道、重要建筑及周界设置前端摄像机，将图像传送到管理中心。中心对整个监控区域进行实时监控和记录，使中心管理人员充分了解小区的动态。其功能要求如下。

（1）对小区或建筑物主要出入口、主干道、周界围墙和栅栏、停车场出入口及其他重要区域进行监视。

（2）报警信号与摄像机连锁控制，录像机与摄像机连锁控制。

（3）系统可与周界防越报警系统联动进行图像跟踪及记录。

（4）视频失落及设备故障报警。

（5）图像自动/手动切换、云台及镜头的遥控。

（6）报警时，报警类别、时间，确认时间及相关信息的显示、存储、查询及打印。

图 2-3 是一种网络视频安防监控系统，它采用网络（数字）摄像机。NVR 是网络视频录像机。

4. 安防对讲系统

安防对讲（防盗门）系统是在每个单元入口安装防盗门和对讲装置，以实现访客与住户对讲/可视对讲。住户可遥控开启防盗门，有效地防止非法人员进入住宅楼内。一般功能要求如下。

（1）可实现住户、访客语音（或语音图像）传输。

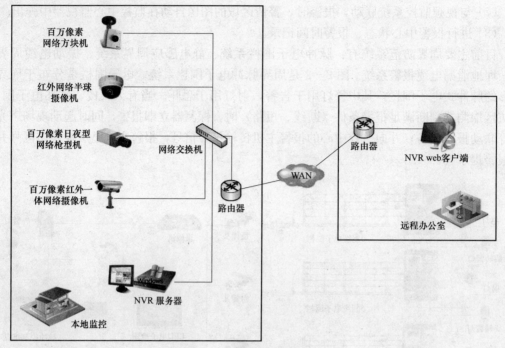

图 2-3 视频安防监控系统

（2）通过室内分机可遥控开启防盗门电控锁。

（3）门口主机可利用密码、钥匙或卡开启防盗门锁。

（4）高层住宅具有群呼功能，在火灾报警情况下自动开启楼梯门锁。

图 2-4 是一种安防对讲系统，同时具有火灾报警、煤气泄漏报警、入侵报警等功能。

5. 入侵报警系统

入侵（Intruder）或防盗报警系统是为了保证用户的人身财产安全，如在住宅内门窗及室内其他部位安装各种入侵探测器进行昼夜监控。功能要求如下。

（1）报警接收管理中心部分，可实现如下功能。

1）监视和记录入网用户向中心发送的各种事件。

2）同步地图显示，在防范地区地图上实现显示事件的用户区域位置。

（2）处警功能。

1）记录报警发生的时间、地点、探头报警原因。

2）记录处警过程并录音。

3）向上一级处警单位转发警情。

（3）信息管理。

1）录入、修改、打印用户信息，统计查询用户信息，建立用户医疗档案。

2）实时维护用户的撤布防信息、测试信息。

3）按接警、处警方法、警情性质查找统计各种警情信息。

（4）入侵报警器。

1）需适合于住宅使用，性能可靠。

2）布撤防方法简单。

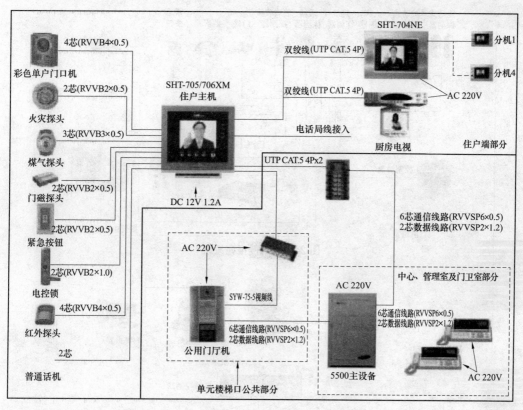

图 2-4 安防对讲系统

3) 支持主要的通信格式。

4) 电池欠电压后自动现场语音提示或向中心报告。

5) 自动向中心发送布防/撤防报告。

(5) 探测器。

1) 需适合于住宅使用，性能可靠。

2) 防范布置合理，有效。

3) 安装隐蔽性强，不影响住宅环境。

4) 可在住宅安装医疗求助按钮及紧急安全求救按钮。

图 2-5 是入侵报警系统。采用主动式或被动式探测器实现入侵探测，同时配置有火灾报警、煤气泄漏报警、震动报警、玻璃破碎报警等功能。

6. 保安巡查管理系统

保安巡查管理（或巡更）系统是在防范各区域内及重要部位制定保安人员巡查路线，并安装巡查站点。功能要求如下。

(1) 实现巡查路线及时间的设定、修改。

(2) 在建筑物和园区重要部位及巡查路线上安装巡查站点。

(3) 监控中心可查阅、打印各巡查人员的到位时间及工作情况。

图 2-6 是一种保安巡查管理系统。还有一种就是巡查点之间是无线的，为无线巡查装置。

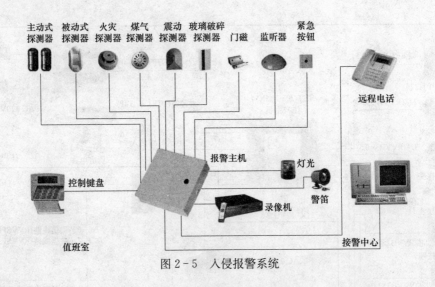

图 2-5 入侵报警系统

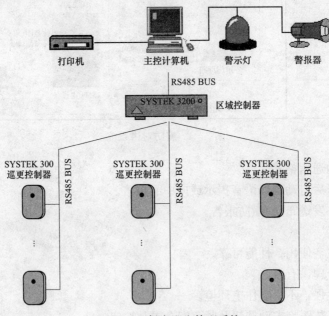

图 2-6 保安巡查管理系统

2.8 火灾自动报警系统

火灾自动报警系统提供火灾监测告警、定位,并且能够联动有关消防设备进行火灾隔离、通风、排烟、灭火等功能。主要功能要求如下。

(1) 在建筑物各个部位安装火灾探测器。

(2) 在消防设备如防火门、排烟机、通风机、消防泵、喷淋泵等安装联动控制器。

(3) 当火灾探测器或人发现有火灾时,能够发出警报和广播。

(4) 同时使消防设备投入运行。

图2-7是火灾自动报警系统。

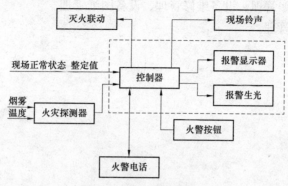

图2-7　火灾自动报警系统

2.9　建筑物管理系统的功能

建筑管理系统（Building Management System，BMS）可以说是办公自动化系统和建筑自动化系统的一种结合。

1. 建筑管理业务

建筑管理业务主要有以下几个方面。

（1）出租型租赁贷借内容的管理与情况的掌握。

（2）建筑整体收支状况的管理与经营状态的掌握。

（3）传送和交换有关出租的必要信息。

（4）建筑物、设备及备品有关情况的掌握、维护、保养及运行。

（5）共用会议室、停车场、库房等的使用管理。

（6）建筑物的清扫、警卫等的管理。

（7）分别对各住户电力、煤气、水的使用管理、调节与清算。

（8）建筑物的全部电气、煤气、冷热水等的使用状况的管理、掌握及清算。

（9）建筑物环境与设施服务的管理。

（10）建筑物设备与设施综合利用优化管理等。

2. 建筑物管理的服务功能

（1）建筑物经营管理功能。即各种资源出租租金管理。具体有以下几个方面。

1）收支管理。包括经营现状及收支管理，税金管理。

2）预算管理。包括维护、检修、清扫、保养等的人工费，材料、设备、用品消耗预算。

3）委托合同管理。包括维修、安保、清扫等从业人员与产权业主间的合同管理。

4）资金管理。包括租赁费、服务费、公共（水、电、气）费、电话费、公用事业费（走廊照明、空调等）管理。

5）合同管理。指租住户与产权业主间合同管理。

6）出租、借信息管理。指有关租借信息管理，等等。

（2）建筑物运行管理功能。

19

1）建筑物物品维修计划管理，维修业务支援。

2）建筑物设备台账管理、设备维修管理、设备图纸管理。

3）楼层设施布局管理。

4）清扫运行管理。

5）计测统计管理。

6）环境卫生管理。

7）垃圾处理管理。

8）安全管理。

9）备用品管理。

10）能源管理。

11）停车场管理等。

（3）出租服务管理功能。是指提高各种方便性，实现细致周全服务的功能。具体如下。

1）公共设施使用预订。包括会议室、库房、展厅、多功能大厅等日程预订计划管理。

2）规定时间外需用空调的申请管理。

3）备用品领用出租管理。包括申请领用备品及其费用管理。

4）预约旅行服务。包括代办交通、住宿。

5）办公设备服务。包括微机、传真机、文字处理机等的办公设备服务、利用状况管理。

6）收集出勤数据。指对员工出勤状况的统计与管理。

7）租金状况通报。指对各租借户租金状况的查询及应答、通报。

8）无现金服务。指对楼内自动售货机、商场、餐厅等提供信用磁卡结算。

9）远程计算服务。使住户共享主计算机资源，通过 LAN 网能接远程用户终端。

10）支持楼层布局设计。指用简单 CAD 系统支持各楼层新用户入住时的布局设计。

11）通信邮件服务。备有电子邮件、声音邮件、传真邮件等服务，能提高对外各种联络业务效率。

12）信息向导服务。包括 CATV、VRS（视频应答系统）和工作站等，能提供各种公共信息服务。

13）用户其他需要的服务，等等。

以上所列的建筑物管理系统（BMS）的管理与服务功能，都需要以系统集成技术为基础开发大批配套系统应用软件，这也是计算机技术在建筑物自动化系统方面更深、更广层次的应用。随着人类社会信息化与科学技术的迅速发展，这种应用需求将永无止境，这也正好成为建筑物管理系统（BMS）向前发展的推动力。

第3章

建 筑 自 动 化 系 统

建筑自动化或自动控制（Automatic Control）就是利用机械电气或电子零件组成的自动控制系统，在智能建筑中对建筑（机电）设备进行控制，使室温、照明或其他物理参数达到人们的要求。

3.1 自 动 控 制 概 念

自动控制是在无人直接参与下使生产过程或其他过程按期望规律或预定程序进行的控制系统。自动控制系统是实现自动化的主要手段。按控制原理的不同，自动控制系统分为开环控制系统和闭环控制系统。在开环控制系统中，系统输出只受输入的控制，控制精度和抑制干扰的特性都比较差。开环控制系统中，基于按时序进行逻辑控制的称为顺序控制系统；由顺序控制装置、检测元件、执行机构和被控工业对象组成。主要应用于机械、化工、物料装卸运输等过程的控制以及机械手和生产自动线。闭环控制系统是建立在反馈原理基础之上的，利用输出量同期望值的偏差对系统进行控制，可获得比较好的控制性能。闭环控制系统又称反馈控制系统。

自动控制系统由传感器（检测元件）、自动控制器和执行器构成。传感器好像人的眼睛，耳朵或鼻子，可以对环境情况进行有所感觉。进行比较和判断的自动控制器（调节器）如同人的头脑，执行器如同人的手足。自动控制系统通过实际温度和期望温度的比较来进行调节控制，以使其差别很小。图3-1是自动控制系统的组成。

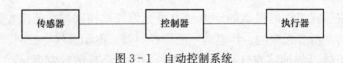

图3-1 自动控制系统

在自动控制系统中，外界影响包含有室外空气温度、日照等室外负荷的变动以及室内人员等的室内负荷的变动。如果没有这些外界影响，只要一次把（执行器）阀门设定到最适当的开度，室内温度就会保持一定。然而正是由于外界影响而引起负荷变动，为保持室温一定要进行自动控制。当设定温度变更或有外界影响时，从变化之后调节动作执行到实际的室温变化开始，有一个延迟时间。这个时间称作滞后时间。而从室温开始变化到达设定温度所用时间则称为时间常数。对于这样的系统，要求自动控制具有可控性和稳定性。系统的可控性指尽快地达到目标值，系统的稳定性则指一旦达到目标系统就能长时间保持设定的状态。

👷 3.2 自动控制器

自动控制器（Controller）是由一个误差检测器和放大器组成的，主要对元件进行误差检测。自动控制器要能检测出通常是功率很低的误差需将功率放大，因此，放大器是必需的。自动控制器的输出是供给功率设备，如气动执行器或阀门，液压执行器或电动机。自动控制器把对象的输出实际值与要求值进行比较，确定误差，并产生一个使误差为零或微小值的控制信号。自动控制器产生控制信号的作用叫作控制，又叫作反馈控制。自动控制器有很多类型，它有以下分类。

1. 自动控制器按照工作原理分类

自动控制器按照其工作原理可分为模拟控制器（Analogue Controller）和数字控制器（Digital Controller）两种。模拟控制器采用模拟计算技术，通过对连续物理量的运算产生控制信号，它的实时性较好。数字控制器采用数字计算技术，通过对数字量的运算产生控制信号。数字控制器又称直接数字控制（Direct Digital Control，DDC），其特点就是有决策性功能。数字控制器的优点是：能够达到较高的精度，并能进行复杂的运算；通用性较好，要改变控制器的运算，只要改变程序就可以；可以进行多变量的控制、最优控制和自适应控制；具有自动诊断功能，有故障时能及时发现和处理。

2. 自动控制器按照控制作用分类

自动控制器按照控制作用可分为双位或继电器型控制器（on/off，开关控制）、比例控制器（P）、积分控制器（I）、比例—积分控制器（PI）、比例—微分控制器（PD）、比例—微分—积分控制器等（PID）。近来又有自适应控制及模糊控制，等等。

3. 自动控制器按照给定值分类

（1）恒值控制系统。是指给定值不变的系统，如闭环调速系统、温控系统。

（2）随动控制系统。是指给定值按未知时间函数变化，要求输出跟随给定值的变化，如跟随卫星的雷达天线系统。

（3）程序控制系统是指给定值按某一时间函数变化，如程控机床。

4. 自动控制器按照在工作时供给的动力种类分类

自动控制器按照在工作时供给的动力种类可分为气动控制器、液压控制器和电动控制器，也有用几种动力组合起来的，如电动—液压控制器、电动—气动控制器。多数自动控制器应用电或液压流体（如油或空气）作为能源。采用什么样的控制器，必须由对象的安全性、成本、利用率、可靠性、准确性、质量和尺寸大小等因素来决定。

👷 3.3 自动控制器的控制作用

自动控制器的基本控制作用有以下几种。

1. 定值控制

定值控制提供的控制作用有比例（P）、微分（I）、积分（D）等控制。这是一种定值调节功能。

（1）双位或继电器型（on/off）控制作用，又称为开关控制。在双位控制系统中，许多情况下执行机构只有通和断两个固定位置。双位或继电器型控制比较简单，价格也比较便宜。所以广泛地应用在要求不高的控制系统中。

双位控制的执行器一般是电气开关或电磁阀。它的被调量将在一定范围内波动。

（2）比例（P）控制。比例控制作用的控制器，输出与误差信号呈正比例关系。它的系数叫作比例灵敏度或增益。无论是哪一种实际的机构，也无论操纵功率是什么形式，比例控制器实质上是一种具有可调增益的放大器。

（3）积分控制（D）作用。积分控制作用的控制器，它的输出值是随误差信号的积分时间常数而成比例变化的。它适用于动态特性较好的对象（自平衡能力、惯性和延迟都很小）。

（4）比例—积分（PI）控制。比例—积分控制器的控制作用是由比例灵敏度或增益和积分时间常数来定义的。积分时间常数只调节积分控制作用，而比例灵敏度值的变化便同时影响控制作用的比例部分和积分部分。积分时间常数的倒数叫作复位速率，复位速率是每秒钟的控制作用较比例部分增加的倍数，并且用每秒钟增加的倍数来衡量。

（5）比例—微分（PD）控制。比例—微分控制器的控制作用是由比例灵敏度，微分时间常数来定义的。微分控制作用有时也称速率控制，它是控制器输出值中与误差信号变化的速率成正比的部分。微分时间常数是速率控制作用超前于比例控制作用的时间间隔。微分作用有预测性，它能减少被调量的动态偏差。

（6）比例—微分—积分（PID）控制。比例控制作用、微分控制作用、积分控制作用的组合叫作比例—微分—积分控制作用。这种组合作用具有三个单独的控制作用各自的优点。它由比例灵敏度、微分时间常数和积分时间常数定义。

2. 模糊控制

模糊控制（Fuzzy Control）是控制理论中一种高级策略和新型技术，是一种先进实用的智能控制技术。

在传统的控制领域里，控制系统动态模式的精确与否是影响控制优劣的关键因素，系统动态的信息越详细，则越能达到精确控制的目的。然而，对于复杂的系统，由于变量太多，往往难以正确地描述系统的动态，于是工程师便利用各种方法来简化系统动态，以达到控制的目的，却不尽理想。换言之，传统的控制理论对于明确系统有强而有力的控制能力，但对于过于复杂或难以精确描述的系统，则显得无能为力了。因此便以模糊数学来处理这些控制问题。

3. 自适应控制

自适应控制（Adaptive Control）是一种新型控制技术。在日常生活中，自适应是指生物能改变自己的习性以适应新的环境的一种特征。因此，直观地讲，自适应控制器应当能修正自己的特性以适应对象和扰动的动态特性的变化，是一种随动控制方式。

自适应控制的研究对象是具有一定程度不确定性的系统，这里所谓的"不确定性"是指描述被控对象及其环境的数学模型不是完全确定的，其中包含一些未知因素和随机因素。

4. 人工神经网络控制

人工神经网络控制（Artificial Neural Networks Control，ANNC）是采用平行分布处理、非线性映射等技术，通过训练进行学习，能够适应与集成的控制系统。

神经网络控制是 20 世纪 80 年代末期发展起来的自动控制领域的前沿学科之一。它是智能控制的一个新的分支，为解决复杂的非线性、不确定、不确知系统的控制问题开辟了新途径。

神经网络控制是（人工）神经网络理论与控制理论相结合的产物，是发展中的学科。它汇集了数学、生物学、神经生理学、脑科学、遗传学、人工智能、计算机科学、自动控制等学科的理论、技术、方法及研究成果。

在控制领域，将具有学习能力的控制系统称为学习控制系统，属于智能控制系统。神经网络控制是有学习能力的，属于学习控制，是智能控制的一个分支。

3.4 自动控制技术的发展

从控制设备硬件来看，自动控制系统技术的发展经历了以下几个阶段。从 20 世纪 50 年代的气动仪表控制系统，60 年代发展为电动单元组合仪表，70 年代发展为采用小型或超级小型电子计算机的集中式控制系统，以及后来采用微型计算机的集散式控制系统（Distributed Control System，DCS），目前正在向现场控制系统（Field Control System，FCS）的智能仪表控制系统发展。

从功能上来看，这是一个从监控到管理的发展过程。

3.4.1 控制器电子数字化和机电一体化

控制系统开始是机械控制，慢慢发展为电磁继电器控制，后来发展为电子模拟控制，目前已是电子数字控制和机电一体化。

20 世纪 80 年代开始采用小型或超级小型电子计算机的控制系统，但安装不便和投资大。随着电子计算机技术的突飞猛进，建筑物的中央控制系统也开始发生变化。由于电子计算机的信号传送技术的进步，采用微控制器对建筑物内各种设备的状态监测不必再一对一地配置线路了。一对信号线路就可传送多种信号，所有的设备状态都可以显示于中央监控室内，很容易进行操作和管理，不但节省了人力，而且提高了效率。

由于现场控制的电子设备价格昂贵，功能也不完善，所以大部分的系统运算及处理功能，仍需集中到中央控制室内由计算机主机进行处理。当时中央监控系统的功能，只限于设备状态变化显示，按时间表和直接控制进行管理，以及对现场反馈的数据进行运算。

电气控制系统就是电气设计人员根据控制对象的要求，把各种需要的电器元件组装成能实现某一控制功能的控制系统，以实现人们的控制需要，并达到预期的控制目标和结果。

电器集成是将多种电器的功能集成在一个装置或载体上实现，也就是创造了集成化的电器，而不是简单的组合电器。这不仅是功能的组合，而且是电路原理创新和结构的改变，其结果是功能更完善，性能更可靠，体积更小巧，成本更低廉，使用更方便，减少布线数量，节省盘柜空间，简化设计程序。

近年来，国外智能化控制器、起动器越来越多，ABB、西门子、施耐德为这一领域领军企业。国产的新型的智能化控制器也达到或接近国际水平。集成化电器发明思路是电器产品集约化和简约化，与建筑智能化系统控制器技术简约化是同一思路。

国内已经研制出包含交流接触器、热继电器、断相保护器、漏电保护器、电压继电器、电流继电器、时间继电器、中间继电器、电流表、电压表的"集成式仪表、电器综合控制装置"，它就是完整的仪表、电气控制系统，可以组成网络有线控制或无线控制。其控制功能设置非常方便，一般只要修改软件程序即可。可提供光电隔离的 I/O 接口，电流或电压的标准工业自动化仪表接口，无须中间继电器、开关接口板及隔离栅，可向用户提供远程通信端口和现场总线接口。

例如，一种组合式空调机组控制系统，其空调机组控制箱的核心是具有节能程序控制功能的智能控制模块，该模块除了电源（AC220V 和 DC24V）、通信接口（RS232 和 RS485）外，有数字信号输入接口（DI）11 个、模拟信号输入接口（AI）7 对、数字信号输出接口（DO）8 个和模拟信号输出接口（AO）5 对。

目前有机电一体化设计，集状态监测、节能控制能耗分析于一体，构建了高度集成平台，集成火灾报警接口、漏电报警及电量计量功能。这样在工程实施中，节省器材和施工布线，末端配管配线减少 60%～80%，末端配电回路减少 20%～40%，控制箱总数减少 40%～60%，变压器容量减少 10%～30%，峰值负荷可降低 20%～40%。

控制系统的易用性也在发展。增强了图形效果、动画效果。人机界面（HMI）也在不断改进，如采用嵌入式低功耗处理器的高性能工业级平板电脑，嵌入式操作系统，或通用监控软件。

3.4.2　网络化控制

传统控制概念基于控制器和中央工作站之间点对点的连接。任务分工非常明显：工作站处理显示任务，而控制器独自直接处理过程/设备控制。整个显示任务，如屏幕以及需要显示的任何东西，都保存在工作站中。控制器只提供原始过程数据并且只能储存少量的数据，从概念上说，简单的点对点连接已经足够了。

网络技术给世界带来了革命性飞跃，相信每个人都不会陌生。从 10 年前宽带网络开始发展，到目前 3G、4G 网络的普及。网络变得无处不在，人们的生活被深刻地改变了。信息交流和数据交换变得非常方便。"集中管理"、"超级服务器"和"云计算"等新技术成为了未来的发展趋势。

互联网技术的发展也带动了自动化控制的发展。访问互联网变得如此便捷，使人们同样希望能将相关的优势运用在楼宇自控系统的控制器上。任何人忽视这个趋势都会遇到这样的疑问：我可以在智能电话上通过 Web 浏览器查看网页及购物，但为什么不能也如此方便地查看我的楼宇自动化系统的数据及动态图形？

在网络及互联网快速发展的今天，建筑物自动化技术始终还在"串行"和单纯的 Ethernet 网络及种类繁多的通信协议周围徘徊。而建筑物自控的目标与 10 年前已大不一样。建筑物自动化系统不再是简单的空调和暖通系统，而是整个建筑物自动化系统的集成。包含了能源管理、电梯管理、冷热源管理、遮阳照明管理和设备管理等多个系统。因此在现场具有简便的能实现与不同系统集成的控制器成为必然需求。

除解决种类繁多的通信协议要求外，网络技术还给自动化控制带来什么好处呢？网络技术意味着通信将不受任何限制。不论控制器需要完成什么工作，与同本地连接的控制面板交换数据、使公司网络中任何一台机器的生产数据可供使用或甚至安排网上的远程维护，这些所运用到的通信机制都是一样的。控制面板需要通过生产商各自的联结或现场总线控制系统，与 IT 平台整合需要昂贵的协处理器（co-processors），需要耗费大量人力以及相对较慢的调制解调器连接才能实现远程访问，而现在这些都已经成为过去了。控制器的使用者再也不需要那些特殊的软件驱动或 OPC（微软公司的对象链接和嵌入技术在过程控制方面的应用）服务器，只需要将极少量的数据从控制器传至个人电脑中就可以了。这大大地减少了工程支出，降低了成本。

1. 分布式和网络化控制

控制网络技术在智能建筑中的应用可以通过控制网络通信实现实时数据管理与机电设备运行过程控制。可以实现对智能建筑内机电设备与安全报警管理的远程监视和数据采集。改善智能建筑内建筑物自动化系统（BAS）、安防系统（SCS）、火灾自动报警系统（FAS）等异构网络环境的控制与联动的结构。增强建筑物各实时监控计算机系统之间的互操作性与集成的能力。利用控制网络的分布式和嵌入式的智能化技术为建筑物管理系统（BMS）提供新的管理模式；同时也为自动化管理提供大量的相关信息。有利于智能建筑内的控制系统选择瘦客户机、图形服务器以及嵌入式服务器的系统结构模式。有利于与信息网络的应用集成，智能建筑内的所有设备和安全监控信息均可以进入各种计算机平台和桌面系统，大大改进智能建筑内监控信息的利用和共享"群件环境"的综合数据集成。可以通过 WEB 进行远程监控。

2. 网络开放性和互联技术

目前，控制网络技术正向体系结构的开放性与网络互联方向发展。开放性控制网络具有标准化、可移植性、可扩展性和可操作性。在计算机互联网络技术的推动下，控制网络要满足开放性的要求，就必须走网络互联的发展道路，因而从现场控制总线走向控制网络是一个必然趋势。控制网络通常是指以对生产过程对象控制为特征的计算机网络（Intranet：Infra-structure Networks）。近年来，国际上已有现场控制系统（Field control system，FCS）出现。现场控制系统可以进行多站点、多参量、双向通信。

在过去所建立的一些系统中，控制系统的通信协议是各个产品制造商制定的，不同的厂商相互保密，因此各种系统的通信有一些问题。目前对建筑物自动化系统的需求正在增长，对于系统开放性的要求也越来越迫切。这种要求就是各种产品具有可连接性和互操作性。

现场控制系统（Field control system，FCS）是一种开放式系统。其特点是采用现场总线网络，使得符合同一现场总线标准的不同产品可以相互连接，相互操作，通过网关可以实现不同现场总线的互联。因而该系统具有开放性、可扩展性和先进性等优点。

现场控制系统首先要求有开放性的通信协议。通信协议是指计算机间的通信和传输文件的标准，开放性的通信协议是指独立于设备制造商的公开的协议。这样可以避免由于通信协议不同而造成的系统不能互相联系或操作。

在智能建筑中，除了建筑物自动化系统（BAS）外还有办公自动化系统（OAS）和通信系统（TCS），目前有将这些系统的网络连接成能通信的网络或统一的网络的发展趋势，这样不但节约了投资而且方便了管理。因特网的发展对 BAS 也有很大影响，目前正在使 BAS 网络和 Internet/Intranet 结合起来，使管理网和控制网结合起来。

3. 基于网络的人机界面

基于网络（Web）的人机界面（HMI）概念和传统的工作站技术完全不同。图像用户界面在浏览器中能很容易地显示，取代了个人的控制面板或需付费的授权软件。此外，它们的网络容量不受限制，可以在任何地方访问同一个界面。不论是仅仅通过普通的网页设置简单的过程参数还是使用 Java 工具采用复杂的机器控制，系统和机器建立者发现基于 Web 控制和监控在其应用领域具有新的功能性，并大大简化了工程的工作量。

基于 Web 的控制、监控和显示与传统建筑物自动化系统技术的区别是用户界面显示在标准浏览器上。例如，一台控制器的数据不仅显示在收费的组态软件上，它还可以显示在任何一台装有浏览器（如 IE 浏览器和火狐浏览器）的个人电脑上，只需要将个人电脑和控制器通过网络连接起来。但为什么直接连接控制器呢？之前不是一直使用工作站的数据库来储存用户界面及数据的吗？传统的建筑物自动化系统确实如此，但有了 Web 技术，整个用户界面将直接储存在建筑物控制器里，这是与传统控制技术最根本的区别。

由于使用了基于 Web 的人机界面（HMI）理念，死板的点对点连接已被灵活的客户端/服务器结构取代。建筑物控制器代表服务器，并且已配备带有图形显示系统的 Web 服务器。控制面板、个人电脑或显示平台成为客户端，并各自都有一个浏览器以进行数据及图形浏览。其创新之处在于显示装置可以不需要带任何数据库或专用软件，因为所有数据及图形已储存在控制器上。控制器已演变成为一个自动控制课题，包括实现控制所需的所有东西：控制程序和用户界面。从根本上说，控制面板/电脑仅仅是客户端而已，网络本身能自动地载入页面并在电脑上显示出来，这样就简化了流程和维护。

由于采用客户端/服务器结构，设计基于 Web 的人机界面概念的工程和扩展项目变得非常简单。任何形式的通信都不会受到限制。理论上，1000 个电脑能与一个控制器进行通信，反之亦然。当然，从某一点来说，带宽将会限制额外面板或控制器的连接，但这并不是一个固定的系统限制。当网络中一个控制器收到一个来自网络的项目时，所有能访问局域网和互联网的连接面板（甚至包括个人电脑）都能立刻显示用户界面。不需要烦琐的软件安装过程或昂贵的驱动软件。基于 Web 的人机界面理念的优势在经过改良后会体现得更为明显。仅仅只需在控制器中进行更新，所有访问控制器的控制单元便可立即进行更新，而且再也不需要操心必须连接指定电脑及繁复的软件设置。

Web 技术建立在信息技术标准的基础上，像以太网、TCP/IP 或 HTTP 一样。这意味着基于 Web 的 HMI 方案可便捷地在现有的 IT 平台上使用，无须任何特殊模块或通信组件访问互联网，或通过调制解调器进行远程维护。

既然 Web 使数字直接控制器（DDC）无须依赖固定的授权软件，也就是说可脱离电脑而进行工作，要达到最大效率，Web 与 IT 技术及应用是不可分割的。

DDC 控制器必须内置 SMTP 客户端和电邮功能，并通过以太网接口将过程或者系统信息发送给电邮服务器。报警，服务和状态信息或者其他需要的过程信息，都可以通过电邮发给管理中心或者个人。使用 FTP 软件也可直接由控制器上存储数据，为解决数据的储存量，控制器一定要支持外挂储存媒体，如 SD 闪存使容量升级到不少于 1GB。控制器结合 Web IT 技术的应用使楼宇自控的应用概念发生了根本变化。

互联网、Web、IT 等技术在不久的将来会不断更新发展，只有跟随着开放式技术的发展才可实现楼宇自控系统的可持续发展、可互操作性及可维护性的要求，使楼宇自控系统具有与时俱进的生命力。

这样建筑自动化系统已经从纯机械的控制系统、气动的控制系统、液压的控制系统、电动的控制系统进化为电子的控制系统和机电一体化系统。其控制方式已经从电子模拟的控制方式转化为直接数字控制（DDC）及现场总线式系统方式。系统型式开始从集中式、分布式转变为全分布式。这些分布式控制系统既是独立的，又是相互联系的、综合的、统一的。

4. 无线网络的发展

近年来，无线网络（WLAN）技术发展很快，如 Wi-Fi、3G、4G、ZigBee 技术。无线网络应用于控制系统发展很快。

有一种无线、无电池解决方案，是基于微型能量转换器、超低功耗电子线路和可靠的无线通信技术。其理念源自一个简单的动作：当人手按下开关按钮，或者温度改变和光照亮度变化，这些操作变量都能产生足够的能量来供应无线收发模块使其发送无线信号。采用线性运动转换器、太阳电池板和温差热能转换器提供电能，这样不用电池或线路供电，就可以构成一个控制系统。

3.4.3 自动化系统从监控到管理服务功能的发展

20 世纪 90 年代后，以前需要由中央控制机完成的功能，已被一些低价格、高处理能力的现场控制器取代。中央监控室的操作人员，只要下达所需要的指令，现场控制器就会自动地参考其他数据、自动运算并控制相关的设备，以达到操作者的要求。这样一来，中央监控系统的主机，就不需要再负担大量的数据运算工作，而中央控制系统的功能也逐渐由控制改为提供各种数据报表和专项的统计文件。此时，"中央控制系统"的名称就逐步改为"中央管理系统"。其系统形式也由以前的集中监视、集中控制，变为集中监视、集中管理、分散控制；中央控制室的主机也变为以提供报表和紧急应变处理为主。因此，中央监控室也可以称为防灾中心。该中心不断地将各种数据报表提供给管理人员，通过分析数据报表，求取建筑物可以节约运行成本（如节约能源、节约人事成本等）的方式，从而进一步提高建筑物的价值，如住宅区可以实现以下服务。

1. 节能增值服务

如果业主安装智能空调，它就可以接收到当地的天气预报，那么空调就可以根据这些环境条件来调节自身的工作频率，从而达到最佳的工作效率，实现节能，让用户省钱。

2. 社区物业联动

业主可通过智能终端呼叫物业，传达报修、投诉、公告等信息，与物业实现无缝对接。

3. 社区商圈服务

用户足不出户就可轻松实现买水、买菜、买日用、订餐、家政、金融办理等服务，还可享受送货上门、服务到家、价格折扣等便利和优惠。

4. 社区医疗服务

业主可通过智能家居系统，让社区医院随时了解自己的身体健康状况，并提供服务。

5. 社区托管服务

支持老人、小孩、宠物托管业务，托管成功后，消息通知到电视或手机上，让业主更放心、更方便。

6. 健康管理服务

（1）健康监测。通过传感器的应用，时刻监测用户的身体健康指数。用户在家就可以完成对体重、血压、排泄物的检测，连同用药史等，这些数据都可以上传至云端进行统一管理。

（2）医疗救治：业主完全可以通过网络，预约专家教授，根据云端的数据信息，在网上进行诊疗，这种时间跨度大，中间少有中断的数据将会成为最为可观明确的参考，大大降低因为一些外在内在原因造成的误诊，即便处在医疗条件不好的乡村，也能得到更加专业的诊疗服务。

（3）环境检测。智能家居可通过对室内环境的完美控制，让业主进入家门，就可以拒绝空气污染，淡忘四季变迁。通过传感器、控制器对相关家电的控制，让住宅变成如疗养院一样的场所，降低人们因为空气污染还有换季的时候因为不适应造成的疾病，减少外界环境对健康的影响。当有灾害发生时，可以通过建筑物管理系统得知何时何地发生何种事故，便于事故处理人员迅速做出反应，减小事故带来的危害和影响。

第4章

建筑自动化系统的元件

建筑自动化系统的核心是电子计算机。电子计算机具有数据采集、存储、逻辑判断、高精度运算等能力，因而在设备控制方面已经从模拟控制系统发展到应用数字直接控制（Direct Digital Control，DDC）技术来控制空调设备、通风设备、锅炉、制冷设备。这些都是建筑自动化系统的基础。将这些设备的监控系统应用网络技术连接成局域网或广域网，形成建筑自动化系统，从而实现了设备的集中监控，通过集中监控提高设备的控制管理水平。

全集散型（Total Distribution System，TDS）建筑自动化系统由下列部件构成：传感器和执行器、控制分站、中央工作站。在全分散型系统中传感器和执行器都是智能化的，它与控制分站没有区别。

4.1 传 感 器

传感器（Sensor）或变送器（Transmitter）是将电量或非电量转化为控制设备可以处理的电量的装置。一般用于测量温度、湿度、压力、差压等物理量。各种传感器（Sensor）和执行器（Actuator）又称现场终端（Information Point，IP）。

传感器有非电量传感器和电量传感器。

4.1.1 非电量传感器

非电量传感器有温度、湿度、压力、压差、液位、位移、二氧化碳等物理量的传感器，还有门感应开关、红外/微波探测器、烟感探测器、温感探测器、振动探测器等。按照传感器转换的物理量分类，有辐射传感器、水温传感器、风管内空气温度、室内温度湿度传感器、风速度和方向传感器、热流传感器、二氧化碳传感器、压力/压差传感器、流量传感器、液位传感器、液位开关、空气质量传感器、防冻开关、压力/压差开关、流量/水流开关、人员传感器。公共安全防范传感器有防盗探测器、读卡器等。一般为模拟式或开关式。

非电量传感器一般输出电信号。输出信号可以有电流 4～20mA，电压 0～10V 或电阻 10kΩ 等形式。

电量传感器有电流电压、频率、电功率、功率因数等传感器，输出电信号既有模拟量信号也有数字信号。读卡器也是一种传感输入器。

1. 温度传感器

温度传感器（Temperature Sensor）用于测量空气、水或其他气体、液体或固体的温度。工程中应用的主要是接触式温度传感器，如热电阻、热电偶、正温度系数（PTC）硅感应器等，由于测温元件与被测介质需要进行充分的热交换，测量常伴有时间上的滞后。

（1）热电阻（Thermo Resistance）。利用物质在温度变化时本身电阻也随着发生变化的特性来测量温度。当被测介体中有温度梯度存在时，所测的温度是感温元件所在范围介质中的平均温度。常用的有铜热电阻、铂热电阻。其中，铂热电阻的测量精确度是最高的，它不仅广泛应用于工业测温，而且被制成标准的基准仪。一般接成桥式电路，当温度变化时，桥路不平衡，输出信号电压。热电阻有镍热电阻、铂热电阻 Pt100、铜热电阻、半导体热敏电阻等。铂热电阻测量范围在$-200 \sim +500℃$，铜热电阻测量范围在$-50 \sim +100℃$，半导体热敏电阻测量范围在$-50 \sim +300℃$。

热电阻温度传感器有无源和有源两种。有源温度传感器输入电源 16V DC，输出信号电压 0～10V DC 或电流 4～20mA，接线用 $1.0mm^2$（18AWG）屏蔽绞对线（STP）。

（2）热电偶（Thermo Couples）。热电偶是温度传感器的一种，利用热电动势原理来测量温度。是工业上最常用的温度检测元件之一。其优点是：

1）测量精度高。因热电偶直接与被测对象接触，不受中间介质的影响。

2）测量范围广。常用的热电偶从$-50 \sim +1600℃$均可连续测量，某些特殊热电偶最低可测到$-269℃$（如金铁镍铬），最高可达$+2800℃$（如钨—铼）。

3）构造简单，使用方便。热电偶通常是由两种不同的金属丝组成的，而且不受大小和接头的限制，外有保护套管，用起来非常方便。

热电偶一般通过变换将热电势转换为标准电压或电流信号。

尽管各种热电阻、热电偶的外形差异很大，但是它们的基本结构却大致相似，一般主要由感温元件、绝缘套管、保护管、和接线盒等部分组成。

温度传感器的安装型式有室内、室外、浸没式、智能等。

图 4-1 是室内温度传感器及湿度传感器的外形。图 4-2 是室外温度传感器。图 4-3 是浸没式温度传感器的外形。它可以分为风道温度传感器和水管温度传感器。图 4-4 是风道温度传感器。图 4-5 是水管温度传感器。图 4-6 是智能温度传感器。

智能传感器将一个显示器与房间温度传感器结合起来，给用户提供一种低成本的方式来查看或修改本地终端单元的运行情况。它专用配合控制器设计，可以完成许多本地的控制和监测任务。标准传感器提供了一个 LCD 显示屏和 6 个可编程按键，使运营商和住户可以改变设置点，监测居住地情况，以及起动和关闭设备。增强版还提供一个可定制的 4 位数字 LCD 并提供下列图标：设定点，制冷，加热，风扇，OA 和 SP。该功能键就可以定制编程以执行多种功能，包括将指定区域变为有人模式，触发报警信号，调节强制时间，启用或解除一个安全系统，以及加强密码安全。

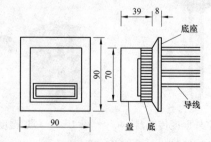

图 4-1　室内温度传感器及湿度传感器的外形

图 4-2　室外温度传感器

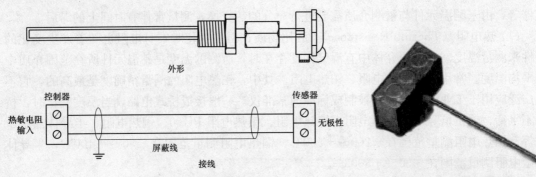

图 4-3　浸没式温度传感器的外形

图 4-4　风道温度传感器

图 4-5　水管温度传感器

图 4-6　智能温度传感器

2. 湿度传感器

湿度传感器（Humidifier sensor）用于测量空气湿度。测量范围一般为 0～100％RH。有的湿度传感器还可测量温度。测量元件可以用阻性疏松聚合物，输出电流为 4～20mA。还有一种电容式湿度传感器，湿度变化时发生电容变化，输出信号电压 0～10V DC 或电流 4～20mA。

湿度传感器的安装型式有室内、室外、风道等型式，图 4-7 是室内湿度传感器。图 4-8 是室外湿度传感器。图 4-9 是风道湿度传感器。

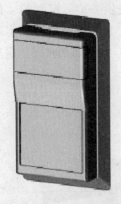

图 4-7　室内湿度传感器

图 4-8　室外湿度传感器

图 4-9　风道湿度传感器

3. 露点温度传感器

露点温度传感器（Dew Point Temperature）一般用光学原理测量露点温度，输出电流 4～20mA，见图 4-10。

4. 低温保护温控器

低温保护温控器又称为防冻开关，主要起到防冻的作用，用于保证系统温度不低于设定值，如空调系统中的再热器；制冷系统中的热交换器。

一般温控器温度范围为 $-10～+65℃$。采用毛细管长度 1.8m/3m/6m。

一种低温保护温控器的外形如图 4-11 所示。

图 4-10　露点温度传感器　　　　图 4-11　低温保护温控器

5. 压力传感器

压力传感器（Pressure Sensor）专为控制应用所开发，专业可靠，同时具有简洁、人性化的外观。常用的有电气式压力传感器，将被测压力的变化转换为电阻、电感等各种电气量的变化，从而实现压力的间接测量。它分为波纹管式和弹簧管式。波纹管式用于测量风道静压，弹簧管式用于测量水压、气压。常用的有压力传感器、静压传感器等。压力传感器按照其工作原理可以分为以下几种。

（1）电阻式压力传感器。压力通过弹性元件的位移转换为电阻的变化来检测。

（2）电容式压力传感器。压力通过弹性膜位移转换为电容的变化来检测。

（3）霍尔压力传感器。压力通过霍尔元件转换为电压信号来检测。

（4）半导体压力传感器。通过压力半导体的压电电阻效应来检测。

（5）压电压力传感器。利用某些材料的压电效应来检测压力。

输出信号可通过电桥转化为标准化的信号。输出电流 4～20mA 或电压 0～10VDC。图 4-12 是一种用于测量冷冻系统、锅炉、水泵或压缩机等的压力的高压力传感器。

6. 压差传感器

（1）压差传感器。用于测量空气、液体导管中的压差、正差和真空度。压差传感器（变送器）可在以下场合应用。

1）风机、风扇控制。

2）阀门和风门的控制。

3）风机过滤器的监控。

图 4-12　压力传感器

4) 流体监控，空气流速控制。

一般为双波纹管式，输出电流 4～20mA。图 4-13 是压差传感器。

（2）压差开关。是压力操作的电器开关，具有监视气体、不助燃、非腐蚀性介质、测量绝对压力、表压和真空负压等功能。

如果压差开关用于监测风机和过滤器运行状况，一般带单向转换触头。图 4-14 是压差开关。

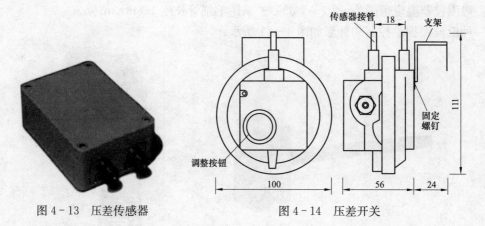

图 4-13　压差传感器　　　　　　图 4-14　压差开关

7. 空气质量传感器

空气质量传感器（Air Quality Sensor）用于测量空气中二氧化碳含量，或一氧化碳、硫、烷蒸气、烟雾、汽车废气、人员废气、燃烧烟雾，等等。输出电压 0～10V 或 4～20mA。

一般敏感元件是二氧化锡半导体传感器，有的空气质量传感器采用了非分散红外（NDIR）技术。图 4-15 是一种空气质量传感器。

8. 照度传感器

照度传感器（Illumination Sensor）用于测量室内或室外照度，输出电流 4～20mA。图 4-16 是一种照度传感器。

图 4-15　空气质量传感器　　　　　图 4-16　照度传感器

9. 人体探测器

人体探测器（Occupation Sensor，居住传感器）是用超声波、红外线、微波或红外线与微波相结合的方式探测室内有无人体（人员或动物）的探测器，输出开关量，也称为人体感应开关。一般可以探测房间内 10m 范围内人员（或发热体）的运动。有的附有照度传感器，可以使其在一定照度以下时工作，用于照明控制。图 4-17 是一种红外线人体探测器。

10. 流量传感器

流体（气体或液体）流量（Flow Rate）的检测可以用流量传感器。接测量流量的原理不同，有下列几种：

（1）节流流量传感器。利用流体流过节流装置（如孔板、节流管）时产生的压力差来检测气体或液体流量。

（2）涡流式流量传感器。通过安装在导管中间的涡轮来检测气体或液体流量。

（3）容积式流量传感器。通过转子、涡轮或椭圆齿轮的流体体积来检测流体流量。

图 4-17　红外线人体探测器

（4）电磁式流量传感器。基于电磁感应原理检测流体流量。由法拉第电磁感应定律知，在磁场中运动并切割磁力线的导体会有感应电动势产生，此感应电动势与流体的体积流量呈线性关系。

（5）超声流量传感器。通过超声波测定流体速度来检测流体流量。

常用的是电磁流量计和容积式流量计，图 4-18 是一种涡轮流量传感器，图 4-19 是一种转子流量传感器。

图 4-18　涡轮流量传感器　　　　图 4-19　转子流量传感器

11. 液位传感器

液位传感器（Lever Sensor）用于显示液位或控制水箱、水池等的上限、下限液位。主要用于热水器、壁挂炉、饮水机、净水器、咖啡机、热水卡机、水控机、热水工程、一卡通管理系统、蒸汽设备、校园卡售水系统、自助售水机、水处理设备、冷却系统、循环系统、智能马桶（坐便器）、机械设备、加热设备、仪器仪表、制药（制剂）设备等。

按照其检测原理不同，液位传感器有压力式、雷达式、超声波式、浮球式、光电式、导电式、翻版式、电容式、光纤式、干簧管式，等等。图 4-20 是一种浮球式液位传感器。

图 4 - 20　浮球式液位传感器

12. 水流开关

水流开关（Flow Switch）安装在管道中，当液体流量超过或低于调整速率时，具有开关量输出，如可关闭一个回路，打开另一个回路。主要应用于连锁作用或断流保护的场所。图 4 - 21 是一种水流开关的外形。

4.1.2　电量传感器

电量传感器（Transducer，变送器）是一种将各种电量如电压、电流、功率、频率转换为标准输出信号（电流 4 ～ 20mA 或电压 0 ～ 10V）的传感器。一般用于建筑物管理系统对建筑物内变配电系统各种电量的监测记录。它设有电流互感器，如图 4 - 22 所示。

图 4 - 21　水流开关

电量传感器有电压电流传感器、频率传感器、功率传感器、功率因数传感器。图 4 - 23 是一种可以监测单相或三相电力参数的多参数电力监测仪。

图 4 - 22　电流互感器

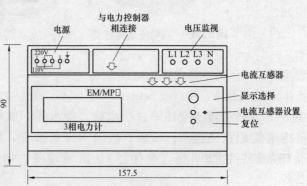

图 4 - 23　多参数电力监测仪

🕴 4.2 执　行　器

执行器（Actuator）是自动控制系统不可缺少的部分，在系统中它接收来自调节器的控制信号，转换成为位移输出，并通过调节机构改变流入（或流出）被调节对象的物质量或能量，执行器可控制风量、阀门开度、电源开关等。执行器有等多种，用来控制温度、压力、流量、液位、空气湿度等参数，从而实现过程参数的自动控制。

在建筑物中常见风阀（门）执行器，用于控制安装于新风、回风口的风阀，既可进行开关控制，也可进行开度控制。执行器设有万能夹具，可直接夹持在风阀的驱动轴上，设有手动复位钮，在故障时可手动调节。根据风管横截面的大小可选择不同力矩的执行器。

另一种是水管阀门执行器，与阀门配套使用，有开关式和调节式两种，开关式一般口径大，在冷热站中用于控制各系统工艺管道的开启和关闭、各种工况间的切换等；调节式主要用于控制流量，如在空调机组中，根据控制器的温、湿度设定值控制回水流量和蒸汽加湿的流量，使温湿度保持在设定值。

按照执行器采用动力能源形式的不同，可分为电动式、气动执行器与液动式、电子液压式、电子气动式等。

目前，建筑物自动化系统常用电动执行器。电动执行器的输入信号有连续和断续信号两种。连续信号有0～10V DC和4～20mA DC两种范围。断续信号是开关量信号，如脉冲信号。有的电动执行器用同步电动机驱动，电源为24V 50Hz。

在建筑物中常用电动调节阀和电动风门。

1. 电动调节阀

电动调节阀（Electric Valve）是一种流量调节机构，它和电动执行器组成温度调节控制装置。电动调节阀安装在工艺管道上直接与被调介质接触，执行介质的控制，完成自动控制的任务。它的性能好坏将直接影响到控制的质量。目前有电动机驱动的电动调节阀和电磁驱动的电动调节阀两种。广泛应用于暖通空调系统的冷热水控制以及蒸汽加湿控制。

（1）调节阀的规格。调节阀的规格指它的公称压力、管道口径、流通能力、最大允许压差、材料、管道连接方式、流体温度、压力等。阀门有二通或三通，连接方式有螺纹连接或法兰连接。按照阀芯结构有蝶阀或球阀。耐压有低、中、高。阀门可以用于水、蒸汽或其他流体。

（2）调节阀流量特性。调节阀的流量特性直接影响自动控制系统的品质。常用的理想流量特性有线性、对数和快开特性。

快开特性主要用于双位控制和程序控制。图4-24是调节阀（无执行器）。

电动阀门执行机构是阀门的控制器，电动阀门执行器可为阀门提供调节型控制，其推力一般有450N、1200N、1500N等，并且输出2～10V位置反馈信号，它们可广泛应用于加热、通风及空调系统。图4-25是一种电动阀门执行器的外形。图4-26是一种电动阀门（带执行器）。

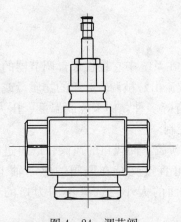

图 4 - 24　调节阀

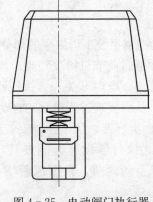

图 4 - 25　电动阀门执行器

图 4 - 26　电动阀

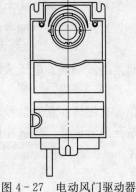

图 4 - 27　电动风门驱动器

2. 电动风门

电动风门（Electric Damper）由风门和风门驱动器组成，风门驱动器用夹子夹在风门轴上。一般机械转角为 95°，旋转 95°风门会自动停止。风门驱动器用同步电动机驱动，电源为 AC 或 DC24 V 50Hz。风门驱动器的动作力矩有 15Nm、30Nm 等。风门驱动器有弹簧复位风门驱动器和非弹簧复位风门驱动器，使用驱动器外壳的按钮可以脱开传动装置。风门驱动器有开关型和调节型两种，如图 4 - 27 所示。遮阳执行器是调节遮阳板开度的机构，与风门驱动器相似。

4.3　控　制　器

目前运用在现场控制的是微控制器和控制器（controller）或控制分站。

控制盘（Control Panel）按照是否实现闭环控制功能区分为分散控制型（Distributed Control Panel，DCP）和数据采集型（Data，Gathering Panel，DGP）。分散控制型按照有无微处理器分为智能型（Distributed Control Panel-Intelligent，DCP-I）和普通型（Distributed Control Panel-General，DCP-G）。目前，控制分站一般是智能型的（DCP-I），有的称智慧外围站（Intelligent Outstation-IOS），由分布式处理器组成。

目前常用的控制器实际上是一种由微处理器控制的直接数字控制器（Direct digital controller，DDC），能作独立控制器执行控制作用。它提供的控制作用有比例（P）、微分（I）、积分（D）控制、总和及报警、输出监测。它又有很强的通信能力，可组成网络实现高速实时运算。一般由几路模拟量和数字量输入，输出也有几路模拟量和数字量。常见的输入输出量有以下几种。

（1）模拟量输入（AI），如温度、压力、液位变送器输出。

（2）数字量输入（DI），通常为接触点闭合、断开情况。

（3）模拟量输出（AO），用以操作调节阀、风门。

（4）数字量输出（DO），用以电动机起动、停止控制，即 2 位控制（ON/OFF）。

（5）有的控制器设有数字量累计的接口，可输入低频脉冲信号，作电度、水量的积算。典型的控制器为了使其能独立运行，可使用手提式操作终端（POT）或可编程终端（PPT）。

有的控制器只有数据采集功能，只能用作参数显示和简单的开关控制，这种称为 DGP（Data Gathering Panel），目前已被淘汰。

有的控制器是网络型的，具有网络通信的多功能控制器，可以具有网络系统的网关功能，可构建两级控制网络。

可编程逻辑控制器（Programmable Logic Control，PLC）也是建筑物中应用的一种控制器。图 4 - 28 是一种控制器的外形。

图 4 - 28　控制器

4.3.1　微控制器

微控制器（Micro Controls）具有对末端设备进行控制的功能，并能独立于控制器（分站）和中央管理工作站完成控制操作。

微控制器主要完成实时性强的控制和调节功能。

微控制器是将微型计算机的主要部分集成在一个芯片上的单芯片微型计算机。

微控制器按照其硬件组成是否有分散的实现闭环控制功能分为分散控制型（DCP）和数据采集型（DGP）。目前，微控制器大都为有微处理机的智能型控制器（DCP-I）。微控制器按专业功能可分为下列几类。

（1）空调系统的变风量箱微控制器、风机盘管微控制器、吊顶空调微控制器、热泵微控制器等。

（2）给排水系统的给水泵微控制器、中水泵微控制器、排水泵微控制器等。

（3）变配电微控制器、照明微控制器等。

微控制器一般采用单片机，直接安装在被控设备的控制柜（箱）里，成为控制设备的一部分。

作为控制器的组成部分，分布式智能输入输出模块可通过通信总线与控制器计算机模块连接。

智能现场仪表通过通信总线与控制器、微控制器进行通信。

控制器、微控制器和分布式智能输入输出模块，与常规现场仪表进行一对一的配线连接。

图 4 - 29 是一种微控制器的内部。

4.3.2　直接数字控制器

一般中型和大型系统采用直接数字控制器（Direct Digital Control，DDC）。这是一种全智能型控制器。用户可以根据自己的需要赋予分站某种功能，如改变控制算法、增设某个滤波程序等。智能型的控制器（分站）设有中央处

图 4 - 29　微控制器

理器、内存、通信接口、可扩展的功能化信号输入和输出（I/O）模块、便携终端插口或字符显示器及键盘。它可以直接完成数字控制功能，能组成网络构成建筑物自动化系统。

在工程中对控制器（分站）的技术要求如下。

（1）CPU 不宜低于 16 位（目前常用 32 位）。

（2）RAM 不宜低于 128kB（目前有 2MB）。

（3）EPROM 和（或）Flash-EPROM 不宜低于 512kB（目前有 2MB）。

（4）RAM 数据应有 72h 断电保护。

（5）操作系统软件、应用程序软件应存储在 EPROM 或 Flash-EPROM 中。

（6）硬件和软件宜采用模块化结构。

（7）可提供使用现场总线技术的分布式智能输入、输出模块，构成开放式系统；分布式智能输入、输出模块应安装在现场网络层上。

（8）应提供至少一个 RS232 通信接口与计算机在现场连接。

（9）应提供与控制网络层通信总线的通信接口，便于控制器与通信总线连接和与其他控制器通信。

（10）宜提供与现场网络层通信总线的通信接口，便于控制器与现场网络通信总线连接并与现场设备通信。

（11）控制器（分站）宜提供数字量和模拟量输入输出以及高速计数脉冲输入，并应满足控制任务优先级别管理和实时性要求。

（12）控制器（分站）规模以监控点（硬件点）数量区分，每台不宜超过 256 点。

（13）控制器（分站）宜通过图形化编程工程软件进行配置和选择控制应用；控制器（分站）宜采用直接数字控制器（DDC）、可编程逻辑控制器（PLC）或兼有 DDC、PLC 特性的混合型控制器 HC（Hybrid Controller）。

（14）控制器宜选用挂墙的箱式结构或小型落地柜式结构；分布式智能输入、输出模块宜采用可直接安装在建筑设备的控制柜中的导轨式模块结构。

（15）应提供控制器典型配置时的平均无故障工作时间（MTBF）。

（16）每个控制器（分站）在管理网络层故障时应能继续独立工作。

在民用建筑中，除有特殊要求外，应选用直接数字控制器（DDC）。

目前，直接数字控制器具有下列技术特点。

（1）采用单片机的智能控制器，能独立运行。中央处理器有 16 位或者 32 位。

（2）有多种输入输出信号。

1）输入信号应该能适应多种传感器（变送器），具体如下。

a. 模拟量的直流信号 4～20mA，0～10mA，0～10V，热电阻（RTD）信号，压力信号。

b. 开关量信号有：动合/动断（ON/OFF）干触点、电流有/无、电压有/无、低频脉冲信号等。

2）输出信号应有模拟量和开关量，具体如下。

a. 模拟量直流信号 4～20mA，0～10mA，0～10V，0～12V，气动输出（0～138kPa）。

b. 开关量信号有保持式和脉冲式，两态控制（ON/OFF）及三态控制（快、慢、停）。

对于某一种控制器,可以选择其中数种组合。

(3) 模块化组合结构。设备可扩展,可以是插道模式结构,也可以是板式结构。一般分为电源模块、控制模块、测点模块等。

(4) 多种通信接口。例如,RS232C (串行通信接口),EIA RS485 (9600bps),RS422,IEEE - 488。

(5) 有联网能力。例如,以太网 (Ethernet,传输率 10/100Mbps)、ARC net (传输率 2.5Mbps)、令牌环网 (Token Ring)、20mA 电流环 (传输率 1.2,9.6 或 19.2kbps)、建筑物自动化和控制网 (BACnet)、局部操作总线 (LON)。

(6) 内存为模块化的可预编程。内存容量按照不同要求而异,如 8M、256M 或者用 PCMCIA 卡。

(7) 能适应工业环境,有较强的抗干扰能力。一般环境条件为气温 0～49℃、湿度 0～90%,不结露。

(8) 有或可接显示器和键盘,供操作员和程序员在现场进行操作,如设定数据及修改参数等。

(9) 可自诊断及故障报警,使设备安全可靠运行。

(10) 有备用电池供断电时保持 RAM 内容。支持时间不小于 72h,在无负载情况下自身寿命不低于 5 年。

(11) 显示器用发光二极管或液晶,可以显示电源情况 (通,断,接通试验) 及数据传送情况 (发送,接收,故障)。

(12) 有实时时钟,可以对设备进行时间日程安排,定时控制。

(13) 结构型式有墙挂式、箱式、落地式等,应便于安装维护检修。

(14) 外壳防护级别,有 IP20、IP55 或 IEC144、IEC529。

(15) 电源电压为 AC 24V 50Hz 或 AC 220V 50Hz 。

图 4 - 30 是一种直接数字控制器外形。

4.3.3　可编程逻辑控制器

可编程逻辑控制器 (Programming able Logic Control,PLC),是通过指令表中设置控制指令的方式,完成编程设计的一款多用途控制器。这是定位于建筑电气控制领域,根据该领域的要求而设计的专业控制系统。有的控制器同时具备与短信收发设备的通信功能,通过普通手机短信远程控制系统和报告系统状态。这种控制器技术优势如下。

(1) 具有强抗干扰能力,可与强电设备安装在同一个配电箱中。

(2) 将可编程控制器与手机短信收发机集成起来,特别是支持中英文短信的自动双向收发功能,拓宽了编程器的远程控制能力,在经济性、安全性和可靠性上,相对于目前市场上以电话语音报警和控制的方式,有了相当大的提高。

(3) 在编程方面突破传统的工业 PLC 编程方式,对编程员的要求很低,不需要掌握任何编程经验和语言基础,有利于产品大规模的推广和应用。有的采用全中文编程界面,编程极其简单方便。

图 4 - 31 是一种可编程逻辑控制器外形。

目前有一种混合型控制器 HC (Hybrid Controller),兼有数字直接控制器和可编程逻辑控制器的功能。

图 4-30　直接数字控制器　　　　　　　图 4-31　可编程逻辑控制器

4.4 中央工作站

中央工作站或管理中心又称操作站、监控中心或上位计算机，它可以对整个系统实行管理和优化。中央工作站具有下列功能。

(1) 监控系统的运行参数。

(2) 检测可控的子系统对控制命令的响应情况。

(3) 显示和记录各种测量数据、运行状态、故障报警等信号。

(4) 数据报表和打印。

中央工作站设置在监控中心，按照不同的功能有服务器 (Server)、客户机 (Client) 或网络浏览器 (Browser) 等。

中央工作站由电子计算机、显示器、键盘和打印机等组成，是整个系统的显示控制装置。中央工作站可以对整个系统实行管理和优化。它的作用是存取全部数据和控制参数，长期趋势记录、分析控制和监督、优化控制、输出打印报告、非标准程序开发、提供设备维修管理数据、资料和指标等。

工作站一般采用微型计算机工作站；目前所用的中央处理器常见为 32 位，具有一定内存、硬盘、并行及串行通信接口，带有鼠标器、高分辨彩色显示器。目前，微机的硬件发展很快，可以选用较高级的配置。它的操作软件有多用户、实时、多任务的能力。目前一般提供视窗操作系统。操作人员不需要掌握专门的计算机知识就可操作该系统。

分站和中央工作站通过通信接口进行数据通信，是数据网关或信息交换站，能作为独立控制器执行独立的控制作用。它既能把数据信息传到中心控制电子计算机，又能接受中心控制电子计算机的控制。

在工程中对中央工作站要求如下。

(1) 服务器与工作站之间宜采用客户机/服务器 (Client/Server，C/S) 或浏览器/服务器 (Browser/Server，B/S) 的体系结构。当需要远程监控时，客户机/服务器的体系结构应支持 Web 服务器。

(2) 应采用符合 IEEE 802.3 的以太网。

(3) 宜采用 TCP/IP 通信协议。

（4）服务器应为客户机（操作站）提供数据库访问，并采集控制器、微控制器、传感器、执行器、阀门、风阀、变频器数据，采集过程历史数据，提供服务器配置数据，存储用户定义数据的应用信息结构，生成报警和事件记录、趋势图、报表，提供系统状态信息。

（5）实时数据库的监控点数（包括软件点），应留有余量，不宜少于 10％。

（6）客户机（操作站）软件根据需要可安装在多台微机上，宜建立多台客户机（操作站）并行工作的局域网系统。

（7）客户机（操作站）软件可以和服务器安装在一台微机上。

（8）管理网络层应具有与互联网（Internet）联网能力，提供互联网用户通信接口技术，用户可通过 Web 浏览器查看建筑物自动化系统的各种数据或进行远程操作。

（9）当管理网络层的服务器和（或）操作站故障或停止工作时，不应影响控制器、微控制器和现场仪表设备运行，控制网络层、现场网络层通信也不应因此而中断。

中央工作站配置有个人计算机和外设。在目前可选用以下配置。

1. 个人计算机

计算机是按照应用软件要求配置的，一般配置如下。

（1）中央处理器是决定中央站处理速度的主要零件，一般用 32 位的单核或双核处理器，主频 800MHz 以上，目前一般采用主频 3～3.5GHz。

（2）内存对数据处理和图形显示有很大影响，一般为 128MB 以上，目前一般配置 2～8GB。

（3）计算机总线是计算机信息总通道。目前以 PCI 总线较好。

（4）硬盘驱动器的容量按照软件处理容量来定，一般为 2GB 以上，目前常用 500G 或 1～3TB。

（5）具有并行和串行接口，具有 USB 接口。

（6）一般用光盘驱动器或闪存卡储存数据。光盘有只读型（CD-ROM）的、可写（CD-R）型或可读写型（CD-RW）。

（7）一般用彩色、高分辨率的液晶（LCD）显示器。

（8）具备键盘、鼠标。

图 4-32 是一种个人计算机外形。

在机电一体化的设备中有的采用工业嵌入式计算机。无风扇的嵌入式控制器一般适用于恶化的环境。触摸屏计算机、平板计算机等也在发展。

图 4-32　个人计算机

2. 打印机

打印机用于制作硬拷贝文件。一般打印机接在微机的平行端口，这样一旦微机有故障，就有丢失报警信息的可能。如果将打印机直接接在网络，这样各分站可以直接访问打印机，报警信息可直接送到打印机，减少失误。打印机目前有喷墨打印机和激光打印机等数种。喷墨打印机和激光打印机除了打印数据外还可以打印图形。

图4-33　激光打印机

（1）喷墨打印机。喷墨打印机的性能为：打印速度，单色9页/分，彩色6页/分。分辨率，单色4800×1200dpi，彩色4800×1200dpi。纸张，连续纸102～406mm，单张纸A4（210mm×297mm）。

（2）激光打印机。激光打印机的性能为：打印速度为单色20页/分；分辨率为单色1200×600dpi；纸张为单张纸A4（210mm×297mm）。图4-33所示为激光打印机。

第5章

建筑自动化系统的网络

👷 5.1 建筑自动化系统的结构

建筑自动化系统的结构是指单机系统或多机系统。对于多机系统一般组成网络，指的是其网络拓扑结构。

建筑物自动化系统按结构可分为集中式控制系统、分布式控制系统。

1. 集中式控制系统

控制系统又称现场直接数字控制系统（DDC），一般由单片机、单板机或工业控制机组成，各种信号送到控制器集中处理。如图 5-1 所示，它适合于小型系统，以一台微机实行控制。如果有多种设备需要控制，各自应采用单机控制。由于各设备之间没有通信，所以功能是有限的。

2. 分布式控制系统

分布式控制系统（Distributed Control System，DCS）是多控制器系统，又称集散系统（TDS）。各种设备采用分站（单元控制器）控制，各控制器接成网络。系统可以由中央站控制，有 2 层、3 层或 4 层网络结构的分级式或不分级的集散系统。它适合于大型和中型系统。

图 5-1　集中式控制系统
（现场直接数字控制系统）

分站进行实时控制及调节，中央站进行监控管理。如果中央工作站停止工作不影响分站工作，则网络通信也不会中断。分站设在受控对象系统附近，以微机实现监控功能，可和中央站通信。分站之间也可实行通信，使网络上成员可以实现资源（硬件设备，软件，信息）共享。网络结构应能满足集中监控需要，尽量减少故障波及面，实现危险分散、减少投资、易于扩展。该系统有下列特点。

（1）节省人力。通过集中管理控制，简化操作及培训维护等。

（2）节能。通过集中管理控制，合理调度负荷。

（3）控制灵活。

（4）设备共用，如某些传感器可以用在多种控制用途。

建筑自动化系统的网络结构有单层、二层和三层 3 种结构，网络分别有管理、控制、现场设备三个网络层，各网络层功能如下。

（1）管理网络层应完成系统集中监控和各种系统的集成。

（2）控制网络层应完成建筑设备的自动控制。

（3）现场设备网络层应完成末端设备控制和现场仪表设备的信息采集和处理。

网络二层式控制系统结构如图5-2所示。

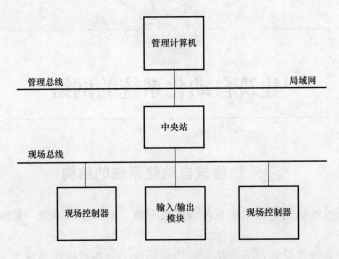

图5-2 网络二层式控制系统结构

　　建筑设备监控系统，宜采用分布式系统和多层次的网络结构。并应根据系统的规模、功能要求及选用产品的特点，采用单层、两层或三层的网络结构，但不同的网络结构均应满足分布式系统集中监视操作和分散采集控制（分散危险）的原则。

　　大型系统宜采用由管理、控制、现场设备三个网络层构成的三层网络结构，其网络结构如图5-3所示。中型系统宜采用两层或三层的网络结构，其中两层网络结构宜由管理层和现场设备层构成。小型系统宜采用以现场设备层为骨干构成的单层网络结构或两层网络结构。这种分布式结构传感器、变送器及执行器均为微型智能节点。智能节点可以访问控制处理器、网络处理器和应用处理器，既能进行控制又能管理网络通信。智能节点中有网络通信

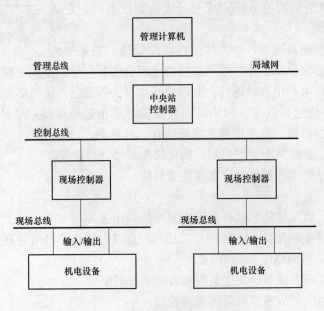

图5-3 网络三层式控制系统结构

协议。这样实现了无中心结构的完全分布式控制模式。无须中央站就可实现点对点的直接通信，而且不会因为中央处理器和文件服务器的故障而导致整个系统或子系统的瘫痪，大大提高了整体可靠性。它具有开放性、互换性、全分散性等特点，使用非常方便灵活。

目前采用这种结构的系统发展很快，如现场总线（Field bus）或局部操作网（Lon Works Networks）。

这种系统中全分布式结构传感器、变送器及执行器均为微型智能节点。这种系统称为现场总线（Field Bus）系统或局部操作网（Local Operation Network，Lon）。这种现场总线目前有多种。

例如，有一种现场总线系统为 Lon Works Networks，现场有多个智能节点，智能节点的核心是神经元芯片（Enron chip）。芯片内部有 3 个中央处理器和 RAM，ROM，EEP-ROM，以及计时器/计数器、操作系统、数据库，3 种常见控制对象和固化通信协议。

三层网络如下。

1. 管理网络层

管理网络层应具有下列功能。

（1）监控系统的运行参数。

（2）检测可控的子系统对控制命令的响应情况。

（3）显示和记录各种测量数据、运行状态、故障报警等。

（4）数据报表和打印。

管理网络层管理计算机一般采用个人计算机（Personal Computer，PC）。

2. 控制网络层

控制网络层的功能为完成对主控项目的开环控制和闭环控制、监控点逻辑开关表控制和监控点时间表控制。

控制网络层应由通信总线和控制器组成。通信总线的通信协议一般采用 TCP/IP、BACnet、LonTalk、Meter Bus 和 Modbus 等国际标准。

控制网络层的控制器（分站）宜采用直接数字控制器（DDC）、可编程逻辑控制器（PLC）或兼有 DDC、PLC 特性的混合型控制器 HC（Hybrid Controller）。

3. 现场网络层

现场网络层由通信总线连接微控制器、分布式智能输入输出模块和传感器、变送器、执行器、电动阀门、变频控制器等智能现场仪表组成，也可使用常规现场仪表和一对一连线。

目前，现场网络层一般采用 TCP/IP、BACnet、LonTalk、Meter Bus 和 Modbus 等国际标准通信总线。

5.2　网络结构的规划

建筑物自动化系统（BAS）是智能建筑中的一个重要系统，它是一种计算机控制系统，其结构有单机系统和多机系统。

对于多机系统一般组成网络，指的是其网络拓扑结构。

目前局域网络（LAN）已经在计算机通信领域得到广泛应用。但是工业控制器与计算机通信设备不同，它有不同的要求。

5.2.1 网络拓扑结构

计算机网络的拓扑结构是把网络中的计算机和通信设备抽象为一个点，把传输介质抽象为一条线，由点和线组成的几何图形。

建筑物自动化系统所使用的网络，就是采用标准网络协议将各种控制分站和中央站连接在一起组成通信网络。网络的拓扑结构指的是集散型系统的网络结构。

计算机网络的拓扑结构一般按照网络电缆布置的几何形状分为下列 4 种。

（1）星形拓扑结构。中央站通过集线器（HUB）连接到各分站，呈放射型。星形拓扑结构每个结点都由一条单独的通信线路与中心结点连接。优点：结构简单、容易实现、便于管理，连接点的故障容易监测和排除。缺点：中心结点是全网络的可靠瓶颈，中心结点出现故障会导致网络的瘫痪，如以太网（Ethernet）、ARC net。

（2）环形拓扑结构。环形拓扑结构各结点通过通信线路组成闭合回路，环中数据只能单向传输。各结点相互传递信号，一次一个结点，连成环形。优点：结构简单，适合使用光纤，传输距离远，传输延迟确定。缺点：环网中的每个结点均成为网络可靠性的瓶颈，任意结点出现故障都会造成网络瘫痪，另外故障诊断也较困难。最著名的环形拓扑结构网络是令牌环网（Token Ring）。

（3）线性总线拓扑结构。用中继线或干线来连接所有线路，所有结点共享该线路。总线拓扑结构是将网络中的所有设备通过相应的硬件接口直接连接到公共总线上，结点之间按广播方式通信，一个结点发出的信息，总线上的其他结点均可"收听"到。优点：结构简单、布线容易、可靠性较高，易于扩充，是局域网常采用的拓扑结构。缺点：所有的数据都需经过总线传送，总线成为整个网络的瓶颈；出现故障诊断较为困难。最著名的总线拓扑结构是以太网（Ethernet）。总线拓扑结构是一种比较适合于 BAS 的结构。

（4）树状拓扑结构。树状拓扑结构是一种层次结构，结点按层次连接，信息交换主要在上下结点之间进行，相邻结点或同层结点之间一般不进行数据交换。优点：连接简单，维护方便，适用于汇集信息的应用要求。缺点：资源共享能力较低，可靠性不高，任何一个工作站或链路发生故障都会影响整个网络的运行。

图 5-4 为这 4 种网络的拓扑结构图。

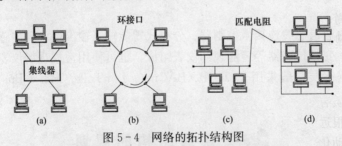

图 5-4 网络的拓扑结构图

(a) 星形网；(b) 环形网；(c) 总线型网；(d) 树形网

不同的产品具有不同的网络拓扑结构，一般选择采用标准网络协议较好。否则开发专门用于 BAS 的网络价格比较昂贵，而且没有附加功能。标准网络协议一般是开放性的，适合将各种设备连接在一起。

5.2.2 局域网和广域网

计算机网络按照连接的站点范围不同，一般分为局域网和广域网。

局域网（Local Area Network，LAN）一般是一个建筑物内的网络。在局域网上采用文件服务器，如果使用多个中央站，数据和程序可以集中在文件服务器内，而且对网络每一个节点，它都有密码保护，专用信息（如密码，访问权限）也可以集中管理，方便了用户对其管理。在文件服务器内信息和程序的更新相当方便。

几个大建筑物的局域网可以连接成广域网（Wide Area Network，WAN）。它们之间的通信可以通过公共电话网（PSTN）、X.25 网、综合信息服务网（ISDN）或传输控制协议/互联网协议（TCP/IP）进行。管理中心（SC）可以通过互联网协议（IP）路由器连接在一起。这样的系统具有下列优点。

（1）能远程进行故障诊断和识别，并报警处理。

（2）能集中进行数据存储和控制。

（3）能对突发事件作出快速反应。

（4）多用户可访问系统。

（5）有多个控制现场。

图 5-5 为广域网的示意图。

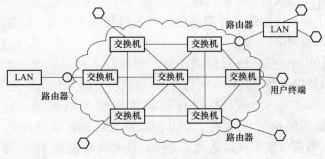

图 5-5　广域网的示意图

5.2.3　网络访问控制方法

网络访问控制方法与网络拓扑结构及传输介质有关。网络访问控制方法目前有以下4 种。

（1）载波探测、多路访问/冲突检测（CSMA/CD）方法。

（2）令牌传递总线访问（Token-Passing Bus）方法。

（3）令牌传递环访问（Token-Passing Ring）方法。

（4）分片访问（Pierce）方法。

常用传输介质有对绞线、光纤和同轴电缆。对传输介质的要求是价廉、抗干扰能力强，因而在距离不是很远的情况下，推荐用对绞线（TP）。

在建筑物自动化系统中，要求通信准确、可靠、快速、性能价格比高。

👤 5.3　现　场　总　线

现场总线（Field Bus）是一种控制总线，它是自动化领域中计算机通信最下层的网络。根据国际电工委员会（IEC）和现场总线基金会（FF）的定义，"现场总线是连接智能现场设备和自动化系统的数字式、双向传输、多分支结构的通信网络"。

目前，国际上流行的现场总线有 40 多种，在现场总线国际标准（IEC61158）中，纳入了 8 种类型现场总线：IEC 61158 技术规范，Control Net，ProfiBus（Process Field Bus），P-Net，FF HSE，Swift Net，World FIP，Interbus 等。这 8 种现场总线采用的通信协议完全不同，因此，要实现这些总线的兼容和互操作是十分困难的。

在欧洲标准 CEN TC247 中建议建筑物自动化系统的管理层和自动化层采用 BACnet、FND、ProfiBus 和 World FIP（Factory Instrumentation Protocol），工作层采用 Lontalk、EIB、EHB 和 BitBus。

我国正在制定现场总线标准。建议采用以太网、BACnet、Lontalk、M-Bus 等。

现将几种流行的现场总线简介如下：

1. 以太网

以太网（Ethernet）是 DEC、Intel、Xerox 公司联合开发的基带局域网规范。以太网使用载波探测、多路访问/冲突检测（Carrier Sense Multiple Access/Collision Detection，CSMA/CD）访问控制方式，通常工作在线性总线上。以太网不是一种具体的网络，而是一种技术规范。IEEE 制定的 IEEE 802.3 标准给出了以太网的技术标准。它规定了包括物理层的连线、电信号和介质访问层协议的内容。

以太网适用于小型到大型的计算机网络。以太网开始主要用于信息网络系统，随着发展，目前已经用于控制网络。

标准以太网（10Base-5）用粗同轴连接。细缆以太网（10Base-2）用细同轴电缆（Coax）连接。双绞线以太网（10Base-T）用双绞线（UTP）作星形连接。

快速以太网（Fast Ethernet）是指传输速率较快的以太网。目前的快速以太网（100Base-T）数据传输率可以达到 100Mbps，最大传输距离 20km，如千兆位以太网（Gigabit Ethernet）数据传输率可以达到 1Gbps，最大传输距离 3km。目前万兆位（10G）以太网也正在发展。

采用光纤为介质的以太网称光纤以太网。该产品可以借助以太网设备采用以太网数据包格式实现 WAN 通信业务。

以太网的标准拓扑结构为总线型拓扑，但目前的快速以太网（100BASE-T、1000BASE-T 标准）为了最大限度地减少冲突，提高网络速度和使用效率，一般使用交换机（Switch hub）来进行网络连接和组织，这样，以太网的拓扑结构就成了星形，但在逻辑上，以太网仍然使用总线型拓扑和 CSMA/CD 访问控制方式。

基于 TCP/IP 的 Ethernet 构成的控制网络的最大优点是将企业的商务网、车间的制造网络和现场级的仪表、设备网络构成了畅通的透明网络，而且成本低、速度高。因而工业以太网在建筑物自动化系统应用中也得到发展。

2. BACnet 协议

BACnet 是美国暖通空调协会（ASHARE）开发的建筑物自动化和控制网络协议（A Data Communication Protocol for Building Automation and Control Network，BACnet）。这是一种开放型的通信协议。由建筑物自动化系统的生产商、用户参与制定的一个开放性标准。由 ASHRAE 综合几个局域网（LAN）的协议而制定的，他们尽可能采用了 LAN 网络不同时期成熟的技术而制定的。

BACnet 协议是管理信息域（简称信息域）方面的一个标准。

美国 BACnet 和德国 FND 为不同厂商生产的建筑物的自动化系统，集成为整体系统而提出的方法，规定了通信协议。

1995 年 6 月，BACnet 成为 ASHRAE B5 - 90 标准，并于同年 12 月成为美国国家标准（ANSI），并得到欧共体的承认，成为欧共体的标准。

3. LONMARK 标准

LONMARK 标准采用 Lonworks 技术，它是美国 Echelon 公司于 1991 年提出的现场总线，也称为局部操作网络（Local Operation Networks，LON）。Lonworks 技术实际上是一种测控网技术，更确切地说，是一种工控网技术，也叫现场总线技术。因为它传输数据量较小的检测信息、状态信息和控制信息。它很方便地实现现场的传感器、执行器、仪表等联网。Echelon 将采用 LonTalk 协议的 LON 网称为 Lonworks 网。

4. CAN 总线

CAN（Control Area Network）总线是德国 Robert Bosh Gmbh 推出的对等式（peer to peer）串行现场总线，采用载波侦听多路访问/碰撞检测（CSMA/CD）机制，最多可连接 110 个结点。这种总线由于其性能优良，在汽车工业及工业测控现场得到广泛推广。目前已经批准为 ISO11898 和 ISO11519。

5. Modbus 总线

Modbus 是美国 Modicon 公司推出的可编控制器之间进行通信的总线标准。利用 Modbus 通信协议可编程控制器通过串行口，或经调制解调器联网。该公司后来还推出了 Modbus 的增强型 Modbus plus（MB+），可以连接 24 个结点，利用中继器可扩展至 64 个结点。

6. Meter Bus

Meter Bus 或 M - Bus 远程抄表系统（symphonic bus）是欧洲标准的 2 线总线，主要用于消耗测量仪器，如热表和水表系列。

7. EIB

欧洲安装总线（European Installation Bus，EIB）是 1990 年在欧洲建立的。它利用单一的双线控制电缆取代通常所敷设的大量电缆，该控制电缆可传送所有开关和控制命令。执行这些命令的系统组件为可编程组件，因此具有很高的灵活性。该总线电缆能够按线状、树状或星状拓扑布设，并能轻松拉伸或改变用途。这种总线技术的主要优势表现在：灵活性更高、节省材料和火灾风险更低。

8. Control Net

Control Net 是由 AB，Rockwell 公司提出的现场总线标准，用于高速流水线的测控和工业信号处理。

9. ProfiBus

ProfiBus（Process Field Bus）是过程现场总线，为德国 ISP 组织 20 世纪 80 年代末提出的多主多从式串行总线。现成为国际标准 IEC 61158，德国国家工业标准 DIN 19245 和欧洲工业标准 EN 50170 。它的物理层也采用 RS - 485 标准，数据链路层采用分布式权标（令牌）协议，可连接 128 个节点。ProfiBus 总线共有 3 个版本，即现场总线信息规范（Fieldbus Message Specification，FMS），分散外围设备（Decentralized Periphery，DP）和过程自动化（Process Automation，PA）。其中，PROFIBUS - DP 应用于现场级，它是一种高速低成本通信，用于设备级控制系统与分散式 I/O 之间的通信，总线周期一般小于 10ms，使用协议第 1、2 层和用户接口，确保数据传输的快速和有效进行。PROFIBUS - PA 适用于过程自动化，可使传感器和执行器接在一根共用的总线上，可应用于本征安全领域；ProfiBus - FMS 用于车间级监控网络，它是令牌结构的实时多主网络，用来完成控制器和智能现场设备之间的通信以及控制器之间的信息交换。主要使用主——从方式，通常周期性地与传动装置进行数据交换。这种总线在欧洲得到广泛应用，目前在多种自动化的领域占据主导地位，全世界的设备节点数已经超过 2000 万。

10. P - Net

P - Net 出现于丹麦，是由 Process Data - Sikeberg Aps 公司提出的，它采用虚拟令牌网 5 层通信结构，只提供一种传输速率。

11. Interbus

Interbus 于 1984 年推出，主要得到德国 Phoenix Contact 公司的技术支持。InterBus 是一个现场总线系统，特别适用于工业用途，能够提供从控制级设备至底层限定开关的一致的网络互联。它通过一根单一电缆来连接所有的设备，而无须考虑操作的复杂度，并允许用户利用这种优势来减少整体系统的安装和维护成本。这是一种简单而且高效的现场总线，采用整体帧协议，传输速率 500K，是目前现场总线领域中最高的。

12. PHOEBus

PHOEBus 是瑞士联邦于 1987 年提出的串行总线。它采用开放系统互联（OSI）参考模型的第 2 和第 7 层结构。可把传感器、变送器和执行器连接到 PLC（可编程逻辑控制器）上，主要用于机床制造业。

13. HART

HART（Highway Addressable Transducer）协议为美国 Rosemount 公司于 1985 年推出的 4～20mA 模拟信号传输兼容的现场总线标准。一般用于工厂自动化测控系统。

14. BitBus

BitBus 是一种简单而高效的现场总线，它的最大特点是简单而实用，系统构成比较方便。

15. L2 总线

L2 总线是西门子公司推出的德国标准 DIN19245 串行现场总线。它设计有几个通信协议，可根据不同应用来选择。该总线可以连接 127 个结点，以主从方式工作，并在工业测控领域得到广泛应用。

16. SDS 总线

SDS（Smart Distributed System）总线是由 Honeywell 公司推出的一种现场总线，采用 CAN 协议，用于工厂自动化系统。

17. ASI 总线

ASI（Actuator-Sensor Interface）总线是一种现场总线下面设备级的底层通信网络。

18. Device Net

Device Net（设备网）是一种低价位现场总线，它可以连接自动化生产系统中的工业设备。

19. FF

FF（Foundation Field bus）是现场总线基金会总线，该总线是美国仪器仪表协会现场总线标准 IEC/ISA Sp50 的进一步提高和完善。现场总线基金会总线标准又分为低速总线标准 H1（支持 31.25Kbps）和高速总线标准 H2（支持 2.5Mbps）。FF H1 是专门为过程自动化而设计的。该标准得到多家厂商支持，应用前景很好。

20. Swift Net

Swift Net 是 1996 年 SHIP STAR 公司应波音（Boeing Commercial Airplane）公司研究生产的，传输速率 5Mbps，数据链路层为 TDMA（槽路时间片多路存取）。

21. WorldFIP

WorldFIP 是 Schneider、Honeywell、Bailey 公司提出的一种用于自动化系统的现场总线网络。它采用 3 层通信结构。采用总线裁决。在法国有 60% 市场。

目前，在国际上比较成熟实用的控制系统，大致可分为四大技术流派：专有协议、BACnet 协议、LonWorks 协议、TCP/IP 协议。专有协议产品以美国江森（JOHNSON CONTROL）公司、霍尼韦尔（HONEYWELL）公司为代表。BACnet 协议产品以美国艾顿（ALERTON）公司、AUTOMATEDLOGIC 公司为代表。TCP/IP 协议产品以美国 COMPUTROL 公司为代表。LonWorks 协议产品以其发明者 ECHELON 公司为代表。针对这几种 BAS 系统协议产品的前景，美国著名的 FROST & SUVILLION 咨询公司在北美市场作了一个十年期间的市场发展预测。从调查研究得出的数据可以看出，无论是从工程案例的数量还是从市场销售总额来说，BACnet 都是成长率最快的，其工程应用数量的年平均增长率为 20.30%，在三个最著名的开放协议（BACnet，LonWorks，TCP/IP）当中，其发展势头居于首位，专有协议的垄断地位将逐渐被打破。BACnet 协议产品最有可能成为将来的主流系统。

这样，建筑自动化系统控制方式已经从模拟的控制方式转化为直接数字控制（DDC）及现场总线式系统方式（FCS）。系统型式开始从集中式、分布式转变为全分布式。这些分布式控制系统既是独立的，又是相互联系的、综合的、统一的。其智能化程度也向越来越高级的方向发展。

👷 5.4 LonMark 标 准

LonMark 标准是采用 LonWorks 技术的。当今世界上使用最广泛的控制网络协议是 LonWorks 控制网络协议，自 20 世纪 80 年代后期，美国埃施朗（Echelon）公司开发出这一平台技术以来，到目前为止，已有约 4000 万基于 LonWorks 的设备安装在世界各地。这些产品广泛地应用在智能建筑、工业控制、家庭智能化和智能交通等领域。在全世界，目前有 4500 多家厂商生产开发基于 LonWorks 技术的产品，在中国从事 LonWorks 技术研发、集成的公司也有上百家。Echelon 公司提供一整套的产品，来帮助客户开发基于 LonWorks 的产品和集成基于 LonWorks 的系统。它们包括开发工具、收发器和智能收发器模块、网卡、路由器、互联网服务器、LNS 软件和企业级的平台软件 Panoramix，等等。

Lonworks 技术产品门类齐全，有四大类 50 多种硬件、软件模块，先进的开发设备和手段为用户开发带来很大方便。

5.4.1　LonWorks 技术的特点

LonWorks 技术的核心是 LonTalk 协议，该协议现在已成为很多组织的标准，包括 ANSI/EIA/CEA - 709.1 - A - 1999（最新的版本是：ANSI/EIA/CEA - 709.1 - B - 2002）、ANSI/CEA/EIA 852、CEN TC 247、IEEE 1473L 等。LonWorks 技术自 1993 年进入中国以来，也取得了迅速发展。2006 年，中国标准化管理局（SAC）正式将美国控制网络标准 ASNI/CEA 709 及 ANSI/CEA 852 采纳为 GB/Z 20177—2006——中国控制联网标准。

LonTalk 通信协议提供了 ISO/OSI 所定义的 7 层服务，适合于控制层。各种日常设备组成机器到机器的控制系统（M2M），它们完成一系列的功能：探测、处理、执行和通信。LonWorks 是一个通用的 M2M 网络平台，使得这些功能的核心部分得以实现，并且将这些日常设备，转变成智能的、可互操作的设备。

LonWorks 技术是一套开放式技术，其通信协议——LonTalk 协议也是开放的，使遵守该协议的各家产品实现互联成为可能。它使得原始设备制造（OEM）厂商生产出更好的产品，系统集成商可以借此来创建基于多厂商产品的系统，最终为规范制定人员和业主提供了选择性的可能。

LonWorks 网络系统的规模，可以从有几个节点构成的系统发展到涵盖全球的网络体系。

LonTalk（ANSI 709.1）协议是一种不依赖于传输介质的网络协议。支持的传输介质包括双绞线、电力线、同轴电缆、光纤、无线射频、红外线等，甚至多种介质能在同一网络中混合使用。可以采用自由拓扑结构并适应多种通信介质，通信距离长。

LonWorks 技术可以为设计、创建、安装和维护设备网络方面的许多问题提供解决方案，其网络编制采用三级寻址结构，分别是：域、子网和节点地址。可以支持 18446744073726329086 个域，一个域中可以支持 255 个子网，一个子网中可以支持 127 个结点，即一个域中可最多有 32385 个结点。

LonTalk 协议提供一整套的通信服务，这使得设备中的应用程序能够在网络上同其他设备发送和接收报文而无须知道网络的拓扑结构或者网络的名称、地址或其他设备的功能。LonWorks 协议能够有选择地提供端到端的报文确认、报文证实和优先级发送，以提供规定受限制的事务处理次数。对网络管理服务的支持使得远程网络管理工具能够通过网络和其他设备相互作用，这包括网络地址和参数的重新配置、下载应用程序、报告网络问题和启动/停止/复位设备的应用程序。虽然组建控制网络的方法有很多，但是对于自动化控制而言，平坦的、对等式（P2P）体系结构是最好的。P2P 体系结构和其他任何一种分级的体系结构相比，不再具有分级体系结构与生俱来的单点故障。在传统的体系结构中，来自某一个设备的信息要传递给目标设备，必须先传送到中央设备或者网关。因此，每两个非中央设备之间的通信包括一个额外的步骤，或者增加了故障的可能性。P2P 体系结构的设计相比之下，它允许两个设备之间直接通信，这避免了中央控制器的故障可能性，并且排除了瓶颈效应。此外，在 P2P 设计中，设备的故障更多的可能是只影响到一个设备，而不像非平坦的、非对等式体系结构中潜在地影响到许多设备。

自 LonTalk 协议成为美国国家控制网络标准后，其他公司也开发出了基于 ANSI 709.1 的芯片。在 Echelon 公司，ANSI 709.1 协议称为 LonTalk 协议。运行 LonTalk 协议的芯片称为神经元芯片（Neuron Chip）。1991 年，第一代神经元芯片由日本东芝公司投入生产。

目前有两家公司生产神经元芯片，分别是美国的 Cypress 公司和日本的东芝公司。神经元芯片主要有两大系列：3120 和 3150。3120 根据片上存储器空间的大小分为不同的型号。各个公司生产的神经元芯片具有一些共同的特点，如每一个芯片均带有一个 48 位的序列号，芯片的工作温度均为工业温度，芯片中均有三个 8 位的处理器，分别是介质处理器、网络处理器和应用处理器。除此之外，内部还有 RAM、E2PROM、ROM 及 I/O 接口等，以及计时器/计数器、操作系统、数据库和 3 种常见控制对象和固化通信协议。它可以访问控制处理器、网络处理器和应用处理器，既能进行控制又能管理网络通信。智能结点中固化有网络通信协议（Lontalk），可以进行点对点的对等式通信。

5.4.2　LonWorks 技术和 TCP/IP

互联网应用的普及，在控制网络领域同样也带来巨大的冲击。因此一些专家把 IP 深入到设备的应用当作未来控制网络发展的趋势。但是，由于 TCP/IP 是一个数据网络技术，因此在以下方面可能不能完全满足控制网络的需求。

（1）首先 TCP/IP 对物理层的定义，满足不了一些特定场合的要求，如对欧洲电磁防护的要求。

（2）当使用集线器的方式来连接网络时，集线器就形成了单点故障瓶颈，而且提供不了多点复用的信令方式。

（3）如果要求 TCP/IP 支持多种通信介质，那么需要非常昂贵的投入来实现。

（4）对于一些特殊的应用场合，如要求数据和电源一起传输，没有标准的解决方案。

（5）对于要求 TCP/IP 适合工业温度范围要求的情况，可能导致成本较高。

一般认为，能有效利用 TCP/IP 网络的便利性的最佳方案是：将现有的控制网络协议如 ANSI 709 协议和 TCP/IP 有机地集成在一起。这样做的好处如下。

（1）ANSI 709.1 协议是一个经过实践检验的标准协议，多种基于该协议的设备目前在世界各地运行，这是其他任何控制网络所不能达到的规模。

（2）超过 4500 家产商，使用该协议来开发产品，具有巨大的市场规模。

（3）支持 ANSI 709.1 协议的收发器具有高性能、低价格的特点，支持各种通用的传输介质，如双绞线、电力线、光纤、无线、红外等，并且支持数据和电源同时传输的方式。

（4）ANSI 709.1 协议，是一个完整的解决方案，包括协议芯片和全面的网络管理体系结构，路由器，网络接口和开发工具等。实现 ANSI 709.1 到 TCP/IP 的转换，有相关的标准可以参考，如 EIA852。用户可以自己开发相应的转换设备，同样在市场上，有很多国外公司提供实现这种转换的产品，如埃施朗公司的 i.LON 系列产品，该系列产品目前有三种型号，分别是 i.LON 10、i.LON 100、i.LON 600，其中 i.LON 600 提供第三层的路由功能，符合 EIA852 标准；i.LON 100 提供 SOAP/XML 接口，支持 GPRS 连接，并具有强大的网页服务器功能；i.LON 10 适合低成本的应用场合，支持外部的 modem 和 GPRS modem。

5.4.3　LonWorks 技术的发展

1993 年，LonWorks 技术在世界范围推广，其发展速度极快，到 1995 年已经有 2500 家生产商使用并且安装了 200 多万个结点（每个结点包括一个神经元芯片，平均可以有 5 个测控点）。其发展速度远远超过其他任何一种现场总线（如 CANBUS、ProfiBus 等）。其应用在智能建筑中（大型宾馆、饭店、写字楼、现代高档住宅）的建筑设备自动化系统（BAS）、工业自动化、航空航天技术等领域。但有50％以上的结点用于建筑物自动化领域。世界各大建筑物自动化公司及工业控制公司一致认为LonWorks技术是当前最先进的、有非常大的潜在能力的，该技术将引起控制市场方向性变化，并表示要用这种技术改造自己的产品。因而在世界各地形成了大量OEM生产商，生产出大量LonWorks技术产品。其中多数是为建筑物自动化系统配套的产品。虽然不同的OEM都按LonWorks技术制造产品，但由于在一些技术细节上不统一，因而不能互操作。为了解决这个问题，180家重要的OEM组成了LONMARK可互操作协会，编制了一系列LONMARK标准，使每个技术细节都有标准文件的严格规定。只要产品按该规定生产，就可以结合在一起，互相通信和工作。同类产品，不同厂家生产，可以相互替换，总之，实现了互操作。

这样的产品饰以LONMARK标记；LONMARK协议分别由暖通空调组、家用设备组、照明组、工业组、本征安全组、网络管理组、石油组、冷冻技术组、出入控制组享用。每个组都在制定一系列LONMARK标准，称为功能概述（Functional Profile），详细地描述了应用层接口，包括网络变量、组态特点、缺省值以及网络结点、加电状态等，把产品功能标准化。

1996年3月第一次公布的暖通空调控制软件编制标准，包括温度检测、二氧化碳检测、风门执行器、屋顶单元控制、变风量控制。其后又陆续编制出温度控制器、冷冻机、单元通风器、墙挂式检测器、阀门执行器、报警及报警管理、数据记录及趋势分析等。

LonWorks技术的通信协议——LonTalk协议1995年被美国国家标准ANSI/ASHRAE 135—1995 BACnet采纳，为建筑物自动化中的传感器、执行器和控制器之间的网络化操作奠定了基础。

LonWorks技术从诞生到现在，经历了三代产品的发展。在第三代产品中具有代表性的有：第三代的开发工具，主要部分重新基于Windows 2000和Windows XP编写，编辑资源和代码生成工具都得到更新，编写插件程序的工具也更新，在编程语言上有了很大的改进，固件可以支持3.3V Neuron芯片等；i.LON产品系列；智能收发器系列；企业级平台软件Panoramix；网络能源服务系统（NES），等等。

LONMARK标准是在实时控制领域（简称控制域）中的一个开放系统标准。LonWorks技术是一种开放的网络平台，正在被越来越多的厂商应用。

目前，BAS的主流技术是：在现场总线采用LonWorks技术，在管理层采用BACnet标准。

👷 5.5 BACnet 协 议

美国暖通空调协会（ASHARE）开发的建筑物自动化和控制网络协议（A Data Communication Protocol for Building Automation and Control Network，BACnet）是一种应用于分布控制的面向对象的网络协议。

BACnet协议不像以太网（Ethernet）或传输通信协议互联网协议（TCP/IP），重点强调数据通信结构。它应用于工业或建筑物自动化系统，通过对象和服务为设备提供功能。

BACnet标准为应用广泛的分布控制和监控提供了解决方案。它管理所有建筑物设备的通信，如采暖、通风、空调、制冷、火灾报警、安防、照明、动力等。它包含表示监控设备的配置和操作的模型，在设备间交换的信息，以及应用局域网络和广域网技术传递 BACnet 信息的规范。对象表示物理输入、输出和软件处理。BACnet 定义了一组标准对象。设备是真实设备的实际功能的对象集合。BACnet 服务（信息）包括报警和事件服务，文件访问服务，对象访问服务，远方设备管理服务和虚拟终端服务。BACnet 支持的网络有 Ethernet，ARC net，Lontalk，EIA - 485，主从/令牌，点对点（PTP）以及虚拟网络（TCP/IP，ATM 等）。不同网络的使用 BACnet 的设备可以通过 BACnet 路由器相互连接。BACnet 也支持 RS485、RS232 通信协议。

5.5.1　BACnet 协议的产生

在现代商业和工业建筑里同时存在几种不同的系统，如 HVAC 系统（采暖、通风、空调）、火灾自动报警、安防、照明、动力、电梯等。现代商业和工业建筑自动化系统比民用建筑自动化系统复杂得多，因此控制器之间的控制和通信更为复杂。

许多系统都已经采用了数据通信。特别是在紧急情况下，数据通信很有用。但是目前系统间的通信协议大部分属专有或封闭式协议。不同厂商的建筑物自动化系统很难连接起来。为了改变这种状况，1987 年美国暖通空调协会（ASHARE）成立了委员会专门为建筑物自动化系统制定了一个标准网络协议 BACnet。

通过多次讨论，三次公开审议，BACnet 协议于 1995 年被批准为 ASHARE 标准 135—1995，同年底，被批准为美国国家标准协会标准 ANSI - 135，同时作为欧洲标准 CEN。

5.5.2　BACnet 协议的作用

BACnet 协议在很大程度上不同于普通的网络协议，如以太网（Ethernet）和传输通信协议/互联网协议（TCP/IP），它强调控制器之间的数据通信结构。

以太网（Ethernet）和传输通讯协议/互联网协议（TCP/IP）则是网络设备之间进行数据通信，两者之间的差别，充分说明以太网（Ethernet）和传输通信协议/互联网协议（TCP/IP）是非竞争性的协议。其实，以太网（Ethernet）和传输通信协议/互联网协议（TCP/IP）也可以在 BACnet 设备之间传送 BACnet 信息。

BACnet 协议是为计算机控制采暖、制冷、空调（HVAC）系统和其他建筑物设备系统定义服务和协议，从而使 BACnet 协议的应用以及建筑物自动控制技术的使用更加简单。

为了达到这个目的，制定者们为控制器之间的数据通信规定了标准的表示方法：对象模型、网络服务和信息码表。

BACnet 协议的制定者们不想限制 BACnet 协议的发展，因此 BACnet 协议定义各建筑物自动化厂商在不破坏 BACnet 协议的前提下可以增加专用功能，同时 ASHRAE 委员会还定期对一些有建议性的新增加的部分进行讨论并补充修改标准。

为了使通信简单，并有灵活性，所以 BACnet 协议未定义。

（1）每个设备最低具备什么 BACnet 权能；

（2）某一个设备访问其他设备具备什么功能；

（3）应用程序接口 APIs；

（4）设备平台（操作系统以及专用硬件）。

虽然 BACnet 协议复杂、很长，但是 BACnet 标准的开发者们仍然希望把价格低廉的微处理器的控制设备作为 BACnet 的产品。BACnet 协议给设备设计师们在选择 BACnet 标准的特点时提供了灵活性。目前，BACnet 控制器已经使用 8 位微处理器，如 Motorola 的

68HC05 和 Intel 的 8051。

BACnet 协议对 BACnet 设备具备什么功能才能进行网络访问未定义。所以，用户可以创建一个设备并保护设计的特有部分。如果用户未提供温度控制算法，那用户的 BACnet 温度控制设备可以允许其他的 BACnet 设备设置理想的温度，而完全保持原温度控制算法不变。

BACnet 协议未定义应用程序接口 APIs，可自由建立 BACnet 软件库。可与其他协议对照，如 TCP/IP9（UNIX 和微软 Windows Winsock）以及 Novell 的 Netware。

5.5.3 BACnet 对象

控制和监控不同于函数和实现。就设备访问而言，必须有一个统一的方法来表示功能。BACnet 标准用对象表示功能。

一个 BACnet 对象就是一个表示某个设备的功能元的数据结构。大部分 BACnet 信息直接或间接用一个或多个对象表示。

许多标准对象类型已有定义，对于一些特例也可定义非标准对象类型。一个典型的控制器有几个对象。BACnet 信息数据的表示方式定义了 318 种标准"对象类型"，通过不同对象的组合实现 DDC 不同的控制功能。

这些对象类型有模拟输入/输出、二进制输入/输出、环路控制、程序等。

每一个 BACnet 对象由一组特性组成，每一个特性有一个值或一个特定数据类型。任一个对象至少有三个特性，并且都含有其他特性。

每一个标准对象类型都有一组必要特性和选择特性，选择特性可删除，非标准特性可增加。BACnet 对象必须包括以下几个方面。

（1）对象标识符。用于标识设备内一个对象。

（2）对象名。是唯一的设备对象名称。

（3）对象类型。用于标识对象类型。

一个模拟输入对象表示一个测量物理量的传感器（如温度和流量）。被测量的值包含在模拟输入对象的当前值特性里。自然，这个值是一个时间变量。其他特性用于标识、说明以及提供当前值。

在非面向对象的网络协议里，传感器是用一个单值表示的，如模总线的输入寄存器，显然这种表示方法比较简单，但是使用面窄。在 BACnet 输入/输出（I/O）对象里，几种选择特性可表示值的变化或报警。

设备对象是一个特别重要的对象类型。任何含有一个 BACnet 对象的物理设备必须含有一个设备对象。一个设备类型的特性包含了物理设备的总信息。

对象表特性把控制器所有的 BACnet 对象列表，这是一个重要的特性。设备对象的对象标识符特性的值在整个 BACnet 网络中必须是唯一的。

当设计控制器的工程师们最大限度地使用 BACnet 协议并公开非标准对象类型时，可大大增强不同厂商生产的设备间的互用性。

设备文件对象类型还可以增强互用性和互换性，简化网络结构。例如，可创建一个设备类型表示所有的典型功能。

5.5.4 BACnet 服务

当 BACnet 对象抽象地表示一个设备的网络访问功能时，它的服务使应用程序能够访问其他设备的功能。当请求服务时，发送一个请求信息，收到请求信号后发送响应。

BACnet 标准定义了很宽的服务范围，可以满足用户的需要，但同时又定义了设备传送专用信息的方法。BACnet 的服务功能则用于访问和管理这些对象发出的信息及其他一些功能。BACnet 定义了 35 种服务功能可以分为 6 组，分别为报警和事件、文件访问、对象访问、远程设备管理、虚拟终端以及安全保护。

客户服务器模型是针对 BACnet 服务的，就是客户机要求服务器执行某项服务。当BACnet 服务器是功能强大的计算机时，那么，服务器就像传感器一样简单。

客户机与服务器的作用不是固定不变的。在不同的事项里，它们的作用是不同的。例如，某个设备在一些事项中可能是客户机，而在另一些事项中则是服务器。

例如，写特性服务。一个客户设备请求写特性修改设置在某个服务器设备里的特定对象的一个特殊特性值。

对客户来说，请求写特性就是调用一个变量函数。

（1）目的地址（必要）。

（2）对象标识符（必要）。

（3）特性标识符（必要）。

（4）特性列阵目录（选择）。

（5）特性值（必要）。

（6）优先级别（选择）。

如果客户机收到服务器的确认，写特性将返回一个（＋）值，若写特性请求失败，写特性返回一个（－）值或错误信息。

当一个设备应用程序请求一个实时应用程序接口 APIs 函数实现写特性功能，设备应向服务器发送一个信息并等待确认。假设服务器收到信息，服务器将确认请求是否成功，否则发送一个错误信息。

请求服务通常传送一个请求和一个响应信息。有时服务不响应（非确认事件通知）。

5.5.5　编码信息

传统的网络协议使用隐含式编码，编码网络信息。对于一定的信息类型，信息参数和参数格式是一定的。

隐含式编码的优点是紧凑、信息容易编码。然而，隐含式编码不灵活，随着协议的发展，信息类型可能扩大，时间过长。

举一个隐含式编码的实例，模总线协议的预置单寄存器命令。可知隐含式编码紧凑，通过网络软件可快速编码信息。

但是，考虑到命令的隐含性，它只能用来预置 16 位存储寄存器并可支持 65536 个存储寄存器。

对于模总线的设计者们来说，这些假设很合理，一直使用到今天。协议的设计者们选用隐含式编码是因为编码紧凑、快速编码信息比灵活性更重要。

BACnet 协议既要灵活，又要高效，可结合隐含式和显示式两种编码。

BACnet 的显式编码是基于抽象语法 ASN.1 基本编码规则（ISO 标准 8825，本规则规定附加字节称为标识符）嵌入一个信息里帮助收到的编码信息。

标识符是一个定义当前的信息参数以及参数数据类型和长度。有了标识符就可以建立有选择参数的信息。

响应信息含有几个有不同数据类型和长度的特性值。很难想象如果没有标识符或相似的标识方法，该如何编码响应信息。

编码 BACnet 信息是用 ASN.1 符号编写一个确认请求信息的格式，它说明信息参数是按出现的秩序依次排列的。

在协议数据单元 PDU 中（0）至（9）项构成信息头，它使用隐含式编码（即无标识符）。第（10）项（服务请求）含有针对特殊服务的参数。服务请求显式编码（即有标识符）。一个写特性请求信息有两个选择参数。

BACnet 协议定义了一套十分灵活的标准服务，设备可请求服务发送或接收其他设备的信息。

BACnet 协议规定了在 BACnet 网络上的设备间如何传送 BACnet 信息。它承认以下四种数据连接/物理层技术，其中有两个是标准协议。

（1）ISO8802.3（以太网），同 ISO8802.2。

（2）ANSI878.1（ARC net），同 ISO8802.2。

（3）Echelon 公司的 Lontalk。

（4）MS/TP（专为 BACnet 开发的令牌通道 RS-485 协议）。

另外，BACnet 开发者们预先考虑到需要把多 BACnet 网络连接成一互联网络，这就要求建立一个网络层协议，允许路由网络间的 BACnet 信息。

通常路由是通过专用的 BACnet 路由器，但在多 BACnet 网络中，网络上的控制器也可以作为路由。

开发者们定义了使用通道技术把 TCP/IP 互联网或 Novell 网络连接到多 BACnet 网络上的方法。协议的结构使用当前或将来的网络技术使 BACnet 信息可以被传送出去。

令牌网 Token Ring 本可以作为一个数据连接/物理层协议，但由于它在建筑物自动化系统中未公开而很少使用。现在正增强 BACnet 标准，更好地利用 TCP/IP 互联网络。

5.5.6　寻址

每一个连接了三个或三个以上设备的通信网络必须能够识别设备，BACnet 标准也不例外。网络上，每一个 BACnet 设备都有一个网络数字（两个字节）和数据连接层网址（1 至 6 个字节），用来识别设备。BACnet 路由器有一个以上数据连接层地址。

BACnet 标准规定每一个设备对象的对象识别值在 BACnet 网络上是唯一的，因此，它可以作为一种高层地址。从实现的观点出发，32 位设备对象识别器 MAC 地址使用较容易。

5.5.7　网络结构

BACnet 协议网络结构有以下特点。

（1）设备目录 。BACnet 协议提供谁是和我是服务。它可以用来寻找网络上的设备以及每一个被找到的设备的网址。

（2）设置特殊对象。BACnet 协议的谁有和我有服务设置一个被确认在网上的对象。

（3）测定设备权能。每一个 BACnet 设备只要有一个对象，必须有一个设备对象。设备对象有几个特性，描述设备的权能包括表中所有的 BACnet 对象。

（4）BACnet 协议还定义了协议实现一致性语法的格式、设备权能说明书文件。

（5）建立设备。BACnet 协议的虚拟终端服务设备建在网上，就像终端模拟器直接接到设备上一样。虚拟终端服务还可用于诊断。

5.5.8　BACnet 协议的发展

BACnet 协议应像技术更新一样不断发展。标准有"继续维持"状态，必须经过长时间使用，所以，任何人随时都可以提出建议，修改或补充标准。

BACnet 标准委员会定期半年开一次会研讨建议修改的部分并发布分类法和勘误表。ASHRAE 规定被批准的正式标准必须在公开复审期过后并且所有的评价经过有关专家评审以后方可有效。因此，BACnet 协议每一次修改都要经过很长时间。

BACnet 协议标准委员会正在开发一个统一调试标准，为 HVAC 应用创建特殊设备对象类型，并探索在 TCP/IP 网络上使用 BACnet 标准的方法。随着人们对于 BACnet 标准在 HVAC 系统上的应用越来越有兴趣，有可能将来会考虑补充标准。

BACnet 协议很可能成为商业、工业建筑自动化系统的标准协议。其实一些大型的 HVAC 控制公司已经开发或正在开发 BACnet 产品。并且 BACnet 协议标准目前已在北美、欧洲成百上千的建筑物上使用。

一些公司采用 BACnet 协议标准作为本地通信协议，有些公司正在开发 BACnet 标准与他们专用通信协议接口。

火灾报警和安防厂商使用 BACnet 协议标准可以增强建筑物和区域不同系统间的系统集成。

BACnet 标准有很多优点，完全可以满足广泛应用的监控和分布控制（过程控制和工厂自动化）。

BACnet 标准最大的特点如下。

（1）对象模型提供一个标准的网络可视的控制和监控设备功能的表示方法。

（2）服务范围广。

（3）信息编码方法功能强。

（4）可灵活使用多种不同的数据传输技术和传输介质。

BACnet 标准不适用于嵌入式应用。越简单的协议，速度越快，并可预测响应的时间越长，而且实现的成本低。无论用户的应用是否是嵌入式，BACnet 标准都值得考虑。它不像其他协议还未公开使用，BACnet 标准已通过行业测试，有各种测试文件，并且可满足各种需要。

第6章

建筑自动化系统的软件

6.1 概　　述

建筑自动化系统的软件包括系统软件和应用软件。这些软件的要求各有特点。软件的规划、选用、编制和开发要求是中央站和分站应配置相应的软件。

建筑自动化系统的软件一般要求如下。

(1) 软件应有模块化结构，减少重复，便于扩展。

(2) 操作员级别管理，防止未得到授权人员的操作或越权操作。

(3) 操作方便。

(4) 系统扩展性好，数据可修改。

(5) 用高级语言开发应用程序。

(6) 对逻辑与物理资源的编程能简单地实现。

(7) 有系统诊断软件。

(8) 有练习功能。

(9) 有操作帮助功能。

操作系统是控制和管理系统硬件和软件资源，组织计算机工作流程的软件。操作系统有下列几种。

Windows 是一种在 DOS 基础上的，单用户多任务的操作系统。

UNIX、Linux、QNX 是一种多用户、分时、多任务、网络操作系统。

在 BA 系统中所用的操作系统要实时性较好。目前常用的为 Windows 操作系统。

建筑物自动化系统的三个网络层，应具有下列不同的软件。

(1) 管理网络层的客户机和服务器软件。

(2) 控制网络层的控制器软件。

(3) 现场网络层的微控制器软件。

6.2 管理网络层软件

管理网络层软件是装在管理网络层站的软件。

6.2.1 管理网络层软件的技术要求

管理网络层软件的技术要求是按照设备监控要求而设定的。一般来说，管理网络层站软件要求的功能为：操作环境设定、系统功能、显示功能、操作功能、用户化功能、记录功能、数据保存功能。

下面是设备监控管理网络层工作站软件的一些技术功能。

1. 操作环境设定

(1) 操作环境设定功能。系统内全部控制点按系统运用区分。这种运用区分是对系统外部设备运用环境设定，指定显示器可/不可显示、打印机可/不可打印、蜂鸣器有/无鸣响、指定每个蜂鸣器的4种报警级别。

(2) 操作级别设定。可设定多级口令，多级操作级别。

(3) 访问权限管理。可变更系统口令、访问级别。

(4) 系统管理。可变更时间、图形信息、点的名称、运用区分。

(5) 程序操作。可变更时间程序等。

2. 系统功能

(1) 状态监控。对数字和模拟管理点的状态进行监控。定期更新数据，并可将该数据随时显示在显示器上。

(2) 警报发生监控。发生警报时，自动执行警报发生信息显示和强制画面显示（依据级别设定），并在鸣响警报的同时显示警报和未确认警报指示器。另外对每个管理点可进行警报级别（4级）以及画面强制显示级别、警报声音信息的设定，并可设定每一警报级别的警报铃声。警报级别基本上分为紧急警报、重警报、中警报、轻警报。

(3) 启动/停止失败监控。在输入启动/停止指令并经过一段时间后，如果机器状况仍然与输出状况不一致，就可以认为启动/停止失败（异常停止/启动）而发出警报。

(4) 测量值上下限监控。对测量值进行上下限设定，如果测量值大于该设定值，则执行警报判断操作。

(5) 测量值偏差监控。对测量值进行偏差设定，如果控制标准值和测量值的偏差大于该设定值，则执行警报判断操作。

(6) 连续运转时间监控。如果机器的连续运转时间大于设定值，则发出警报。

(7) 运转时间的累计。依据机器的运转状况累计运转时间，作为维修和检查的指南。

(8) 启动/停止次数累计。累计机器的启动/停止次数，以作为维修和检查的指南。

(9) 系统自动诊断。对系统内各部件（如 CPU、GW、DCS）的中央处理器异常、通信异常进行监视。在异常时，可以打印其信息。

(10) 分站自动诊断。当系统内各分站（DDC，RS）的传送异常时，发出信号，可以打印其信息。

(11) 模拟传感器监视。对测量点传感器断线，变换器、发信器异常的监视。异常时，发出信号，可以打印其信息。

3. 显示功能

可以显示下面的内容。

(1) 日历显示。显示器可显示年、月、日、星期、时间。

(2) 显示器可显示图像/图表。

1) 显示器显示概要图像/图表。以图表显示出每一单元系统的控制和管理内容。在图表上显示出机器的实际运转状况以及各种数据。每隔一定时间数据更新显示。一张图可最多表示多点的动画。一张系统图，可以分为 4 张概要图，画面可以水平/垂直滚动。

2）单管理点的信息检索。可从显示器的系统图中调出单管理点画面，并且可显示出该管理点的详细画面（如时序、趋势图、连动程序、控制程序）。

（3）警报显示。警报发生时强制图形表示。未确认警报以图标表示，并以一清单方式显示出系统中尚未经过警报确认操作的警报。在警报级别低或自动复位的场合，也可以不经确认。

（4）警报历史显示。警报历史可长期保存，也可以用表格方式显示。它能累积的数据组数最多可为 3000 组。

（5）操作历史显示。显示操作时刻，启停操作。长期记忆设定变更操作，变更操作履历可用清单方式显示。能累积操作状况和变化数据。能提供操作员操作信息。

（6）趋势图显示。显示测量对象的趋势图。显示一个周期的数据。

（7）显示器显示月报 、日报。按照日报（时间单位）、月报（日单位）格式显示出所指定的测量值、积算值。显示按每时（7 日间）、每日（2 个月间）的最大/最小/合计/平均/读出值，最大/最小/平均可以按照特定时间范围设定。

（8）图形显示。可显示趋势图数据、日报/月报收集数据、机器开关状态，可显示其直方图、条形图。在同一画面上可以同时显示出多个管理点的数据。

（9）监控点清单显示。操作员可以将下列项目的表格显示出来。

1）警报点清单。显示警报点清单。

2）模拟量点清单。显示模拟量点清单。

3）积算量点清单。显示积算量点清单。

4）运行设备清单。显示运行设备清单。

5）停止设备清单。显示停止设备清单。

6）维修设备清单。显示维修设备清单。

（10）程序表格显示。操作员可以将下列项目的表格显示出来。

1）出租表格。显示出租户、日程等清单。

2）时序表格。显示时序表格、程序名称、本日时序等清单。

3）程序表格，显示各种控制程序、程序名称等清单。

（11）程序登录点表格。操作员注册控制程序的登录点，程序种类，程序号显示。

（12）警报显示。警报发生时，可以显示处理程序以及紧急联络地址的画面。

（13）帮助显示。显示说明操作的画面。

（14）多窗口显示。一个显示器可以用多个窗口表示多个画面。

4．操作功能

（1）手动启动/停止（切换）操作。可从系统图画面或是报表画面中调出单管理点画面，以便在该画面中以手动使机器启动/停止的操作。

（2）手动变更设定值。可从系统图画面或是报表画面中调出单管理点画面，以便在该画面中更改程序设定值。

（3）成组启动/停止（切换）操作。可以按照时间程序、连动程序进行机器程序操作。

（4）变更成组设定值操作。可远程更改设定值。

（5）指定维修登录/解除操作。在维修设备机器时，可以进行图上某点的维修登录/解除指定操作。这时，维修中的设备机器可以暂停控制程序的执行。

（6）指定程序的许可/禁止操作。可以进行各程序的实行/保留操作。

（7）画面滚动功能。包括系统图画面及表格形式的信息，可以进行画面滚动检索操作。

5. 用户化功能

用户化功能主要有以下几个方面。

（1）变更程序设定值操作。可以更改时间、标准值、控制参数、登录管理点等的程序设定值。

（2）季节切换操作。可以切换春、秋、夏、冬季节系统动作。

（3）日历时刻变更操作。可以变更系统的年、月、日、时间。

（4）变更平面简图操作。可以变更租户的房间平面简图及名称。

（5）变更管理点信息操作。可以变更管理点的名称、所属系统、报警水平、打印指定等信息。

（6）变更程序名称操作。可以变更简略图等各种程序的固有名称设定。

6. 控制功能

控制功能主要有以下几个方面。

（1）日历功能。使用自动判断闰年、大月、小月的万年历，并且可以设定节假日。

（2）时间程序控制。将动力机器等登录于时间程序中，即可自动驱动该机器的定时开/关运作。时间程序根据 7 天及假日（1 个星期日和 2 个特别日［由日历指定］）的周期，可对机器的启动/停止时间作进行两次设定。此外，不论是星期日均可在 7 天以内（包含当日）变更各机器的启动时间。时间程序登录的机器，最早启动时间和最晚停止时间，可按照计划进行。

（3）火灾意外事故程序。发生火灾时停止空调器等相关机器的运作。在输入火灾信号时，火灾画面会显示在显示器上。对火灾时停止的机器，取消其他程序信号输入。

（4）停电处理。市电断电时（装设有备用电源的场合）一般控制功能被中止，此时只有火灾意外程序及手动操作可以执行输出操作。

（5）停电/自备电时的负荷分配控制。在商业用电停电，并且进行自备发电的场合，会自动按照发电机容量将负荷投入/切断。

（6）恢复供电程序。恢复供电后，在将自备发电切换为商业用电时，可按照自动或手动的恢复供电指令操作，并依照自备发电时的强制驱动控制让运转机器停止运作，然后一边参照时间表一边让停电瞬间正在运转中的机器自动启动（投入）。在部分停电的场合，可以手动恢复该点供电。

（7）电力需求监视/控制。进行电力需求控制，在用电量超过合同供电量时，将负荷切除。

（8）事件程序。监视点的状态变化、报警、指定恢复条件、设定状态动作。可以进行与/或等逻辑条件设定动作。

7. 记录功能

记录功能主要有以下几个方面。

（1）信息记录。负责执行警报记录、正常复位记录、启动/停止失败记录、测量值上下限警报记录、停电/恢复供电记录、火灾时间记录、操作记录、状况变化记录等的打印操作。

警报发生时以红字，警报复位时以蓝字，其他状况时则以黑字进行打印。打印指定的点。

（2）警报历史打印。警报历史数据，警报级别，可用表格方式打印。

（3）操作历史打印。操作历史，可用清单方式打印。

（4）监控点表格打印。操作员可以将下列项目的表格打印出来：警报点清单；模拟点清单；积算点清单；运行中设备表格；停止中设备表格；维修中设备表格。

（5）程序登录点清单打印。打印操作员注册控制程序的登录点、程序种类、程序号。

（6）趋势图打印。打印操作员指定的趋势图。

（7）月报、日报打印。按日报（时间单位）、月报（日单位）格式打印出所指定的测量值、积算值。按最大/最小/合计/平均值的运算结果打印。可以按照设定的时间范围最大/最小/平均值打印。可在任意时间以手动操作打印出过去 7 日间（含当日）的日报。

（8）图形打印。打印操作员指定的图形数据。

8. 数据保存功能

数据保存功能主要为长期数据收集。可以在显示器显示及打印趋势图、图形日报/月报及过去 7 日间（含当日）的日报、过去 2 个月间（含当月）的月报数据等。

6.2.2　管理网络层各种软件

管理网络层（中央管理工作站）应配置服务器软件、客户机软件、用户工具软件和可选择的其他软件，并应符合下列要求。

（1）管理网络层软件应符合下列要求。

1）应支持客户机和服务器体系结构。

2）应支持互联网连接。

3）应支持开放系统。

4）应支持建筑管理系统（BMS）的集成。

（2）服务器软件应符合下列要求。

1）宜采用 Windows 操作系统。

2）应采用 TCP/IP 通信协议。

3）应采用 Internet Explorer 浏览器软件。

4）实时数据库冗余配置时应为两套。

5）关系数据库冗余配置时应为两套。

6）不同种类的控制器、微控制器应有不同种类的通信接口软件。

7）应具有监控点时间表程序、事件存档程序、报警管理程序、历史数据采集程序、趋势图程序、标准报告生成程序及全局时间表程序。

8）宜有不少于 100 幅标准画面。

（3）客户机软件应符合下列要求。

1）应采用 Windows 操作系统。

2）应采用 TCP/IP 通信协议。

3）应采用 Internet Explorer 浏览器软件。

4）应有操作站软件。

5）应采用 Web 网页技术。

6）应有系统密码保护和操作员操作级别设置软件。

（4）用户工具软件应符合下列要求。

1）应有建立建筑物自动化系统网络和组建数据库软件。

2）应有生成操作站显示图形软件。

（5）工程应用软件应符合下列要求。

1）应有控制器自动配置软件。

2）应有建筑物自动化系统调试软件。

（6）当监控系统需要时，可选择下列软件。

1）分布式服务器系统（DSA）软件。

2）开放式系统接口软件。

3）火灾自动报警系统接口软件。

4）安全防范系统接口软件。

5）企业资源管理系统接口软件（包括物业管理系统接口软件）。

6.2.3　中央管理软件的组成及功能

（1）中央管理软件一般由下列软件组成。

1）系统软件（网络操作系统）。

2）语言处理软件。

3）数据通信软件。

4）显示格式和表格式软件。

5）操作员接口软件。

6）日程表软件。

7）时间/事件诱发程序软件（TEP）。

8）报警处理软件。

9）控制软件。

10）数据库软件（DBS）。

11）能量管理和控制软件。

（2）中央管理软件功能特点。对于不同的产品其中央站软件功能各有特点，下面是一种
建筑物自动化系统中央站软件功能特点。

1）结构灵活，能提供一个综合平台。

2）能连接各种类型控制器。

3）能适应多种通信协议。

4）交互的图形操作员接口。

5）操作员的访问级别控制。

6）用户定义的报警管理。

7）图形构筑工具库。

8）分散型能量管理和控制程序。

9）对设备的运行和特殊事件的处理。

10）点的历史和动态趋势。

11）各种报表和信息记录。

12）软件的增强功能。

6.2.4 中央管理软件操作实例

某中央管理软件可进行如下操作:

(1) 访问级别控制。操作员用密码(每条密码不小于 8 个字符,最多为 12 个字符)打开系统工作站。工作站判别是否允许进入系统,同时鉴别各个操作员的访问级别。系统提供多级操作员访问级别(至少 5 级,最多 8 级)。例如,报警应答操作控制点,调整时间开关活动。第一幅图形是供操作员浏览的,不必是最高层的系统图,操作员只能按起始的浏览图下面的导引路径观察各种图形。为了减少操作员在进入系统状态下离开工作站时,被别人非法使用的可能性,有一个超时信号可自动将该操作员退出系统。自动退出和超时信号的时间长短可按不同的操作员定义来决定。

(2) 图形操作。操作员通过逐组细化的现场图形来观察建筑物,能生成任何结构的图形以满足工作的需要。选择建筑物图形时该建筑物各楼层和设备的示意图就显示出来。选择某特定的楼层时,就显示有关的空调系统、风机、挡板、传感器和执行器。用色彩来区分正常和不正常的空调设备温度。以风机和挡板的动画来确认其运转/停机和开/闭状态。任何分站控制器来的点,可以显示在任意一级图形上。利用作图软件,操作员可以生成、修改和删除任何图形。除了图形逐级细化外,操作员还可以通过图形代号(由关键名称指定的)直接调用特定的图形。操作员可以决定怎样显示这些图形:

1) 平铺显示。每一幅图形放置在当前图形的顶部显示。

2) 层叠显示。每一幅新图放在稍右偏下显示,所以仍能显示在它下面的图形。

只要每幅图形的上部显示其名称,操作员就能明白显示的是整体中的那一部分。

在平铺显示的顶部横线上,标注在该图的名称横线下的各垂线显示各分图的名称。重叠显示时,每幅分图依次紧贴上幅图的名称,而显示在下方部位,从而能形成各幅图的名称列表式的排列。下拉式窗口显示最后 20 幅图形,并允许操作员选取这些图形中的任一幅。操作工具棒的各个"按钮",就可以方便地访问各种通用操作功能。图形中插入增辉的事故区和确认的设备状态,用颜色来区分正常、高低报警、高低警告或点的工况。用动画动作来描绘设备状态,如运行/停机或开/关位置。

为了发出命令,操作员首先要选择一个点,模拟和数字命令符号使操作员能直接从图形上来控制这些点。对模拟点来说,操作员可以拖动一个设定值的箭头到一个色标命令符号,该色标命令符号用图形来表示实际数值和报警极限。对于数字点来说.操作员可以单击一个动画开关符号,改变开关状态,以反映其命令。如果操作员愿意,系统也可显示出一个对话框,来选取合适的命令。操作员可以通过鼠标器单击,翻动画面和键盘输入来选取命令,调整设定值确定报警点范围。为系统的安全,单显示功能禁止从示图来的点命令。

(3) 适应多种通信协议。通过总线连接分站控制器,它们都采用同层通信协议,此协议使每个设备都有相等级别的总线访问。所有设备都有出错恢复和总线初始化能力。在用其他总线通信协议时,当中央显示器脱离线路时,总线通信便停止。而采用同层通信协议时,只要总线上有两台设备在运行,通信就仍然继续进行。

(4) 用户定义的报警管理。报警时显示和打印数值、情况(如模拟量报警),以及说明。报警信息会自动打印出来,或在操作员控制下显示和打印出来。多点报警按优先级顺序显示。操作员通过单击屏幕底部的报警图形,取得当前未作应答的报警。报警管理选择使操作员可以得到以下信息:

1）显示并应答多个报警。

2）直接进入点命令和修改对话框。

3）显示有关的报警图形。

4）按规定的日期范围显示点的报警历史。

5）显示点的趋势数据。

按各点（或点的类别）赋予的报警选择项，它包括以下几个方面内容。

1）报警限值。

2）音响速率和长短。

3）报警存入磁盘作为历史记录。

4）目标显示器选择（用户多个终端）。

5）目标打印机选择。

6）自动打印出报警信息。

7）回到正常的自动应答。

8）自动显示报警图形。

（5）点的分类。按照点的性能类型相同来分组，以便于数据文件的更新和操作员在显示图形上更快地识别出来。例如，所有温度传感器可以归为"温度"的一类。这一类点在示图上使用相同的颜色标志来显示各种数值，并有相同的报警处理点。模拟量点的颜色标志：在正常范围以上的数值，用带有红色阴影来表示。在正常范围内时，是原来的图示颜色。低于正常范围时，用带有蓝色阴影来表示。

（6）图形生成工具和库。操作员可以用图形软件来开发图形。为了简化图形的生成过程，系统提供一整套标准暖通空调和电气符号及标准系统，如空调机和冷冻机的图库。系统还规定好设备类别，为它们提供标准的配色、刷新速率、动画、工程单位和预设属性。

（7）实用程序。实用程序用于产生控制器应用程序和数据库。设计人员可选用暖通空调绘图元件来建立控制顺序。实用程序检查控制方案和开关逻辑。它可提供以下能源管理功能库和控制操作。

1）循环工作。以可变的时间间隔切换建筑物空调和通风系统开和关，维持房间的温度状况。

2）自适应加热曲线。把加热曲线用于热泵，按房间温度设定值和室外的空气温度，计算出流量温度设定值。

3）系统的经济运行。根据室外空气的实际熔，回风的热熔指令要求，计算利用室外新风的控制信号。

4）加热设备的经济操作。使空调设备的启动和停机最优化，不管房间有无传感器，控制装置都能优化运行。有房间传感器的使用房间控制，计算出预热点最优化；无房间传感器的，用室外空气温度实现最优化。

5）通风系统的经济运行。使通风系统设备的启动与停机最优化，不管房间有无传感器，控制装置都最优化运行。有房间传感器的最优化，使用房间控制，计算出预热点；无房间传感器的，利用室外空气温度实现最优化。

6）夜风净化。在夏季的夜晚，使室外的冷空气在建筑物流通，使空气清新凉爽。

7）零能量区间。把舒适区域的温度范围，划分成加热区、零能量区和冷却区。零能量区定义了一个房间温度变化范围，在这个范围内，不需要能量加热或冷却。

8）循环功能。对数字输入和数字输出实现循环操作。当有关的数字输入，接收到1个正脉冲状态变化时，"事件计数器"增加1个计数值；当接收到第二个数字输入时，该计数器即复位。它可用于控制双位式（on/off）、PID和串级（PI）型控制器的操作。

9）标准和切换开关功能。标准开关功能是检验1个数字输入的状态，并把2个模拟输入中的1个送到输出端。切换开关功能也检验数字输入的状态，但把1个模拟输入送到2个模拟输出中的某一个。

10）以顺序输出和斜坡运算符实现阶梯控制功能。顺序输出最多控制3个连续的模拟输出。斜坡运算符是不断增大/不断减小地控制一个步进模拟输出。

11）用于模拟量的输入控制运算符。以实现在2个输入中选择最小或最大的一个，或把2个输入相加，或求2个输入之差，求2个输入的平均值作为控制器的模拟输入，其控制结果送到1个模拟输出端。

12）数学编辑器。把得到的输入处理成其他种类控制。

（8）设备运行和特殊事件的计划安排。系统支持下列设备运行和特殊事件的计划安排功能，控制器使用单独的计划安排功能，它不与图形相联系，而是用文本/选单引导来驱动。控制器分组使假日和例外程序得以简化。对于控制器，操作员可对空调系统的每日运行，建立一个正常或临时使用的计划表，可以先显示与希望的点有关的图形，然后确定或修改适当的计划表。对于特定事件，如晚会，操作员可确定动作并安排这些动作，如按时间和日期发生。诸如所有点的报告和报警摘要也是计划安排的事件。全部工作都是用对话框设定的，可以用单击，翻动图面或键盘输入。

（9）历史和动态点趋势选择。

1）历史趋势。按操作员规定的速率（10s到24h）得到采样点的数值，并把它记录在磁盘上，供以后取用。数据可以以曲线图形或标有页面数的文本形式显示出来。操作员可以定义在一幅公共图表或文本画面上最多为8点一组的趋势。控制器以10s到24h的采样速率，提供实际上不受限制的远方趋势能力。建筑物自动化系统以10min至24h的速率，从其他装置采样300个点。趋势组可以包含任何建筑物自动化系统的点的组合。并可采用任意采样速率的组合。为了显示数据，操作员要选择一个所希望的历史时间区间（如上一小时，当前这一天，选择日期和时间范围）和绘制增量单位。他们也可以为了作图而指定数据操作（如在绘图坐标单位中采用的采样平均值或最大值）。为了节省磁盘空间，操作员可以规定每点所要保存的数据量（一天，一周，一月或一年的数据），软件会自动剔除废弃的点的数值。

2）动态趋势。动态趋势以最多6点的线形图来显示当前的数据。操作员规定各显示点的采样数量和采样速率（5s～60min）。在新的数值被采样的同时，老的数值就从图中消失了。

（10）各种报表和信息记录。报表包含当前的和历史的点的数据和信息记录。操作员可以按要求打印屏幕画面，即通过供选用的彩色打印输出可以打印在纸上或摄影仪用的透明软片上。除了这些标准的报表外，建筑物自动化系统还提供用户报告的方便，它使用电子计算表的宏定义软件和预定的宏指令，调用用户规定的点的数据。

点的报表：允许操作员通过选择起始图形，从系统点中挑选所希望的子集。报表包含起始图形和后续图形中的点，可以在所希望的时间安排输出。

（11）通用窗口软件。操作员可用一个窗口作中心图形接口，而其他窗口可用作执行第三方软件专用，如电子表格软件或文字处理程序。由于操作员切换窗口方便，所以可以提高他们的生产率。

6.3　控制网络层软件

6.3.1　控制网络层软件的要求

（1）控制网络层软件应符合下列要求。

1）控制器应接受传感器或控制网络、现场网络变化的输入参数（状态或数值），通过执行预定的控制算法，把结果输出到执行器、变频器或控制网络、管理网络。

2）控制器应设定和调整受控设备的相关参数。

3）控制器与控制器之间应进行对等式通信，实现数据共享。

4）控制器应通过网络上传中央管理工作站所要求的数据。

5）控制器应独立完成对所辖设备的全部控制，无须中央管理工作站的协助。

6）控制器应具有处理优先级别设置功能。

7）控制器应能通过网络下载或现场编程输入更新的程序或改变配置参数。

（2）控制器操作系统软件应符合下列要求。

1）应能控制控制器硬件。

2）应为操作员提供控制环境与接口。

3）应执行操作员命令或程序指令。

4）应提供输入输出、内存和存储器、文件和目录管理，包括历史数据存储。

5）应提供对网络资源的访问。

6）应使控制网络层、现场网络层结点之间能够通信。

7）应响应管理网络层、控制网络层上的应用程序或操作员的请求。

8）可以采用计算机操作系统开发控制器操作平台。

9）可以嵌入 Web 服务器，支持因特网连接，实现浏览器直接访问控制器。

（3）控制器编程软件应符合下列要求。

1）应有数据点描述软件，具有数值、状态、限定值、默认值设置，用户可调用和修改数据点内的信息。

2）应有时间程序软件，可在任何时间对任何数据点赋予设定值或状态，包括每日程序、每周程序、每年程序、特殊日列表程序、今日功能程序等。

3）应有事件触发程序软件。

4）应有报警处理程序软件，导致报警信息生成的事件包括超出限定值、维护工作到期、累加器读数、数据点状态改变。

5）应有利用图形化或文本格式编程工具，或使用预先编好的应用程序样板，创建任何功能的控制程序应用程序软件和专用节能管理软件。

6）应有趋势图软件。

7）应有控制器密码保护和操作员级别设置软件。

（4）应提供独立运行的控制器仿真调试软件，检查控制器模块、监控点配置是否正确，检验控制策略、开关逻辑表、时间程序表等各项内容设计是否满足控制要求。

6.3.2　控制网络层软件功能

建筑自动化系统要求的控制网络层（控制器）软件有系统软件（监控程序和实时操作系统）、通信软件、输入/输出点处理软件、操作命令控制软件、报警处理软件报警锁定软件、运算软件、控制软件、时间/事件程序（TEP）、能量管理和控制软件。其中一些软件的功能如下。

1. 运算功能

主要对数据进行计算，如平均值、高低值选择、焓值计算、逻辑运算、积算。

2. 控制功能

采用直接数字控制，有比例、比例—积分、比例—积分—微分（PID）等控制功能。它执行现场要求的操作顺序、用先进控制算法控制建筑物设备。例如，自适应控制可对环境变化做出响应，自动调整系统的运行。程序包含操作员程序。

3. 时间/事件功能

按照时间表发出命令，或根据启动/停机计划，控制点报警或点状态变化触发标准的或定制的控制程序，控制建筑物设备等。控制器固有的控制提供与中央工作站控制无关的时间顺序控制和事件触发程序。

4. 能量管理和控制功能

有最佳启动停机程序、趋势记录、周期性负载和最大需求管理。

节能和控制程序可以在控制器内执行。这些程序可以从其他控制器读取共享的输入，以控制自己的输出。这些程序能独立于中央工作站而运行，以保证系统的可靠性。控制器支持下列能量管理程序。

（1）分散型电力需求控制。在需求电力峰值到来之前，通过关掉事先选择好的设备，来减少高峰电力负荷。

（2）负载间断运行。通过间断运行来减少设备开启时间，从而减少能耗。

（3）焓值控制。选择空气源，以使被冷却盘管除去的空热量最少，来达到所希望的冷却温度。

（4）负荷再设定。重新设定冷却和加热设定值，使之刚好满足区域的最大要求。

（5）夜间循环。在下班期间开关设备，把室内温度维持在允许的范围内。

（6）夜风净化。在夏季、系统启动前的清晨，用冷空气清净建筑物。

（7）最佳启动。在人员进入前，为使空间湿度达到适当值，可适当稍微提前启动空调系统。

（8）最佳停机。在人员离开之前的最佳时刻关闭系统，既能使空间维持舒适的水平，又能尽早地关闭设备以节约能量。

（9）零能区控制。在某些时间，重新设定冷却和加热设定值，但仍维持房间内的舒适空间温度，以使那里的能量消耗最少。

（10）其他功能。

1）自动转换夏令时。操作员可以预设定，何时软件应将时钟向后拨或向前拨 1 小时，以适应夏令时的转换。

2) 特别时间计划。为特殊日期，如假日，提供日期的时间安排计划，中断标准系统处理。

3) 运行时间统计。监视并累计设备运行时间（开或关的时间），并发出预先设定的设备使用水平的信息。

5. 用户化软件

可简化数据文件的修改。授权的操作员可以增加、修改和删除控制器、测点数据、能量管理数据和用户 DOC 程序。

6. 终端仿真软件

当不需要分站提供图形操作的全部能力的时候，操作员可以用视频显示终端（POT）或个人计算机，以合适的终端仿真软件实现对简单的控制点和设备的操作（如读取测点数据，发出对该点的命令）。

6.4 现场网络层软件

现场网络层软件应符合下列要求。

（1）现场层网络通信协议，宜符合由国家或国际行业协会制定的某种可互操作性规范，以实现设备互操作。

（2）现场网络层嵌入式系统设备功能，宜符合由国家或国际行业协会制定的行业规范文件的功能规定并符合下列要求。

1) 微控制器功能宜符合某种末端设备控制器行业规范功能文件的规定，成为该类末端设备的专用控制器，并可以和符合同一行业规范功能文件的第三方厂商生产的微控制器实现互操作。

2) 分布式智能输入输出模块宜符合某种分布式智能输入输出模块（数字输入模块 DI、数字输出模块 DO、模拟输入模块 AI、模拟输出模块 AO）行业规范功能文件的规定，成为该类模块的规范化的分布式智能输入输出模块；并可以和符合同一行业规范功能文件的第三方厂商生产的同类分布式智能输入输出模块实现互换。

3) 智能仪表宜符合温度、湿度、流量、压力、物位、成分、电量、热能、照度、执行器、变频器等仪表的行业规范功能文件的规定，成为该类仪表的规范化智能仪表，并可以和任何符合同一行业规范仪表功能文件的第三方厂商生产的智能仪表实现互换。

（3）每种嵌入式系统均应安装该种嵌入式系统设备的专用软件，用于完成该种专用功能。

（4）嵌入式系统的操作系统软件应具有系统内核小、内存空间需求少、实时性强的特点。

（5）嵌入式系统设备编程软件应符合国家或国际行业协会行业标准中的《应用层可互操作性准则》的规定，并宜使用已成为计算机编程标准的《面向对象编程》方法进行编程。

6.5 智能建筑工程的系统集成

6.5.1 智能建筑系统集成的作用

在智能建筑的各个子系统中，设备生产商往往提供针对自己系统的软件，如西门子提供

INSIGHT 建筑物自动化软件，Honeywell 的 Excel 5000 提供 EBI 建筑物自动化软件，但是建筑物的管理者需要对整个建筑物实行统一的监控和管理，如果出入口控制（门禁）、视频监控、照明、配电、建筑物自动化（楼控）、电梯等子系统分别使用不同的软件和操作站，那么对于建筑物的管理人员来说简直是太麻烦了。建筑物管理人员迫切需要一种能够将各个子系统集成在统一软件平台下的软件，在一台计算机上就可以监控建筑物内的视频、出入口控制（门禁）、视频监控、照明、配电、建筑物自动化（楼控）、电梯等全部子系统的所有信息，并随时控制设备的启停。系统集成可以成功地实现智能建筑工程系统工程的软件集成，极大地提高了建筑物的运转效率。

智能建筑 BMS 系统的集成是智能建筑比较重要的环节，主要指利用计算机软件及网络将各子系统集成，创建数字化社区，积极推进信息化建设。系统集成软件成功地使 BMS 系统集成为一个有机整体，实现建筑物的智能化。

例如，一个智能建筑工程包括建筑物自动化系统，安防视频监控系统、出入口控制系统与入侵报警系统、背景音乐及紧急广播系统等子系统。建筑物由档案楼、计算机楼、教学楼和员工楼组成。智能建筑工程系统设计除了贯彻一般的先进、可靠、灵活、可扩展和实用经济的宗旨外，在设计中将强调从总体着眼，在智能化建筑的集成应用中采用系统集成软件分布式体系结构，把分布式测控技术与网络通信技术有机地结合起来，使整个建筑群各智能建筑子系统都能在集成化中央管理系统即建筑物管理系统（BMS）的基础上，依靠科学、先进的集成技术，为中心提供各建筑物既相对独立又集中、统一、便利的管理服务，利用系统集成软件的实时数据库把这些所谓的自动化"孤岛"集合在一起，把数据上传到管理层，使数据充分共享。从而节省能源消耗和人力成本，为客户创造一个方便、快捷、高效的业务环境。使之建设成为名副其实的智能型园区。

6.5.2　智能建筑集成系统的构成

例如，某校园工程的档案楼、计算机楼、教学楼和员工楼各子系统包含以下独立的子系统：建筑物自动化系统；保安视频监控系统；出入口控制系统；入侵报警系统；火灾自动报警系统；公共广播系统。

要求在建筑物自动化系统、保安视频监控系统、出入口控制系统与入侵报警系统、火灾自动报警系统的基础上集成为园区中央建筑物集成管理系统（BMS）。要求集成化中央控制系统的三个主要目标是：

（1）统一界面下的综合管理、监控；

（2）各子系统相互之间的联动与响应处理；

（3）提供有关各智能建筑系统的管理数据库平台，为更高层次的管理信息系统（MIS）或引入其他系统提供数据基础和可能。

BMS 中央系统处于园区各楼各电子信息子系统的最高监控管理层，它通过通信与数据网关（DG）和一体化公共通信网络将各子系统集成到同一个计算机支撑平台上，建立起整个园区的中央监控与管理界面。通过这个统一的图形化界面可以十分方便、简单地实现对园区内的各建筑物被集成的各子系统的监视、控制和管理。

6.5.3　智能建筑集成系统的实施

BMS 集成系统的实施首先要选择一个合适的集成平台。在智能建筑行业，智能建筑各智能子系统目前大都采用国外产品，国外智能化系统的主要产品供应商也提供 BMS 集成系统集成平台。但在实际工程实施中由于各智能化子系统采用产品的多样性，供货商技术支持的力度，通信协议的标准化程度及开放程度不同，都要求 BMS 集成系统的平台有更好的开放性和更深的支持力度。这样才能顺利完成系统集成的工作。而实际工作中，一些国外的 BMS 集成系统的平台产品在开放性和支持力度方面都有不尽如人意之处。根据我们在智能建筑和工控方面的实践经验，选择国内性能价格比高的，系统稳定可靠的工控软件也是一个行之有效的解决方案。

智能建筑所涵盖的各电子信息子系统监控的信息一般分为三类：实时过程信息（含各种报警信息）；管理信息（如出入口控制系统的人员管理信息）；视频信息（如保安视频监控系统的图像信息）。一般出入口控制系统都由强大的关系数据库管理其有关的信息。故选择 BMS 集成平台考虑数据库时应以实时数据库为主。但应具有较强的关系数据库操作界面。同时将保安视频监控系统的视频服务器纳入到该平台的管理之中。

例如，某系统的集成情况简述如下。

各建筑物有自己独立的建筑物自动化系统。由于各楼实施时间不同，先前实施的系统不具备开放系统接口，故将各楼的建筑物自动化系统通过其内部的控制总线连接起来到最后一个楼的系统（具备 OPC 标准接口），与系统集成平台连接。

保安视频监控系统中各建筑物均采用视频矩阵控制器。在每个建筑物的视频矩阵控制器旁边配置一个网络视频服务器，它完成两个功能：一个是将视频矩阵控制器的一路视频输出经数字化并压缩后传输到计算机网络上；另一个是将网上远端传来的控制信号转换为视频矩阵控制器认识的 RS-232 控制信号，进入视频矩阵控制器。这样在监控中心计算机网络上的任一台计算机，只要装有相应软件就可以监视并控制各楼有关的摄像机。我们选用多媒体网络视频服务器，它使用 TCP/IP 协议，按照 ITU-T 标准 H.263 的高效视频压缩，通过任何 TCP/IP 连接的局域网和广域网的视频通信成为可能（25 帧/秒，带宽要求 1.5M）。将其纳入系统集成的管理之下。

出入口控制与入侵报警系统为一个综合保安系统。该系统采用 Windows NT 操作系统和 SQL Server 数据库平台，具有与第三方系统接口。利用该接口在系统集成平台上开发与其连接的通信驱动程序，就能实现出入口控制与入侵报警系统和 BMS 系统的集成。

6.5.4　智能建筑系统集成软件的特点

系统集成可以将视频监控系统、一卡通系统、安防系统等子系统全部集成在系统集成的分布式实时数据库中。并以 Web 方式在网上发布，管理人员在客户端只需安装标准浏览器，就可以实现对整个建筑物（群）的监控和管理。查看报表、设备状态、对报警给予响应并紧急处理。

系统集成软件与一卡通子系统之间既可以以 ODBC 方式建立连接，也可以建立缓冲数据库，双方共同对缓冲数据库进行操作。

系统集成可智能建筑集成平台是建立在实时数据库基础上的，采用专有的压缩算法，可以保存 10 年以上的历史数据。数据检索速度可以在 2 秒钟以内完成。这与以关系数据库方式完成系统集成相比，有很大的优越性。

系统集成分布式实时数据库可以实现大容量、分散站点的监控，适合建筑群的监控。联网方式可以是 PSTN、以太网、串口、各种现场总线等。

第7章

采暖通风空调设备监控

7.1 采暖通风空调设备简介

采暖通风空调设备是为建筑物提供舒适的室内热力环境的设备。主要是空调设备、通风设备和采暖设备。

7.1.1 空调设备

设计空气调节自动控制系统，必须理解空调系统的组成和工作原理。空调系统（Air Conditioning System）一般由空气处理装置和冷热源组成。

1. 空气处理装置

空气处理装置（Air Handling Unit，AHU）一般包含进风、空气过滤、空气热湿处理、空气输送分配设备。

空调系统按照空调系统的风量变化分为定风量（CAV）空气处理机组和变风量（VAV）空气处理机组。主要类型有以下几种。

（1）集中式。空气处理机（Air Handing Unit，AHU）或新风机组（Fresh Air Unit，FAU）由换热器、过滤器、加湿器、送风机、新风/回风挡板等组成。空气处理机安装方式有立式、卧式、吊顶式。图 7-1 是一种组合式空气处理机。

（2）半集中式。风机盘管（Fan Coil Unit，FCU）由换热器、送风机组成。变风量末端（VAV Box）由送风机、进风挡板等组成。形式有立式、卧式、明装、暗装。图 7-2 是一种风机盘管。

图 7-1　组合式空气处理机

图 7-2　风机盘管

（3）全分散式。分体式空调由室内机和室外机组成。

2. 冷热源

冷热源是提供空调机组加热或冷却空气的介质，有自然和人工的冷、热源。

（1）自然冷热源有地热、太阳能。

（2）人工冷热源通过电、煤、油、燃气等产生。

人工冷源按照制冷的原理有压缩制冷和吸收式制冷。

（1）压缩制冷的压缩机有往复式、螺杆式、离心式。热泵机组（空气源热泵、水源或地源热泵）也是压缩式的。图 7-3 是一种制冷压缩机组。

（2）吸收制冷有溴化锂冷热水机组、直燃吸收式机组。

冷热源设备包括制冷机、冷却塔、锅炉、热交换器、泵、太阳能热水器、地埋管等。

还有一种冷源是冰蓄冷系统，是在电价低的时间（谷）制冰蓄冷，在电价高的时间（峰）将冰融化取得冷介质，供空调设备用。这样可以降低电费。

图 7-3　制冷压缩机组

7.1.2　通风设备

建筑通风（Ventilation）系统是提高空气质量的措施，有局部通风或全面通风。通风系统一般有送风、排风。全面通风或置换通风是用新风全部替换的方式。

通风设备主要形式有：离心式、轴流式、贯流式、混流式。图 7-4 是一种离心式通风机。

7.1.3　采暖或冷却设备

采暖设备常用管式或片式散热器或热风机。冷却设备有冷风机。这是利用对流原理与室内空气进行热交换的。其散热器外形如图 7-5 所示。

另外，利用辐射方式与室内空气进行冷热交换的辐射空调也得到发展，如地热采暖或天花板供冷。

图 7-4　离心式通风机

20x50
大椭双柱

图 7-5　散热器

7.2 空 调 设 备 监 控

空调系统监控主要是为了满足室内温湿度要求，提供适当的新鲜空气。空调监控系统测量回风或房间的温度和湿度，将测得的温度、湿度和设定值比较，控制空调换热器或加湿器的电动阀，改变它的流量，使室内温度和湿度达到设定值。

其他一些空调设备如分体式空调设备、变冷量（VRV）空调设备一般采用设备配套的控制装置。建筑物自动化系统如果要监控这些设备，可以通过网关或直接和它联网来实现。

另外，有的设计监控设备手动自动状态，其实是不实用的，而且增加了监测点。因为一般都是在自动状态运行，只有在出现故障时才使手工状态切换到手动状态。

下面是一些典型的空调设备监控内容。

7.2.1 新风机组监控

新风机组是用来集中处理新风的空气处理装置。在中央空调系统中，为了提高室内舒适度及空气新鲜度、洁净度等，需补充适量新风，并且新风量在空调冷热负荷中所占的比重很大，因此，新风量控制在合适范围内是很有意义的。一幢建筑物可以有很多台新风机组，每台新风机组负责一个区域（可为一层或若干层），该新风机组就要保证这一区域的新风要求。这里的新风机仅提供冷风、除湿，供暖则用其他方法，也称为冷风机组（二管制），适用于热带气候条件下。新风机组一般配置风门、空气过滤器、空气和水的换热器、风机，对空气进行过滤、冷却。

一般配置的功能如下。

（1）测量。测量送风或空调房间温度、湿度。

（2）报警。用于过滤器阻塞时报警。

（3）调节和控制。按送风温度调节换热器水阀门开度。按时间或程序控制风机启停，监视运行状态和统计运行时间。

（4）连锁。停止送风机运转后，关换热器水阀门。

新风机组配置监控点有：空气热参数（温度、湿度）、空气过滤器的清洁度（压差）、风机启停控制及运行、故障显示、风量控制（风门执行器）、换热器水量控制（电动阀门）。

风机运行状态可以从风机电动机的控制系统取得，也可以用压差开关来检测风机进出口的风压差取得风机的运行状态。

图 7-6 为空调新风机组的配置。其中，温度传感器和湿度传感器可以合二为一。

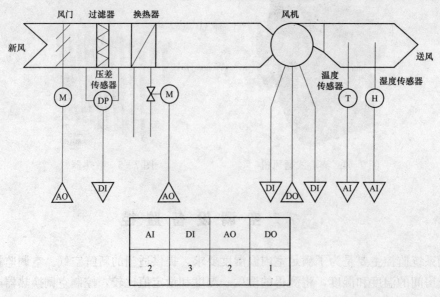

AI	DI	AO	DO
2	3	2	1

图 7-6　空调新风机组监控

AI—模拟量输入；AO—模拟量输出；DI—数字量输入；DO—数字量输出

图 7-7 为新风机组的监控画面。其中，检测风机进出口的风压差来取得风机运行状态。

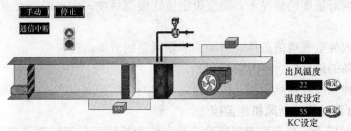

图 7-7　新风机组的监控画面

7.2.2　带加湿器的新风机组监控

空调新风机组（二管制带加湿器）配置的设备有进口风门（挡板）、空气过滤器、换热器、加湿器、风机等。与一般空调新风机组的区别是增加了加湿器。用于对室内空气湿度有要求的房间。

这个系统的监控功能有以下几种。

（1）测量。测量送风温度、湿度。

（2）报警。换热器后风温度低、过滤器阻塞时报警。

（3）控制。按送风温度调节换热器水阀门开度，按送风湿度调节加湿阀门开度。

（4）连锁。送风机启动后，进口风门开。送风机停止运转后，进口风门关、冷却器水阀门关、加湿器阀门关。换热器后风温低于 5℃时，送风机停止运转，进口风门关，冷却器水阀门开。

图 7-8 是用符号表示的控制系统图。它采用风管温度和湿度传感器来取得温度和湿度数据，用了一个空气压差开关监视过滤网的清洁度，使其及时清洗并监测风机的运行状态。用防冻开关防止换热器结冻。控制器控制换热器的电动阀门开度，风门执行器、加湿器阀门。

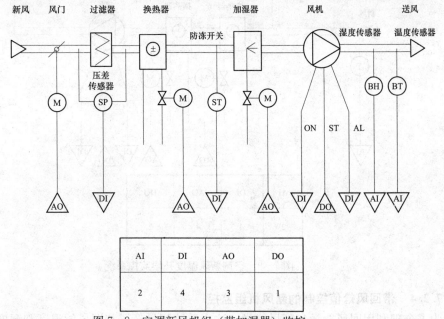

AI	DI	AO	DO
2	4	3	1

图 7-8　空调新风机组（带加湿器）监控

空调控制系统除了要满足室内温湿度要求外，为了节能空调系统设计时可考虑：

（1）在不影响舒适度的情况下，温度设定值宜根据昼夜、作息时间、室外温度等条件自动再设定。

（2）根据室内外空气焓值条件，自动调节新风量的节能运行。

（3）空调设备的最佳启、停时间控制。

（4）在建筑物预冷或预热期间，按照预先设定的自动控制程序停止新风供应。

7.2.3　带室温补偿的新风机组监控

室温的给定值随着室外温度有规则地变化，称为补偿。它能够改善空调房间的舒适度，又能够节能。

这种新风机组（四管制）配置了送风机、回风机、新风门、回风门、排风门、加热换热器和冷却换热器。

这里测量空调房间室内温度、室外进风温度。

监控系统按照冬季和夏季的工况控制加热或冷却。过渡季节室温定值不变化。这样可以最大限度利用新风的能量。图7-9是空调新风温度补偿监控系统。

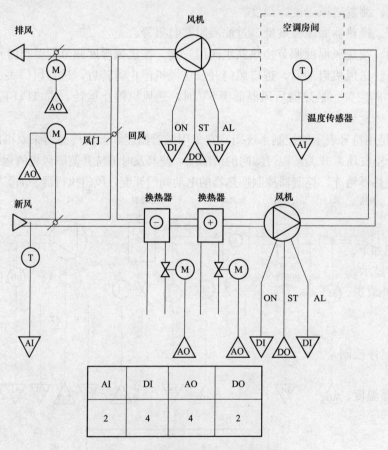

AI	DI	AO	DO
2	4	4	2

图7-9　空调新风温度补偿监控系统

7.2.4　带回风焓值控制的新风机组监控

为了合理利用回风能量和新风能量，这个系统测量新风和回风的温度和湿度，取得焓值

（焓值是流体的热能的数值），系统根据回风焓值和新风焓值比较来控制新风量与回风量，减少能量消耗。图 7-10 是空调新风焓值比较系统监控示意。

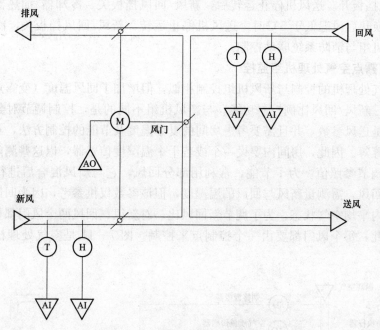

图 7-10　空调新风焓值比较系统监控示意

7.3 空气处理机组监控

在中央空调系统中，空气处理机组（Air Handing Unit，AHU）或全空气空调系统实际上是通过室内空气循环方式将盘管内水的热量或冷量带入室内，同时，适量补充新风的空调机组设备。因此，在设计中，我们要首先了解空调机组需要监控的内容。一般空气处理机组的监控功能如下。

（1）测量显示。

1）室内外或送、回风温度监测。

2）过滤器状态显示。

3）室内 CO_2 浓度或空气品质监测。

4）风机启停控制及运行状态显示。

（2）报警。

1）换热器温度、过滤器阻塞时报警。

2）烟雾报警。

3）风机过载报警、故障报警。

（3）调节。

1）按空气温度调节换热器阀门开度和加热阀门开度，调节换热器冷（热）水流量。

2）按空气湿度调节加湿器阀门开度。

3）风门调节，按新风/回风比例控制新风/回风挡板开度。

4）换热器防冻控制（适于寒冷地区）。

（4）控制和连锁。风机、风阀、调节阀连锁控制。控制送风机启动、停止，送风机启动后，新风/回风挡板开。送风机停止运转后，新风/回风挡板关、冷却器/加热器阀门关、加湿器阀门关。换热后风温低于5℃时，送风机停止运转，新风/回风挡板关，冷却器回水阀门开。送回风机组与消防系统联动控制。

7.3.1 变露点空气处理机组监控

有一种空气处理机的控制与新风机组控制相似，但增加了回风温度（变露点）控制、换热器加热控制、新风/回风比例控制功能。与新风机组不同的是，控制调节对象是房间内的温湿度，而不是送风参数，并且需要考虑房间的夏季温度及节能的控制方法，和新回风比可以变化调节，等等。因此，房间内要设一个或若干个温湿度传感器，以这些测点温湿度的平均值作为控制调节参照值。为了节能，常利用部分回风，它与新风混合后进行处理送入房间。由于采用回风，需测量新风与回风的温湿度，但该参数仅供参考，因为回风空气状态不完全等同于室内平均空气状态。为了调节新回风比，对新风、回风两个风门都要进行单独的连续调节，因此，每个风门都要由一个控制点来控制。图7-11是空气处理机组的监控原理图。

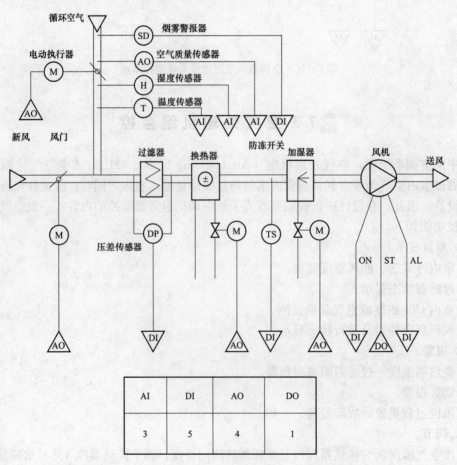

AI	DI	AO	DO
3	5	4	1

图7-11　（变露点）空气处理机组（AHU）监控

它的功能有以下几种。

（1）测量。测量室内温度、湿度、空气质量。

（2）报警。换热器风温度低、过滤器阻塞、室内烟雾。

（3）调节。按室内温度调节换热器阀门开度。按室内湿度调节加湿器阀门开度。按新风/回风比例控制新风/回风挡板开度。

（4）连锁。送风机启动后，新风/回风挡板开。送风机停止运转后，新风/回风挡板关、换热器阀门关、加湿器阀门关。当换热后风温低于 5℃时，送风机停止运转，新风/回风挡板关，换热器回水阀门开。

图 7-12 是一种空气处理机组（AHU）监控画面。其中，送风温度有时可以不测。

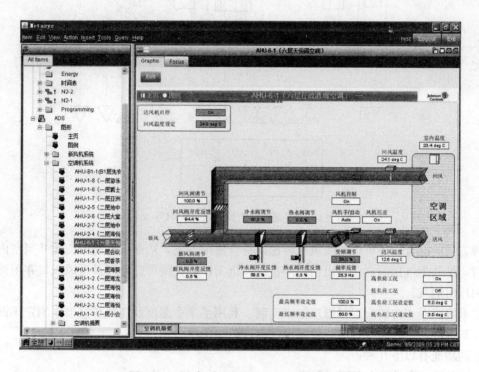

图 7-12　空气处理机组（AHU）监控画面

7.3.2　定露点空气处理机组监控

一套空气处理机组（AHU）供应两个房间的空气，但是这两个房间热负荷差别较大，所以增设两个电热器来调节温度。由于两个房间散湿量差别不大，所以用同一机器的露点温度（定露点）来控制房间湿度。

这里要监控的温度有房间的空气温度、送风温度和露点温度。图 7-13 是（定露点）空调机组（AHU）监控。

7.3.3　全新风/排风式空调机组监控

空调机组对环境的控制方式与前面所述的相似，但添加了排气风机、变速电动机、回风道及风门，因而增加了功能。本系统可以实现完全新风及排风的方式，或者完全再循环，或

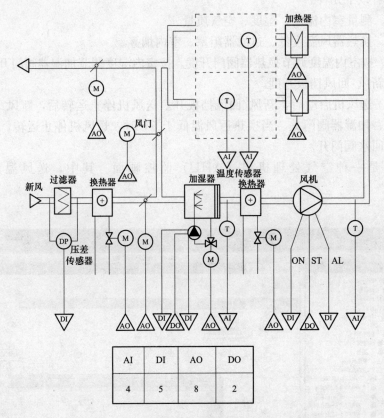

AI	DI	AO	DO
4	5	8	2

图 7-13 （定露点）空调机组（AHU）监控

者两种方式的混合。还可以改变风机转速以符合使用需要，从而节省能源。此外当室内发生火灾时，排气烟气探测器会发出信号停止送风机工作，关闭再循环阀及送风风口并用排风机从室内排出烟气。

本系统能对室内的湿度及温度加以控制，利用了 3 个湿度及温度传感器来测定不同位置的温度和湿度，进行串级控制，使温度和湿度更加稳定。

它的功能有以下几种。

（1）测量。测量室内温度、湿度。

（2）报警。冷却器温度、过滤器阻塞时、排风烟气报警。

（3）调节。按送风温度调节冷却器阀门开度和加热器阀门开度。按送风湿度调节加湿阀门开度。

（4）连锁。送风机启动后，新风/回风挡板开。送风机停止运转后，新风/回风挡板关、冷却器阀门关、加热器阀门关、加湿器阀门关。冷却器后风温低于 5℃时，送风机停止运转，新风/回风挡板关，冷却器回水阀门开。

图 7-14 中采用压差传感器来取得风机运行状态。

图 7-15 是一种空气处理设施监控原理图。

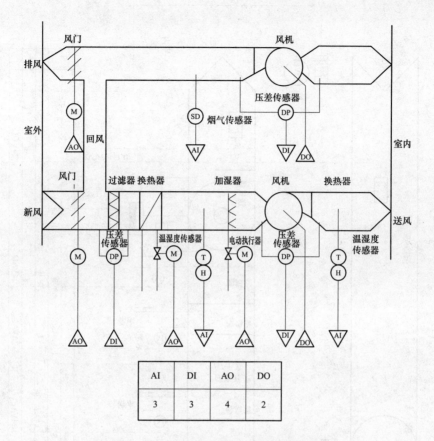

AI	DI	AO	DO
3	3	4	2

图 7-14 空调机组全新风/排气式监控

7.4 风机盘管监控

风机盘管（Fan Coil Unit，FCU）是由风机和换热器（盘管）组成的空调末端装置。房间空气通过盘管加热或冷却，使房间保持设定的温度。

一般风机盘管由盘管、三速风机、电动调节阀、感温元件、控制器等组成。一般三速风机开关，感温元件、控制器等制成一个整件设备，目前，市场上有两种：一种是盘管控制器为数字控制，并具备与主机通信功能。这种控制器可通过计算原则中心控制，并且可调节冷水及冷机，这种控制器价格较贵，使用不多。另一种是不具备通信功能的风机盘管控制器，可以按照水系统的连接情况将风机盘管分为若干组。每组的支路入口处安装流量计、供回水压差变送器及供回水温度传感器。从而可计算出风机盘管水阀的开度，并给电动调节阀一个指令，从而将电动阀调节至相应的开启度，使盘管中流过所需要的水流量。一般地，监控中心对风机盘管的控制不予监测。

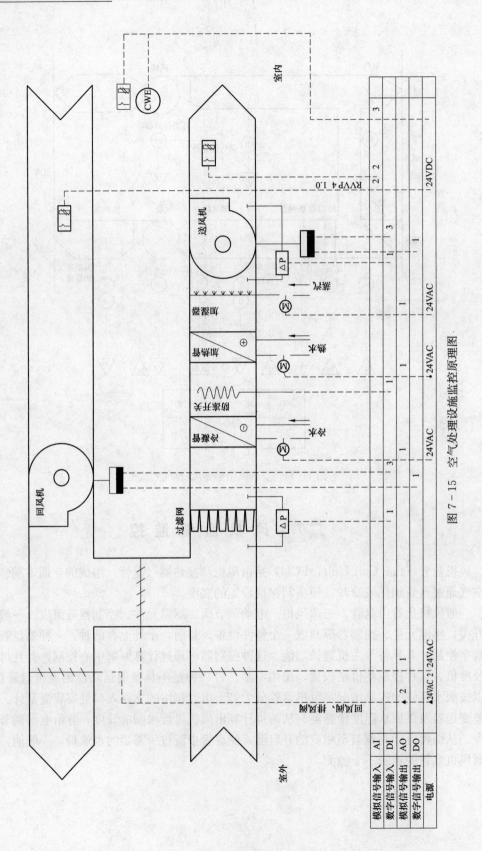

图 7 - 15 空气处理设施监控原理图

一般配置的监控功能为：测量室内温度、控制冷热水阀门开关、风机变速和启停控制，能耗分段累计。

风机盘管控制器有机电式、电子式。电子式有独立式和网络式。联网的方式可以有线或无线。

风机盘管控制器一般用机电式恒温控制器，风机带有三速开关。盘管上安装电动阀，按照工况开关。

另外可以按照时间或程序控制风机盘管的开关，累计其工作时间。

目前，风机盘管或变风量空调系统配备有数字电子控制设备，可以和整个系统联网。联网方式可以是有线或无线。图 7-16 是一种电机式风机盘管控制器接线图。

电子式风机盘管温度控制器的外形如图 7-17 所示。

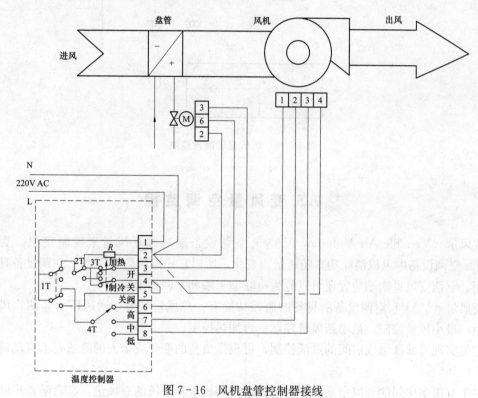

图 7-16　风机盘管控制器接线

图 7-17　电子式风机盘管温度控制器

风机盘管能耗计量是监测盘管进出水温度和流量。图 7-18 是风机盘管监测能耗的方法。流量计可以采用超声波流量计或脉冲式叶轮流量计。

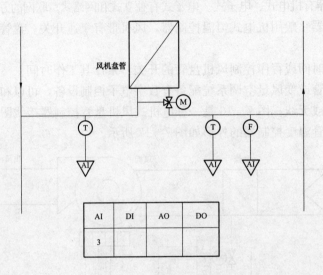

图 7-18　风机盘管能耗监测

7.5　变风量空调监控

变风量（Variable Air Volume，VAV）空调设备通过改变风量来控制室温。变风量（VAV）空调设备中风机消耗功率随风量而变化，所以它比定风量（CAV）空调设备具有节能作用。空调变风量末端装置还可以分为串联型末端和并联型末端。

变风量（VAV）空调设备所具备的监控功能有：总风量调节；送风压力监测；风机变频控制；最小风量控制；最小新风量控制；再加热控制。

它能实现局部区域或房间的灵活控制，可根据负荷的变化或个人的舒适要求自动调节自己的工作环境。

对于有很多房间的变风量系统，送至各房间的风量和系统的总风量，都会随着房间负荷的变化而变化。控制要求较多且复杂。只有实现了这些控制要求，系统的运行才能稳定可靠，使它的节能性和经济性充分体现出来。

7.5.1　变风量空调末端装置监控

房间温度控制是通过变风量末端装置（VAV BOX）对风量的控制来实现的。这是变风量系统的基本控制环节。

空调变风量末端装置的控制类型可分为 4 种：随风道压力变化的（又称压力相关型、变静压）、不随风道压力变化的（又称压力无关型、定静压）和控制风量的（总风量、总风量变静压）。

随风道压力变化的（压力相关型）末端装置的风量调节阀接收室内温度传感器的指令调节风量。

压力无关型末端装置控制部件实际上就是末端装置箱体内的一个风量调节阀，它接收室内温度传感器的指令。进风口有测量风量的差压传感器，风量作为副环调节参数。控制器通过改变风量调节阀开度来调节送风量。

图 7-19 是一种变风量空调末端（VAV BOX）装置监控系统。控制器是变风量空调末端装置专用控制器，是压力无关型空调变风量末端装置，它具有补偿系统压力变化的作用。

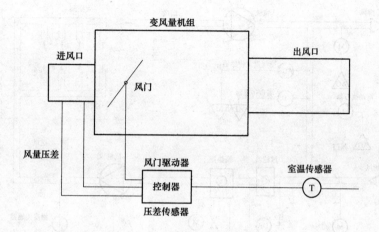

图 7-19　变风量空调末端监控

一般控制器是和变风量末端装置安装在一起，成为一个整体。变风量空调末端自带微控制器时应与建筑设备监控系统联网，以确保控制效果。

图 7-20 是一种变风量空调末端（VAV BOX）装置的外形。

7.5.2　变风量大空间空调系统监控

变风量大空间空调系统（图 7-21），风机采用变频调速，改变转速，调节风量。监控系统测量送风温度，回风温度，控制换热器阀门开度及送回风风机转速。按空气质量传感器控制新风，回风和排风风门开度。

图 7-20　变风量空调末端装置的外形

如果风机采用差压开关，应改用差压传感器。因为变风量系统中采用差压开关没有意义。

这里空气过滤器采用差压开关，当差压达到一定程度时，发出报警信号。但是空气过滤器采用差压传感器会更好，这样可通过阻力的变化趋势、风量与阻力的对应关系来确定过滤器的更换清洗周期。

7.5.3　变风量空调系统的变静压控制

变静压控制的两个基本条件：末端能独立调节流量而与压力无关，即只能使用与压力无关型的末端；各末端要能向静压设定控制器适当地给出压力应升高、降低或不变的信号，当选用的末端能够提供阀位信号时，也可以间接地通过阀位信号来判断。

工作原理是系统在满足室内负荷变化要求的情况下，尽量使变风量末端装置处于全开状态（85%～100%），保持系统静压降至最低。

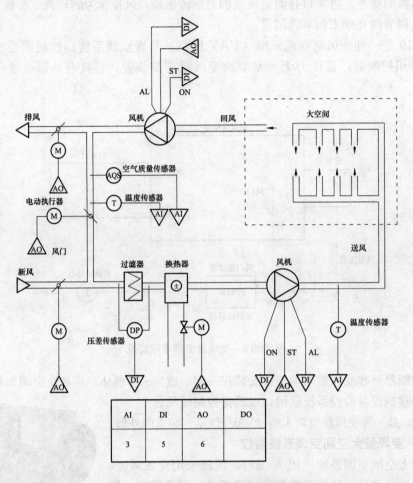

图 7-21 变风量大空间空调设备监控

AI	DI	AO	DO
3	5	6	

7.6 送排风设备控制

对送排风设备控制一般是按照时间或程序控制风机的启停，同时监视其运行状态和计算运行时间。

送排风控制系统所具备的功能有：风机启停控制、风机运行状态显示、风机过载报警、风门控制、风机与消防系统联动控制。

通风设备可以根据空气质量（CO 或 CO_2）来控制送排风机的运行。

图 7-22 是风机设备的监控原理图。

有时可以测量风机进出口的压差，来取得风机运行状态。采用差压传感器之后，在调试时可确认管路和风机的特性，通过计算机可以很准确地按照转速及风机前后压差确定风机的风量、风压，从而确定风机的运行是否正常。

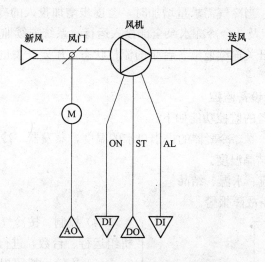

AI	DI	AO	DO
	2	1	1

图 7-22　送排风设备控制

7.7 空调冷源监控

空调制冷方式有压缩式制冷系统、吸收式制冷系统和蓄冰制冷系统。其中，有冷却水系统和空调（冷冻）水系统。

压缩式制冷机系统和吸收式制冷系统的监控项目有运行状态监测、监视、故障报警、启停程序配置、机组台数或群控控制、机组运行均衡控制及能耗累计。

建议系统设计时把制冷机的台数控制和冷却塔控制、压差旁通控制作为一个整体来考虑，采用制冷机组控制器和建筑物自动化系统建立通信。制冷机组的单机控制由机组自带微控制器完成，制冷机组处于节能状态的运行台数控制由建筑物控制系统负责进行。

7.7.1　压缩式制冷设备监控

一般压缩式制冷设备配置的功能有以下几种。

（1）测量。测量冷冻供水及回水的温度、压力、流量。

（2）报警。设备过载或故障报警。

（3）控制。按冷气需求量或时间程序控制机组运行。故障自动切换。按供水及回水的压差，调节压差调节阀。

（4）连锁。按照规定启动停止程序控制机组启停。

例如，一个制冷设备系统由 2 台压缩式风冷冷水机组以及 3 台冷冻水泵供应冷冻水给一系列空调器冷却盘管（见图 7-23）。供水及回水中的浸没式温度传感器及流量传感器监测冷气需求量并进行控制。当冷气需求量增加时，会逐步增加投入的冷水机组数，直到100％需求量时，2台冷水机组及3台冷冻水泵全部投入运行。系统连续监测每台冷水机组的运行与故障状态并通过压差开关连续监测各台泵的流量状态，压差开关也对冷水机起水流量控制作用。

7.7.2　吸收式制冷设备监控

一般吸收式制冷设备的监控功能如下。

（1）测量。测量蒸发器、冷凝器的进出口水的温度，蒸发器、冷凝器的制冷剂、溶液温度、压力，溶液浓度及结晶温度。

（2）保护。保护水流、水温、结晶。

（3）报警。进行设备故障报警。

（4）控制。按冷气需求量或时间程序控制机组运行、台数，进行故障自动切换。

（5）连锁。按照规定启动停止程序控制机组启停。

图7-24是吸收式制冷设备工作原理图。

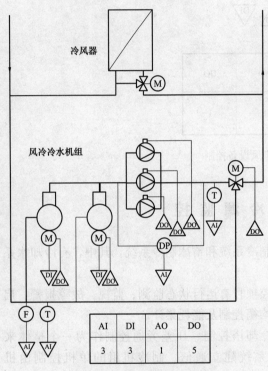

图7-23　冷水机组监控系统

AI	DI	AO	DO
3	3	1	5

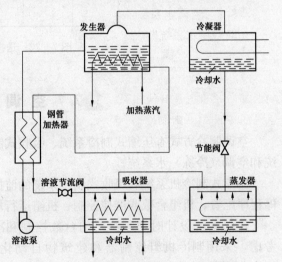

图7-24　吸收式制冷设备工作原理图

7.7.3　蓄冰制冷设备监控

蓄冰制冷设备的监控功能有：启停控制、运行状态显示、故障报警。

（1）测量。包括运行模式（主机供冷、溶冰供冷与优化控制）参数设置，制冰与溶冰运行模式自动切换，冰库蓄冰量监测及能耗累计。

（2）控制。包括运行模式自动切换，蓄冰设备溶冰速度、制冷主机供冷量，制冷主机与蓄冰设备供冷能力协调控制，制冰与溶冰控制。

（3）连锁。按照规定启动停止程序控制机组启停。

图7-25是蓄冰制冷设备的工作原理。

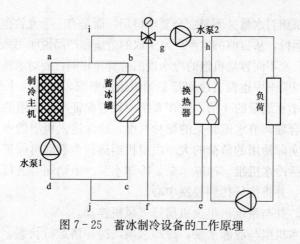

图 7-25　蓄冰制冷设备的工作原理

7.8 空调水系统监控

空调水系统是由水冷式制冷系统提供空调水和冷却水的系统。

7.8.1　空调水系统监控

一般空调水系统监控的内容有：空调（冷冻）水供、回水温度、压力与回水流量、压力监测、冷冻泵启停控制（由制冷机组自备控制器控制时除外）和状态显示、冷冻泵过载报警、空调（冷冻）水进出口温度、压力监测、冷却水进出口温度监测、冷却水最低回水温度控制、冷却水泵启停控制（由制冷机组自备控制器时除外）和状态显示、冷却水泵故障报警、冷却塔风机启停控制（由制冷机组自备控制器时除外）和状态显示、冷却塔风机故障报警。

下面对于空调（冷冻）水设备的压差旁通控制和冷却塔控制，提供了一个综合、合理、可靠的解决方案。

该系统为一级泵变流量系统，空调装置为双管制，冷水机组与冷冻水泵，冷却水泵，冷却塔为一对一运行方式。冷却水泵，冷却塔为两用一备。冷冻水及冷却水设备的监控宜采用下列节能措施。

（1）当根据冷量控制冷冻水泵、冷却水泵、冷却塔运行台数时，水泵及冷却塔风机宜采用调速控制。

（2）根据制冷机组对冷却水温度的要求，监控系统应按与制冷机适配的冷却水温度自动调节冷却塔风机转速。

空调水设备系统的运行方式如下。

系统启动顺序：启动冷却塔风机，启动冷却水泵，延时 30s 启动冷水机。停机时次序相反。

按照冷冻水流量及供回水温度差，计算冷负荷，对冷水机组进行台数控制，在只开一台的情况下，对该机组进行变频调速控制。

根据供回水压力差或空调末端设备负荷情况，调整旁通量，使冷水机组维持定流量运行。

但是目前用于空调系统中的大部分电动调节阀关闭时允许压差都≥0.3MPa（特别是 DN≤100 的小阀座电动调节阀），经过实测只要冷冻水泵选择合理，空调（冷冻）水供回水系统最大的供回水压差不会超过 0.3MPa。只要末端电动调节阀选择合理，从保证调节品质这一点来看是没有必要进行压差旁通控制的。

另外，所有冷水机组对水量并不是完全要求恒定，而是有一个允许范围，只要在这个范围内，机组均可以正常运行，从目前的生产厂家采取的措施和产品说明书来看，也可以证明这一点。例如，同一生产厂家不同容量机组的冷水进出管管径相同，而对水流开关的靶片长度又未作出具体规定，产品说明书中也没有冷水量必须恒定的要求，仅有一个范围，且这个范围很大，最大水流量是最小水流量的 4 倍。故在系统中设置保证冷水机组的水量恒定的装置是没有必要的。只要通过合理调节水流开关的靶片长度，确保进入机组的水量小于要求的最小水量时停机，同时通过实际使用的负荷的大小决定机组运行台数即可保证机组的正常运行。

对所有设备，包括冷水机组、冷冻水泵、冷却水泵、电动阀等进行开关控制，并与冷水机组随机控制柜相连，并将信号传到控制中心。

制冷机泄漏报警，并与系统机组及机房排气风机连动。

监视系统机组冷水机组与冷冻水泵，冷却水泵，冷却塔运行状态，故障显示及报警，记录运行时间。

监控电动调节阀的开关状态。

对所有温度、压力、流量等参数进行监测记录报警。

图 7-26 是空调水设备监控原理图。

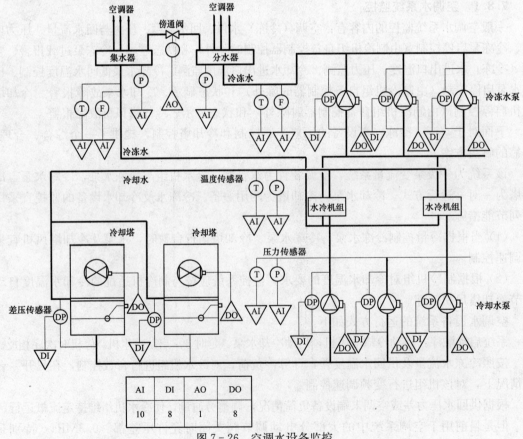

AI	DI	AO	DO
10	8	1	8

图 7-26　空调水设备监控

7.8.2　冷却水设备监控

一般一个冷却水系统有 2 台冷却水塔和 3 台冷却水泵。根据冷却量的需求情况，可以从投入 1 台冷却水塔及 1 台水泵，到 2 台冷却水塔及 3 台水泵均投入运行。应用供水与回水温度传感器以及压力传感器，通过控制系统控制冷却塔及水泵的运行。系统能实现控制，以降低电动机维修费用。加上室外空气温度传感器及建筑物内部温度的监测，可运用最佳启动停机（OSS）功能根据当时天气条件来预测启动/停机时间，取得节能效果。

在采用变频调速器调节水泵速度的变水量系统中，可以根据冷却量的需求情况控制水泵及风机的转速，取得更好的节能效果。

有的系统冷却塔供水管上安装电动调节阀，通过分析就可以知道其设计不合理。决定冷却塔运行与否的关键因素是冷却塔负担的散热负荷，在系统中一旦冷却塔承担的散热负荷为设计值的 2/3 时，必定将停掉一台冷却塔、一台冷却水泵、一台机组及一台冷冻水泵。按照电动调节阀的运行方式，将关闭冷却塔供水管上的电动阀。按照水泵并联运行综合性能图，此时冷却水量比设计值的 2/3 多，将造成其他两台冷却塔的供水量增加，同时造成出水温度上升。若取消所有冷却塔供水管上的电动调节阀，冷却塔风机停止而照样供水进行自然通风换热，这可以使冷却塔得到充分利用，其出水温度将更低。因此，完全可以取消冷却塔供水管上的电动调节阀，减少输入点、输出点和控制环节，监控系统简单，也使 BAS 系统简化，提高其可靠性，降低初始投资。并且可以将省下来的投资用于冷却塔风机配置变频器，从而节约运行费用。图 7‑27 是冷却水设备监控系统。

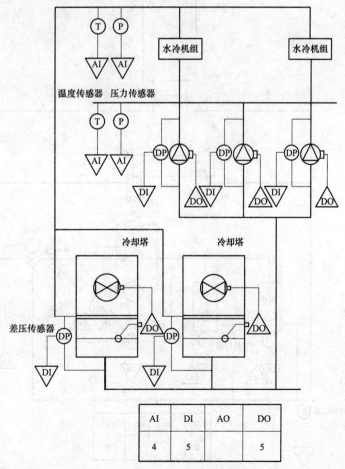

AI	DI	AO	DO
4	5		5

图 7‑27 冷却水设备监控

7.9 热源设备的监控

热源有锅炉机组、热交换器。锅炉机组热介质有蒸汽或热水。燃料有煤、油或燃气。

热源设备的监控项目有：热力系统的运行状态监视、台数控制、燃气锅炉房可燃气体浓度监测与报警、热交换器温度控制、热交换器与热循环泵连锁控制及能耗累计。

7.9.1 锅炉机组控制

一般的锅炉设备控制系统应具有下列功能。

（1）测量：出口蒸汽或热水的温度、压力和流量，燃料油压或气压，烟气含氧量，燃料消耗量。

（2）报警：锅炉汽包水位，蒸汽压力，设备故障。

（3）控制：锅炉汽包水位，蒸汽压力，燃烧自动控制，运行台数控制。

（4）连锁：按照规定启动停止程序控制机组启停。

一般该系统由 2 台锅炉及工作/备用泵组成，供应热水给一台热交换器及一系列空调加热盘管（见图 7 - 28）。由供水及回水温度传感器监测与控制供暖需求量，随着供暖需求量的增加，逐步增加运行的锅炉数目。直至达到 100％ 需求时，2 台锅炉都投入运行。

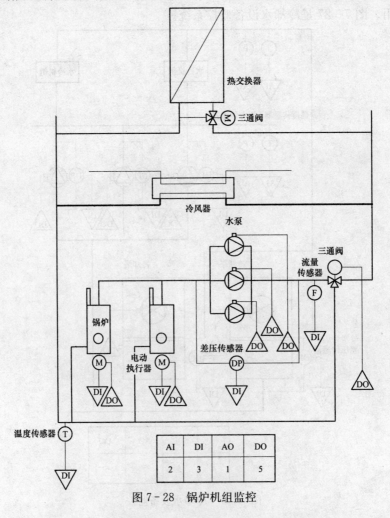

图 7 - 28　锅炉机组监控

锅炉的运行及故障状态均受到监测，泵的状态也通过压差传感器监测，此传感器还用作锅炉的水流量连锁装置。

7.9.2　热交换器控制

热交换器由锅炉供给蒸汽，加热热水，热水供应采暖空调或生活用。热水通过水泵送到分水器，由分水器分配给空调系统。空调系统回水通过集水器集中后，进入热交换器加热后循环使用。

热交换器的检测控制功能如下。

（1）监测：热水循环泵的运行和故障状态，热水的温度、流量、压力，蒸汽的温度、流量、压力。

（2）控制：热水循环泵的启动，停止，根据水温调节蒸汽电动阀的开度，当水泵有故障时，自动启动备用泵，水泵停止时电动阀关闭。

图 7-29 是热交换器监控原理图。

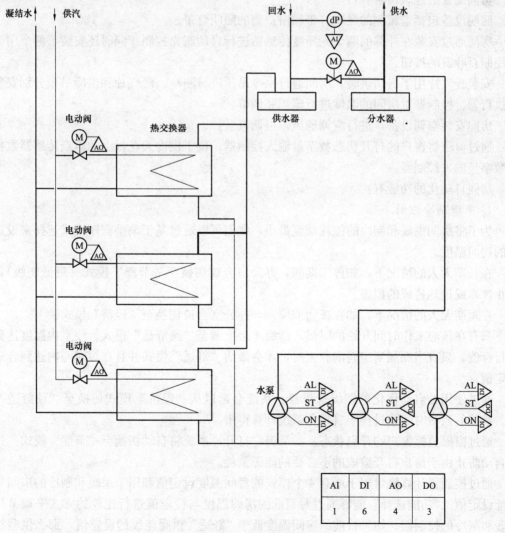

AI	DI	AO	DO
1	6	4	3

图 7-29　热交换器监控

7.9.3　热电联供设备的监控

热电联供设备的监控包括初级能源的监测，发电系统的运行状态监测，蒸汽发生系统的运行状态监视、能耗累计。

👷 7.10　房　间　自　动　化

办公室或住宅房间自动化是全面有效利用建筑物幕墙、照明和气候的相互关系，创造宜人的室内居住气候。同时，高效的房间和区域控制也影响着主系统：供暖和制冷要求以及空气质量可根据需要进行调节。当设计供暖、制冷、通风和空调系统时，必须考虑到建筑物特殊用途的需要。在调试和日常工作期间，大多数的优化功能都可以在单个系统的软件中得以实现。因此，软件调整所需的时间也维持在合理的范围内，不会阻碍调试工作。在某些情况下，服务技术人员不需要亲自前往现场，通过远程进入系统即可进行修改。

房间配置的建筑设备有：

照明设备包括走廊侧的照明灯带和窗户侧的照明灯带。

房间通过安装在外部的两个光照度传感器进行自动遮光控制。同时还安装了两个用于手动控制百叶窗的按钮。

安装暖气片用于房间供暖。房间通过供冷吊顶进行制冷。暖气片和供冷吊顶分别安装一个执行器。控制器对房间的温度进行监控和调节。

房间安装空调设备，进行空调通风，可调流量。

通过窗磁将窗户的打开状态数字量输入控制器；位于供冷天花板上的露点传感器数据也将数字量输入控制器。

房间自动化的功能有：

1. 采暖制冷控制

为了将房间供暖和制冷的能耗减到最小，我们可以通过基于调整程序模式选择来设定理想的房间温度。

在长期无人的情况下，如停工期间，办公室会被切换至"节能"模式（最低能级），以防止冰冻或过热造成的损害。

在短期无人的情况下，如在夜间或周末，办公室会被切换至"经济"模式。

只有在核心工作时间开始的时候，能级才会上调至"预舒适"模式。使室内温度达到舒适目标值。只有当探测到房间内有人时，才会激活"舒适"模式并且在短时间内达到合适的设定值。

通过使用带启动优化的能级选择器，系统会延迟从"经济"模式切换至"预舒适"模式。最佳的激活时间通过楼宇自动化系统计算得出。

通过窗磁监控窗户的开启状态。如果窗户打开，系统将自动切换至"节能"模式。这可以自动防止由于窗户打开造成的不必要的能源消耗。

通过控制器计算提供用于所有4个模式的房间温度设定值和用于采暖和制冷的房间气候功能设定值。"功能选择"能够通过对目前的房间温度与设定值进行比较的方式来调节用于供暖和制冷的控制器。如果目前的房间温度低于"舒适"供暖能级的设定值，那么供暖控制器将启动。如果目前的房间温度高于"舒适"制冷能级的设定值，那么制冷控制器将启动。

系统不允许同时供暖和制冷。

2. 夜间降温

夏天，夜间自然风可以帮助降低能耗：夜间制冷程序会打开房间通风系统并用外部的凉爽空气为房间进行通风。这样可以帮助在夜间带走室内的热量，降低了第二天房间制冷所带来的能耗。通过电动窗户，夏天夜间能使房间自动降温。

3. 空气质量控制

空气控制器视测量到的空气质量而定，将新鲜空气引入房间。空调系统将根据房间自动化系统与主系统之间的通信数据自动调节新风量。如果房间里的空气质量较好，进气口将关小。这样最高可以降低 45% 的能耗。房间内无人时，风量将降至最低。

4. 照明控制

天花板上安装了一个房间亮度传感器。根据光照时间的不同，通过控制器保持室内恒定的照度。

人员探测器用于实现需求导向型管理和整个房间的控制。如果房间有人，而房间中的照度未达到要求，那么恒定照度控制功能将自动打开。相反，如果外部光线变亮或房间里的光强已达到适宜照度，那么将自动调暗或关闭照明设备。如果人员探测器确定房间没有人，那么照明设备将在一定时间后自动关闭。

5. 遮阳控制

遮阳控制被直接集成到房间自动化系统中。如果房间里没有人，那么房间将自动调节供暖和制冷功能。冬天如果有阳光，遮阳装置将升起，使用太阳光来对房间进行采暖。夏天，遮阳装置将自动合上，减少阳光产生的热量，帮助房间降温。

如果房间里有人且阳光过于强烈，那么遮阳装置会自动启动。百叶窗片调节功能会根据太阳的位置来优化百叶窗片的角度。百叶窗片的定位控制能避免太阳光直射，同时将设备照明需要降至最低，以降低能耗。

遮阳校正功能能够根据太阳的位置、幕墙的方向以及提供遮阴的周围建筑物的位置和坐标来计算阴影在幕墙上的移动范围，避免不必要地启动遮阳功能以及在房间中使用设备照明造成的能耗增加。

第8章 建筑给排水设备监控

8.1 给排水设备的分类

给排水设备包括水箱或水池、水泵、污水集水井、水处理设备等。水池可分为补水型和排水型。给水系统按照用途分为生活给水系统、消防给水系统、生产给水系统。给水的方式有：直接给水、水箱给水、水泵给水、水泵水池水箱联合给水、气压给水、分区给水、分质给水，等等。排水系统有：生活排水系统、生产排水系统、屋面雨水排水系统等。

8.2 给排水设备监控方式

8.2.1 一般给水设备

（1）监测：水箱或水池的水位，管道压力，水泵状态。

（2）报警：水泵故障。主要是水箱或水池（如污水集水井、中水处理池）的超高或超低水位报警。

（3）控制：水泵启停控制或转速控制。根据供水总管压力，调节水泵转速，使供水压力保持在设定值。

8.2.2 补水型系统

高位水箱监控功能如下：根据高位水箱的水位控制水泵启停（见图8-1）、水泵故障报警、高位水箱水位高低报警、备用水泵自动投入。水箱漏水报警监视。

8.2.3 排水型系统

低位水箱或污水池排水监控（见图8-2）功能如下：水泵启停、水泵故障报警、低位水箱水位超高报警、低位水箱水位过低报警、备用水泵自动投入。

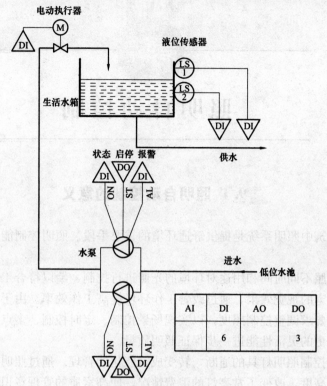

图 8-1　给水设备监控

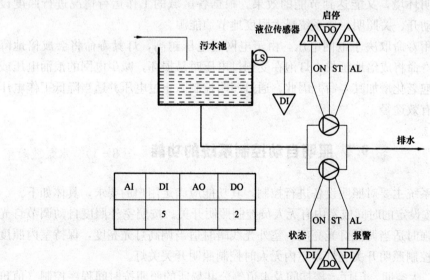

图 8-2　排水设备监控

第9章

照明自动控制

9.1 照明自动控制的意义

在现代化的建筑中照明系统是提供舒适环境的重要手段。照明控制能提供良好的光环境并且有节电效果。

光环境就是按照不同时间和用途对环境的光照进行控制，给以符合工作或娱乐休息所需要的照明，产生特定的视觉效果，通过改善工作环境提高工作效率。由于不同的区域对照明质量的要求不同，要求调整控制照度，以实现场景控制、定时控制、多点控制等各种控制方案。方案修改与变更的灵活性能进一步保证照明质量。

将传统的开关控制照明灯具的通断，转变成智能化的管理，通过照明控制在需要时才亮灯并使其有一定的亮度，改变了常亮灯的浪费情况。使高素质的管理意识应用于系统，以确保照明的质量。如果用智能传感器感应室外亮度来自动调节灯光，以保持室内恒定照度，既能使室内有最佳照明环境，又能达到节能的效果。根据各区域的工作运行情况进行照度设定，并按时进行自动开、关照明，使系统最大限度地节约能源。

照明灯具的使用寿命取决于电网电压，由于电网过电压越高，灯具寿命将会成倍地降低，反之，则灯具寿命将成倍地延长。灯泡在受到过电压时易损坏，减少电网的浪涌电压或降低电压能延缓灯泡老化增加其寿命。因此，通过照明控制防止过电压并适当降低工作电压是延长灯具寿命的有效途径。

9.2 照明自动控制系统的功能

照明自动控制系统主要对照明设备进行控制，其功能应满足用户的要求，具体如下。

（1）办公室。按设定的时间或室内有无人员控制照明开关。按照室外照度自动调节灯光亮度，如室外光线强时适当调低灯光亮度，室外光线暗时适当调高灯光亮度，保持室内照度一致。室内有人时控制照明开关亮灯，室内无人时控制照明开关关灯。

（2）公共部位。大空间、门厅、楼梯间及走道等公共场所的照明按时间程序控制（值班照明除外）。

（3）按照时间程序控制节日照明、室外照明、航空障碍灯。

（4）正常照明和应急照明的自动切换。在正常电源有故障时自动切换到应急照明。

（5）接待厅、餐厅、会议室、休闲室和娱乐场所按照时间安排，控制灯光及场景。

（6）航空障碍灯、庭院照明、道路照明按时间程序或按亮度控制和故障报警。

（7）泛光照明的场景、亮度按时间程序控制和故障报警。

（8）广场及停车场照明按时间程序控制。

9.3 照明自动控制模式

照明控制有两种模式：开关模式和多级或无级调光模式。开关模式就是电灯只有开和关两种状态。这种模式的缺点就是没有中间状态，明暗变化太大。相比较而言，多级或无级模式是一种能营造多姿多彩的环境的良方。

9.3.1 开关模式

开关模式的线路相当简单，一般是采用遥控开关或断路器，也可以用继电器或晶闸管。

遥控开关（见图 9.1）目前使用相当广泛，但仍需要有短路和过载保护的设备配合。遥控断路器经常用于公共场所的灯的开关，它除了起开关的作用外还有短路和过载保护的作用，它可以采用单极开关 1P，也可以采用双极开关 2P 或 1P+N，双极开关线路的安全性较高。

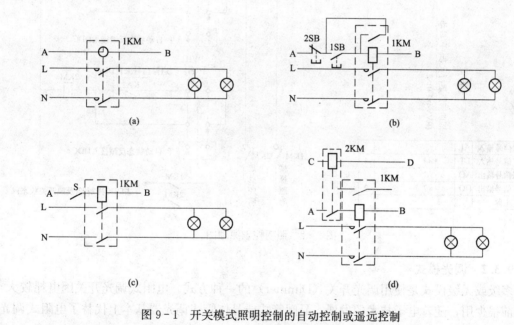

图 9-1　开关模式照明控制的自动控制或遥远控制

定时开关应用于有固定作息时间的办公室或教室［图 9.1（a）］，机械式或者电子式定时开关均可用。其区别在于电子式定时开关需要电源。

活动感应开关又称人体探测器，一般利用红外线或者超声波的原理制成。在探测到有人时，自动控制灯的开关。有一种人体感应开关和延时开关结合的开关，用于廊道，人来时可自动开灯，延长一段时间后就自动关灯。

照度控制是按照室外自然光的强度，进行照明控制，如日光探测功能，使灯在白天不会亮，晚上自动亮。

图 9-1 是开关模式照明控制的自动控制或遥远控制。（b）是用按钮开关遥控的方法，接触器 1KM 控制主电路，按钮 1SB 和 2SB 分别当作开关用。（c）是用小电流开关 S 通过控制接触器 1KM 大电灯的方法，S 可以是其他的继电器输出触点。（d）是用可编程控制器 PLC 的或是其他的继电器输出触点 2KM 控制接触器的方法，接触器 1KM 可向控制器提供一个反馈信息。其中，AB 端接电源。

图 9-2 是采用开关控制的照明控制原理图。其中，有照明控制箱接线图。1WH 和 2WH 是手动、自动切换开关。1KM 和 2KM 是开关的接触器。QL 是照明控制总开关。

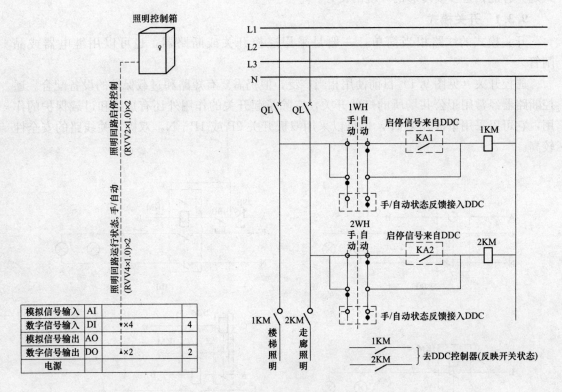

图 9-2　照明控制原理图

9.3.2　调光模式

多级或无级模式是使用调光开关（Dimmer）的一种方式。电阻式调光开关因电耗较大，故目前很少用，随着电子技术的发展，晶闸管式或晶体管式调光器基本上代替了电阻式调光开关，它的电损耗很少，但产生一定程度的谐波。

电子式镇流器是一种将 220V50Hz 交流电转换为高频率（40～70kHz）的高压电，来点亮荧光灯，比用铁心镇流器损耗低而且功率因数高。电子式镇流器很容易做成可调整的，成为电子调光器。

电子式控制器或微机控制器可以提供开关模式，多级或无级模式控制照明。采用可编程控制器 PLC，电子式控制继电器或微机控制器可以进行复杂的灯光控制，如时间程序控制、事件触发的控制、多处控制、远程控制等。此外还可进行计数、测量、信号报警等。具有 RS232/RS485 等通信接口，相互通信，或者能够联成网络，进行集散式控制。

图 9-3 是一种微控制器，它能完成控制和调光任务，是数字式控制器。图 9-2（a）是信号分别输入控制器的方式，图 9-2（b）是信号经控制总线输入控制器的方式，控制总线可以采用现场总线，它的连线很简单，可以实现相当复杂的控制任务，控制功能由软件编程实施。可以说是建筑物控制系统的一个重要组成部分。这种网络可以和管理网相连，还可和因特网相连，实现集中管理和远方控制。

多个照明控制器可以组成网络。主干网络和分支网络通过网桥（Bridge）连接，组成分布式系统。建筑物的各个楼层或多个建筑物都可以组成网络。图 9-4 是一种照明控制网络的组成形式。

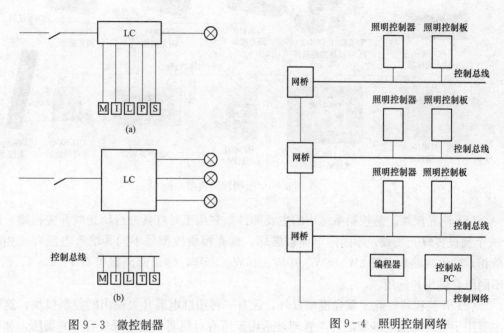

图 9-3　微控制器　　　　　　　　　　　　图 9-4　照明控制网络

LC—照明控制器；I—红外线遥控开关；P—照度设定器；T—定时控制器；

　　M—动体探测器；L—亮度传感器；S—照度控制器

9.4　照明控制系统典型产品

目前国内外多家公司都生产智能化的照明控制系统的产品，如施耐德（Schneider）公司、ABB 公司、飞利浦（Philips）公司、松下公司（Panasonic corporation）、浙江中控电子技术有限公司、合肥爱默尔电子科技有限公司等。

9.4.1　Dynalite 照明控制系统

Dynalite 照明控制系统采用数字式、模块化、分布式的照明控制网络 DyNet，是澳大利亚邦奇子公司开发属于飞利浦公司（Philips）的产品。中国地区工程项目有上海金茂大厦、上海金叶大厦、杭州浙江世界贸易中心、杭州假日酒店等。

1. 系统简介

Dynalite 分布式智能照明控制系统，通常由调光模块、开关模块、控制面板、液晶显示触摸屏、智能传感器、编程插口、时钟管理器、手持式编程器和 PC 监控机等部件组成，将上述各种具备独立功能的模块用一根五类四对数据通信线连接起来组成一个 DyNet 控制网络，其典型系统如图 9-5 所示。

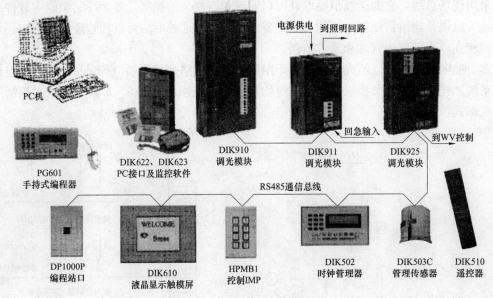

图 9-5　照明控制典型系统

（1）调光模块。是控制系统中的主要部件，它用于对灯具进行调光或开关控制，能记忆 96 个预置灯光场景，不因停电而被破坏，调光模块按型号不同其输入电源有三相，也有单相，输出回路功率有 2W、5W、10W、16W、20W，输出回路数也有 1、2、4、6、12 等不同组合供用户选用。

（2）开关模块。除了调光模块以外，还有一种用继电器开关输出的控制模块。这种模块主要用于实现对照明的智能开关管理，适用于所有对照明智能化开关管理的场所，如办公区域、大型购物中心、道路景观、体育场馆、建筑物外墙照明，等等。

（3）场景切换控制面板。由各照明回路不同的亮暗搭配组成的某种灯光效果，称为场景。使用者可以通过选择面板上不同的按键来切换不同的场景。Dynalite 系统除了一般场景调用面板外，还提供各种功能组合的面板供用户选用，以适应不同场合的控制要求，如可编程场景切换、区域链接（区域分割或归并）和通过编程实现时序控制的面板等。此外，控制面板还能对发送命令的信号进行整形，大大降低了操作命令的误码率，可靠性极强。

（4）智能传感器。智能传感器兼有三个功能。人体动静探测，用于识别有无人进入房间。照度动态检测，用于日照自动补偿和适用于遥控的远红外遥控接收功能。

（5）时钟管理器。时钟管理器用于提供一周内各种复杂的照明控制事件和任务的动作定时。它可通过按键设置，改变各种控制参数，一台时钟可管理 255 个区域（每个区域 255 个回路，96 个场景），总共可控制 250 个事件 16 个任务。

（6）液晶显示触摸屏。液晶显示触摸屏，80mm×100mm 的液晶显示屏采用 160×128 点阵，可图文同时显示，2MB 的存储体可存储 250 幅画面图像及相关信息，可根据用户需要产生模拟各种控制要求和调光区域灯位亮暗的图像，用以在屏幕上实现形象直观的多功能面板控制。这种面板既可用于就地控制，也可用于多个控制区域的监控。

（7）手持式编程器。手持式编程器，管理人员只要将手持编程器插头插入编程插口即能与 DyNet 网络连接，便可对楼宇的任何一个楼层、任何一个调光区域的灯光场景进行预设置、修改或读取并显示各调光回路现行预置值。

（8）PC 机。对于大型照明控制网络，当用户需要实现系统实时监控时，可配置 PC 机通过 PC 接口接入 DyNet 网络，便可在中央监控室实现对整个照明控制系统的管理。

（9）DyNet 网络。Dynalite 智能照明控制系统避免了中央集中控制的缺点。在 Dynalite 系统中的 DyNet 网络上，各模块只响应网络对该模块的随机"呼叫"，这就意味着在各种状态下，每个模块互不影响，保证系统具有高可靠性。系统的每个功能都独立地贮储于相应的模块中，这也意味着，若某个模块出现故障，只是与该模块相关的功能失效，而不影响网络其他模块正常运行，从维护的观点来看这种"独立存储"的概念，既有利于快速故障定位，又提高了大型照明控制系统的"容错"水平。

DyNet 网络是一种"事件驱动式"网络系统，其优点是显而易见的，电气工程师无须专门训练就能设计大型照明控制系统。通常控制模块安装于配电间位置，既可挂墙明装，也可机柜内安装；控制面板及其他控制器件安装在便于操作的地方，该系统可在任何时候进行扩展，不必进行重新配置或更改原有线路，只需将增加模块用数据线接入原有网络系统即可。

Dynalite 分布式照明控制系统的网络规模可灵活地随照明系统的大小而改变，若将图 9 - 6 右图所示的典型系统视作一个子网，每个子网都可以通过一台网桥（Bridges）与主干网相连，最多可连接 64 个模块，主干网至少可连接 64 个以上子网。信息在子网的传输速率为 9600 波特，主干网的传输速率则可根据网络的大小调节，最大可达 112000 波特，由于 DyNet 网络能通过对网桥编程和设置，有效地控制各子网和主干网之间的信息流通、信号整形、信号增强和调节传输速率，大大提高了大型照明控制网络工作的可靠性。

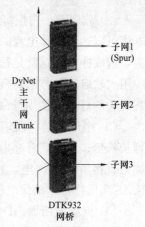

图 9 - 6 DyNet 网络

DyNet 网络的接线方法：网络通信线采用带屏蔽层的 5 类 4 对双绞线（一对备用）电缆。部件间的连接采用菊花形连接方式，即每个部件上只有一进一出两根电缆的引线端头（第一个部件和最后一个部件除外，只有一根引线端头），依次将三对不同颜色的双绞线分别接到＋12V、D－、D＋和 GND 的端子排上，如此就连成了一个调光控制网络。双绞线的颜色。

表 9 - 1 双 绞 线 颜 色

功　　能	双绞线颜色	功　　能	双绞线颜色
＋12V　12VDC	橘红/白，双绞线	D＋RS485　Data＋端	蓝/白双绞线中的蓝线
D－RS485　Data－端	蓝/白双绞线中的白线	GND Ground	绿/白，双绞线

网络的接线方法如图 9 - 7 所示。

2. 系统特点

（1）分布式控制。Dynalite 系统是一个真正的分布式控制系统。DyNet 网络上的所有设备都是智能化的，并以"点到点"方式进行通信。大多数照明控制系统采用中央控制单元或

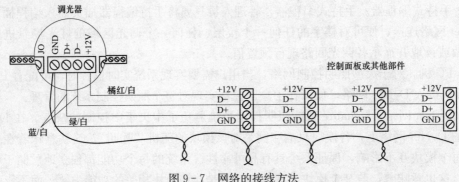

图 9-7　网络的接线方法

主控计算机进行控制：如果中央控制单元损坏，整个系统瘫痪，建筑将陷入一片黑暗。同样地，如果网络控制电缆断路，断点后的所有设备失效，甚至导致整个照明系统失效。如果使用 Dynalite 系统，即使存在网络线缆故障，断点两边的设备将以两个独立网络的形式继续工作。

（2）软启动。白炽灯的灯丝处于冷态时的电阻值要比热态时小得多。据测算，灯丝启动电流可以达到工作电流的 14 倍以上。仅仅用开关方式把灯打开，灯丝中将通过非常大的电流，造成冲击，这就是很多白炽灯在开灯的瞬间容易烧坏的原因。Dynalite 智能管理控制器应用"软启动"技术，慢慢增加灯上的电压以降低启动电流。这将在很大程度上延长那些经常开关的灯泡的使用寿命。

（3）电压调节。白炽灯的使用寿命与工作电压有直接的关系，降低电压 5% 能使其寿命延长一倍；反之，升高电压便大大缩短其使用寿命。电网的供电电压波动范围通常为 10%。如果直接给灯泡供电，将大大减少其使用寿命。Dynalite 智能管理控制器使用了真正的 RMS 调压技术，确保电压的稳定输出，不受电网电压波动的影响。

（4）网络监听器。Dynalite 网络监听器对整个 Dynalite 网络进行可靠的监视。一组专门的软件包（监听信号），以一定的时间间隔送到各个负载控制器。如果在既定的时间内，某个负载控制器没有收到信号，它将会自动切换到"紧急预设置状态"或者是其存储的 96 个预置场景中的任何一个，并向监视中心报告，这一技术有效地解决了分布式系统的自检问题，并将保证系统线缆中断和网络故障时照明仍然存在。

（5）场景控制。Dynalite 的每一场景控制键可控制多达 256 个调光回路，这样就保证了在大型建筑空间只需一个控制面板就可控制数十种灯光场景，有的调光系统就需要数十个控制面板来控制同一空间，甚至只能通过 PC 机来控制大型空间灯光，这都是不可接受的。

（6）"模块化"设计。Dynalite 系统荣获 1997 年国际照明设计师协会授予的"最富创造性产品奖"，一个小的会议室与具有上万个回路的灯光控制系统可使用相同的产品。所有产品兼容，系统可以通过网络任意添加更多的设备而得以扩展。

（7）MapView™软件。Dlight MapView 软件的可视照明平面图具有直观独特的监控功能，它可以将照明的状态演示出来。Dlight MapView 这一功能可以让不具备网络控制知识的工作人员在无须参照复杂的线路图的前提下就能进行照明控制。

（8）远程控制。Dynalite 远程控制组件可以通过电话线连到照明控制网络。仅需简单相连，并拨通网络，就可以进行远程控制、故障分析、系统设置。也可以通过电话线将多个区域连成一个网络，实现远程同步控制。

（9）时序控制。Dynalite 标准控制面板内有一个任务引擎，可编制多达 16 个指定程序，这使控制面板具有极强的编程及重新设置功能，使照明设计师仅通过控制面板的编程就可以对整个系统进行程序控制。

（10）系列化产品且安装简便。Dynalite 照明控制器有 1、2、4、6、12 个回路系列，每个回路的负载由 2A 到 20A。大多数控制器内有子回路保护功能。这将降低整体的安装费用。

1）模块化、分布式的安装结构大大减少了布线费用。

2）大功率回路保证每个回路上可安装更多的照明负载。

3）丰富的系列化产品可以使设计者进行造价最低化的系统设计。

4）自带回路保护空气开关功能减少了同类功能器件的投入。

（11）广泛的控制能力。Dynalite 系统可以对任何一种类型的光源进行调光或开关控制，这使得 Dynlaite 产品对各类灯具具备完善的控制能力。

（12）可靠性。所有的 Dynalite 产品都按公认的国际商业标准设计。产品可广泛适用于世界各地。产品设计时将世界领先的相关器件与超过 15 年设计可靠照明控制产品的经验相结合，使产品在安装后的可靠运行大大减少用户的维护费用。

（13）子回路保护。所有的 Dynalite 控制器具有子回路保护功能。当过载或出故障时，MCB（空开）将会跳闸，以保护控制器；如果没有子回路保护的其他系统，过载或故障会使大电流通过线路，可能引起电路发生故障，控制器就必须进行维修或更换。

（14）功能强大的 SVC。SVC 称为正弦波电压调节器，是新一代的调光设备。SVC 输出的是标准的正弦波，通过减少正弦波的振幅来调整电压并保持波形。这就使得 SVC 可以对目前公认为不能调光的负载进行调光，如金属卤素灯和电磁镇流器的荧光灯，也就是说 SVC 不会给电子系统造成任何谐波干扰。

（15）掉电保护（电路发生故障时的照明方式选择）。并非所有厂家的调光器都具有掉电保存功能，该功能保证当停电后再恢复通电时，照明灯具仍保持为原先控制器所设定的状态。例如，当 AV 系统工作时，照度较暗，在短暂的停电（30s）之后，要让照明系统调至全亮，这是很不方便的。因此，Dynalite 控制器允许用户设定当再来电时应以什么方式照明。可以是停电前的方式，也可以是控制器中 96 个预置场景中的任何一个。

（16）系统规模不受限制。许多照明控制系统网络只能安装少量的设备，或只能在有限的区域安装，而 Dynalite 系统在实际应用中从未受到限制。Dynalite 已经成功地完成了数个庞大的照明系统，包括成千上万个受控照明回路，上千个网络设备，500 个可控区域。

（17）CE 认证。所有的 Dynalite 产品都要通过 CE 和 C-Tick 认证。这就保证了所购买的产品符合最严格的安全标准、EMC 辐射和抗干扰标准。所有的 Dynalite 产品都独立通过了 CE 和 C-Tick 授权的实验室测试。

（18）通过 PC 机控制及设定。Dynalite 照明控制网络可通过 PC 节点所连接的便携式电脑进行设定和调整。我们可以备份系统的设置。在对系统进行调整后，它可以很容易回到先前的状态。基于 Windows 平台的 Dlight 软件提供了一个直观可视的方式，便于对系统做出调整设置。很多照明控制系统仍然使用装在调光器前面的一到两排液晶显示屏进行调整，技术人员或用户必须学习按一系列复杂的键以设定系统。对于大一些的系统，因为一次只能察看一个设备的设定值，这将变得非常复杂。如果一个设备发生故障，没有该设定值的备份，那么又将一步一步从头开始；同样地，如果对系统做出调整后又想回到原来的状态，也需重复上述步骤。

(19) 安全保护。Dlight 软件可以设定和调整系统，也可作为系统的管理软件。它可设置为，用户必须登入系统且只能使用程序的某一个部分。例如，没有技术方面知识的用户只能察看系统的状态开关灯。而技术人员可以登录系统，对系统进行调整设置。为了加强安全性，登录后在一段时间内没有动作，系统将自动断开。

(20) 监控功能。Dlight 软件可以自动检测坏灯及报告灯具寿命、工作运行状态。

(21) BA 集成和开放协议。Dynalite 的产品与一般的 BAS 如 Johnson、Honeywell 和 Satchwell 等可以相互兼容。DyNet 照明控制系统以最简单的菊花链式连接将 DyNet 网络通过 RS232 或 485 通信口接入 BAS。协议的关键内容被印在产品说明书的后面，可以从 Dynalite 的技术部门或网站得到相关资料。这就使得照明控制系统和 BA 系统可以实现无缝连接。

(22) 与 DMX 集成。DMX512 协议广泛应用于娱乐场所的照明控制，Dynalite 提供多种产品可将 Dynalite 的艺术照明控制系统与其他照明控制系统直接连接起来。DMX512 原用于舞台灯光系统，该系统可控制多个调光器，但是，当需要从不同的地方控制建筑的照明时，就无法连接系统，DMX512 协议只允许有一个"主控"或控制点，Dynalite 完善地解决了这一问题，Dynalite 的调光器可以用多种方法与 DMX512 控制系统相连。

9.4.2 C－Bus 照明控制器

C－Bus 系统由澳大利亚奇胜（CLIPSAL）公司开发，该公司是施耐德公司（Schneider）的子公司。工程实例有北京展览馆等。

1. C－Bus 控制系统

C－Bus 是一种以非屏蔽双绞线作为总线载体，广泛应用于建筑物内照明、空调、火灾探测、出入口、安防等系统的综合控制与综合能量管理的智能化控制系统。C－Bus 照明控制器是一种 2 线制照明控制系统。

C－Bus 是一个十分灵活的柔性控制系统，这是因为所有的输入和输出元件自带微处理器且通过总线互联，外部事件信息来自输入元件，通过总线到达相应的输出元件并按预先编好的程序控制所连接的负载。每一个元件都可以按照需求进行编程以适应任何使用场合，其灵活的编程可在不改变任何硬件连线的情况下非常方便地调整控制程序。

C－Bus 控制系统的核心是主控制器和总线连接器，主控制器存储控制程序、实现模块间总线通信及与编程计算机间的通信，通过控制总线采集各输入单元信息，根据预先编制的程序控制所有输出模块；其 RS－232 标准接口用于与编程计算机的连接，在计算机上通过专用软件进行编程、监控，当完成编程并下载至主控制器后，计算机仅作为监视，即 C－Bus 的运行完全不需要计算机的干预。

2. 配套产品

C－Bus 控制系统以人居环境为主要服务对象，提供了多种接收外部指令的途径，如控制按键、光传感器、被动型红外探测器、定时单元等。

实际上，C－Bus 就是一个典型的基于计算机总线控制技术面向智能建筑需求的系统化控制产品，模块的任意搭配使得系统设计十分灵活方便。

家居用 C－Bus 产品的控制按键有一键、二键、四键三种产品，安装方式与常用暗装灯开关相同，可以对每一个键进行编程控制一路或多路负载，对于重要场所可采用多按键实现灯光场景控制，以适应不同工作对灯光系统的要求。

3. 编程

简单的系统能实现十分复杂的功能，这是计算机技术和工业控制总线技术的成就。硬件的实现是直接的，安装技术也没有过高的要求，然而，必要的编程工作却十分重要，它直接影响到能否很好地发挥系统的优势。

C-Bus 系统自带一套控制编程软件和一套监控编程软件，通过编程实践，总体感觉还是比较方便的，但要很好地掌握它还需要认真揣摩系统的一些技术细节，如对一个按键的编程，就需涉及按钮按下和释放的多种定义：按下瞬间（上升沿）、释放瞬间（下降沿）、短时按下（窄脉冲）、长时间按下（宽脉冲）、两次按下时间间隔等，还有组地址的定义等；当然，对一位熟悉该系统的编程者来说，那是十分简单的事情。

作为系统的管理者，最好能掌握编程技能，这样就能适应使用需求的各种变化。但是现在厂家都是按照用户的要求提供已编制好程序的产品，出于技术保密的一贯措施，是不会给用户提供相应的编程技术资料的。

4. 外系统控制接口

C-Bus 系统提供外系统控制接口，通过标准串行接口实现通信控制。在实际运用中，控制计算机用一根普通的网线即可实现所需的各种功能。而多个 C-Bus 系统之间的联系也是通过一根普通的网线来实现的，所以其组合及扩展十分方便和灵活。

例如，灯光控制系统的八场景和操作室的八场景受外系统集中控制，则数据量仅两个字节，因此采用了硬接口方案。构成八场景控制的四键按钮，其每一个键都是完全独立的常开型触点，由外控系统控制晶闸管或继电器的通断，很简单地实现集中控制场景灯光。如果需要在体育馆等更多场景的地方运用，则可以增至 8 键或更多键控制来扩展其功能。另外，该系统还可以同时提供与消防、安控系统的接口，来实现多系统综合联控。

类似于 C-Bus 系统的产品还很多，如西门子公司的 insta-bus 系统，ABB 公司的 i-bus 智能安装系统，合肥爱默尔电子科技有限公司的 M-bus 系统等。随着计算机和总线控制技术的发展，现代控制技术及产品在建筑电气领域的应用越来越广泛。

C-Bus 照明控制系统简图如图 9-8 所示。

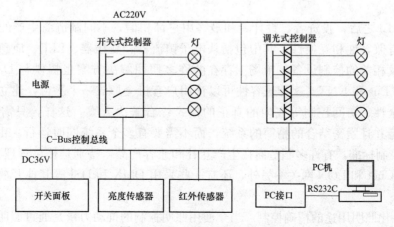

图 9-8 C-Bus 照明控制系统

9.4.3 DALI 照明控制系统

许多照明控制系统都能够实现智能控制和能源节约。大多数照明控制系统都通过自己的专有协议实现智能控制和节能的目标，却失去了与照明装置和控制软件直接兼容的好处。DALI 是一种国际协议，20 世纪 90 年代晚期，欧洲领先的照明器材制造商飞利浦、锐高（TRIDONIC）和欧司朗（OSRAM）认为需要制定一个有关数字照明控制的通用界面标准，从而形成了 DALI，即数字可寻址照明接口（Digital Addressable Lighting Interface）。自其诞生后十几年，DALI 已经成为世界上的首选标准之一。DALI 控制产品完全符合 DALI 国际开放照明控制协议 IEC 62386。许多照明控制装置制造商的系统与 DALI 的接口相匹配。可以说，DALI 接口是促使其产品与国际标准进行对话的"桥梁"。

1. DALI 照明控制器

DALI 控制提供的解决方案以自己的智能 DALI 线路控制器为基础。这些线路控制器围绕整个建筑安装在以太网上，采用时间表、按钮、开关和传感器输入在 DALI 通信线路上控制照明。DALI 镇流器由相关的命令控制，该命令可以发送到个体镇流器或镇流器群组或广播到线路上的所有镇流器。由于照明输出控制设计在照明镇流器内，所以不需要额外的继电器或调光器。

一条标准的 DALI 线路是一个由最多 64 个 DALI 光源（镇流器、变压器、应急装置等）组成的网络。只有一种局限，即传统上限制了 DALI 系统应用于小型建筑或在一个项目上需要提供多个非集成系统。

但是线路控制技术打破 64 个装置的壁垒。DALI 线路控制器通过巧妙地结合以太网与 DALI 的力量，打破了 DALI 网络上 64 个装置的壁垒，形成了一种独特的局面。

以太网在商业建筑中是普遍存在的。DALI 控制产品立足于以太网，利用现有的基础架构作为其主要骨干，这样既简单又节省系统成本。

2. DALI 照明控制器的特点

DALI 照明控制器的特点如下。

（1）兼容性和互换性。在进行照明控制系统规划时，一般设计师首先想到的是确保客户的需求得到满足，同时又要保证符合适用于当今各种商业建筑的多种标准和规范。在这两者之间取得平衡往往是设计师面临的最大挑战之一，特别是在相关区域最终用途不明确的情况下更是如此。

采用 DALI 之后，投资者、设计者和最终用户都相信，不同制造商生产的不同的控制机构之间具有兼容性和互换性，其中包括从电子镇流器、变压器、LED、应急疏散灯和出口标志，以及相关的控制设备。市场上存在的许多照明解决方案也提供与 DALI 的集成，当然包括 C‐Bus 和 KNX。这种兼容性可以让用户有机会形成一个平台，建立一个包括气候控制、安全性、访问控制等在内的真正的楼宇综合解决方案。这样，只需设计出一个具有总控功能并且紧密结合的精简的系统，而不需要有多个系统同时运行。由于 DALI 是开放的照明控制标准，有许多制造商在生产互补和兼容产品，特别是楼宇管理方面的产品，其中包括 BACnet 和 LON 网关。另外，还有一些采用 DMX 和 DSI 等其他开放的照明标准的集成。

（2）个性化照明用途的精确控制。当今使用照明控制的推动力量是通过照明控制设计使建筑实现能源效率最大化。节能的潜在关键领域是照明，所以它也是节能法规的重点。它可以很简单，就像适当的定时控制，根据个性化的照明用途，采用传感器和调光技术实现日光利用或精确控制，如会议室需要满足多种技术需求。DALI 控制照明可以设置为演讲、视频会议、网络会议以及培训研讨班等一系列场景。直观的触摸屏和用户友好界面的集成也是 DALI 控制功能范围的一部分。

DALI 控制系统不仅为商业建筑提供了尖端照明控制，而且在单个系统结构内部提供了一个完全符合应急照明监控报告的解决方案，它符合国际标准。DALI 控制系统提供了镇流器和灯具故障以及应急照明报告。相关的法规要求应急光源需要定期检测并保持正常运转状态，确保在紧急情况下发挥作用。应急装置的自动检测按照世界标准进行。另外，DALI 控制能生成测试报告，满足所有法规要求。

（3）实现节能。在实现照明能源效率的过程中，DALI 控制可以帮助用户达到更高的能源效率水平，持续满足用户所在地的绿色建筑节能目标倡议。同样重要的是，DALI 控制还具有报告工具，为用户提供所需的数据，确保用户的建筑实现上述能源目标并持续满足上述绿色建筑要求。

DALI 线路控制器可以帮助对能源敏感的设备经理达到减少能源开支的目标。每个 DALI 线路控制器包括一个集成有自动夏令时校正、日出/日落计算和假日功能的实时时钟。控制表设置在控制器中，它自动切换和改变照明水平，采集日照数据，促进节能。传感器可以加入到 DALI control 网络中提供自动调光功能，补偿自然光。

很明显，系统的总体成本是节能的推动因素。简单的解释可以让任何人理解，一个可以把应急照明、灯具的监控和报告与办公区照明总控制集成在一起的系统，将会比两个单独的控制系统达到更好的节能效果。连接到按钮、开关和人员探测器可用来降低一段预定时间后的照明水平。通过数字输出用来控制风扇、百叶及其他设备。

DALI 控制系统易于和安全防范及出入口控制系统集成到一起。采用报警信号和读卡器控制建筑中的照明。例如，在典型的办公室环境中，照明可预设为上午 7 点当第一名员工到达后刷卡时即启动。这可以不包括靠近外窗的外圈照明，这些区域那时已经在接收充分的自然光。随着时间的推移，餐厅、盥洗室等办公楼层 20 分钟内都没有人来过的照明区段可以设置为调暗和关闭，此后根据人员传感器的信号重新开启。接近晚上 8 点时，整个办公楼层的照明可以定时关闭，而公共通道区域和有人时除外，以便为下班后加班的员工们服务。

（4）容易配置。DALI 控制系统在一个易于使用、易于配置的系统内提供了这些功能以及其他更多的功能。这样在根据用户和节能规范的要求选择实施策略上，就有更大的灵活性。

DALI 控制系统通过其独特的结构设计，提供了一种独特的灵活的建筑平面控制方法。该系统为设计师在区域规划和控制策略方面提供了广泛的灵活性，这样，控制策略的最终决策在设计过程中的时间可以大大靠后，也就是在实际的用途有了最终的确定性后，根据今后使用相关空间的业主要求来决定最终的控制策略。把这些解决方案结合到一起，可以提供一流的输入装置，如 C－Bus 动态标示面板和触摸屏。对于更多简单直接的系统来说，DALI 提供了一个化复杂为简单的单一解决方案，这是它吸引人的地方。这样，顾客就可以放心地选择不同厂商生产的易于现场更换的输入输出装置，节省了设备经理的时间。DALI 控制系统有助于模板化的编程技术，与传统照明控制解决方案相比，大大减少了配置时间。允许安装人员甚至是最终用户定义后期的功能变化。

　　DALI 控制试运行向导可以帮助进行第一阶段的试运行。在安装阶段进行快速部署以及确立基本控制对取得照明设备的实际用途至关重要。该向导在必要时还大大改善了更换灯具的过程。照明控制系统的各个方面都可以合并到一个 DALI 控制解决方案中，包括办公区应急照明灯和出口标志。DALI 标准提供了收集镇流器和应急疏散照明信息的能力，这样不再需要单独监控的应急系统。

　　采用 DALI 控制系统可以很容易适应不断变化的租赁办公室、未来的扩张和新的功能。系统的可延伸设计是指照明回路的组合可以在任何时候重新配置，无须改动线路。最终的成果是一个简单而又智能的系统，它完美地适合于多层建筑物内的办公室照明控制。用户可以把照明系统从一个房间扩展到一层楼，再扩展到整栋建筑甚至更大的范围。每个线路控制器都采用时间表、按钮、开关和传感器控制 DALI 线路上的照明和应急照明。

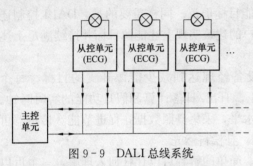

图 9-9　DALI 总线系统

　　对于照明设计师来说，在租户入住之前精确定义某个区域的控制策略很有挑战性。DALI 控制解决方案有助于设计中的后期细化，让照明控制方案的配置时间大大推迟，也就是在全部安装工作接近完成时进行照明控制方案的配置。图 9-9 是 DALI 总线系统。

9.4.4　i-bus EIB 智能设备系统

　　随着世界经济与高新技术的不断发展，人们对生活环境的要求越来越高。业主从使用角度，除去对建筑的传统要求外，在建筑的安全性、舒适性、节能性、自动化与信息化等方面均提出更高的要求，其目的是创造舒适宜人，能充分提高工作效率而又具有极大灵活性的办公与生活环境。目前，为适应这种社会发展潮流，新建建筑有必要安装先进的控制系统，以满足不同使用者的各种使用与管理需要，最终使楼宇的建设者、发展商和用户获得更大的经济效益。ABB 公司在电气设备总线（EIB）的基础上开发出一套自动控制及监测系统——i-bus EIB 智能设备系统。除了用于照明控制外，还可以用于供热控制、电气负荷控制、百叶窗控制、安防检测等。可以用于工厂、商店、住宅等。

　　1. i-bus® 智能建筑控制系统

　　ABB i-bus® 智能建筑控制系统（简称：i-bus® 系统）采用 KNX 总线标准。KNX 标准起源于欧洲，是汇集了其技术前身欧洲安装总线（EIB）、欧洲住宅系统（EHS）及 BitBus 20 年的知识经验所得的结果。

　　i-bus® 系统中受控的负载直接与控制系统的驱动器相连，所有传感器（如智能面板、移动感应器、光亮传感器）和驱动器（如开关驱动器、窗帘驱动器）都是通过一种通信介质（如 i-bus 总线）相互连接在一起。当一个智能面板的按钮被按下时，它通过通信介质 i-bus 总线向设定的驱动器以电信号的形式发出一个指令，驱动器收到电信号后经过内置 CPU 进行信息处理，然后再驱动负载，实现相应的功能。这意味着在系统不做任何改动的情况下就可以通过编程实现功能的灵活多变。

　　由于 i-bus® 系统产品种类丰富而且符合国际标准 ISO/IEC14543，以及中国国家标准住宅和楼宇控制系统技术规范 GB/Z 20965，因此能经受时间的考验。

2. 系统的优点

(1) 舒适。为现代建筑创造一个亲和的环境。改造简单，可随时满足用户在舒适方面的新需求，为人们提供轻松、满意的生活环境。

(2) 节能。现代化楼宇在满足使用者对环境要求的前提下，还能根据人员的活动状况、工作规律、自然光状况来调节室内环境，以最大限度地减少能量消耗。

(3) 灵活。能满足多种用户对不同环境功能的要求。i-bus® 系统是开放式、大跨度框架结构，可以迅速而方便地改变建筑物的使用功能或重新规划使用区域。

(4) 经济。自动控制功能可大量减少管理与维护人员的工作量，降低管理费用，提高工作效率及管理水平。

(5) 安全。现代化建筑有多种报警措施，各系统相互配合，并以计算机网络的形式实现综合管理，在各种紧急突发事件中，能做出迅速果断的处理，为建筑的安全提供了可靠的保障。

3. 系统特点

(1) 采用分布式总线结构。系统内传感器和驱动器有独立 CPU，相互之间是对等关系。系统的控制回路为总线制，结构简单，没有大量总线电缆的敷设和繁杂的控制设计。驱动器及系统元件安装在强电箱内。现场传感器（智能面板、移动感应器等）之间以及与强电箱内设备只需一条 i-bus 总线进行连接，总线采用 SELV（24V 安全低电压）供电方式，安全可靠，操作方便。

(2) 维护保养方便。系统中任何传感器和驱动器的损坏，都不会影响到其他无程序关联的系统元件的运行。在维修、更换或升级系统内的元件、软件时，系统的其余部分可照常运行，系统具有强大的可扩展性，对于功能的增加或控制回路的增加，只需挂接相应的元件，而无须改动系统内原有的元件和接线，便能达到要求。

(3) 使用方便灵活。只需少量的程序调整，不需要现场重新布线就可以实现控制系统的修改。此外，通过有效的控制方式可节约能源，提高效率。例如，通过时钟和光线控制设定，使系统自动运行到最佳状态，合理节约能源，方便管理和维护。

(4) 施工简单。所有驱动器及系统元件均为模数化产品，采用标准 35mm 导轨安装方式，安装尺寸符合普通标准照明配电箱的规格。现场智能面板及移动感应器采用国标 86 盒或 VDE 德标 80 底盒墙装方式，施工简单，控制功能变化更方便。

(5) 数据交换速率高。i-bus® 系统采用分层结构，分成支线和区域，一般情况下，可有 15 条支线经过线路耦合器与干线相连接，组成区域。支线中的信号，经过线路耦合器过滤掉不必要的信号，才能允许进入干线中，以提高干线通信的效率。支线之间也可采用 IP 路由器连接，干线采用局域网的数据传输方式，有效提高整个系统的数据交换速率，在局域网内数据的传输速率由网络设备的性能决定。

(6) 屏蔽能力好。i-bus 总线电缆本身具有屏蔽能力，总线电缆不需接地。

(7) 自动报警。采用系统元件巡检功能，可以监视系统内元件是否在线，若有总线故障或元件故障、断线可及时上报。

4. 系统组成

总线元件主要分为三大类：驱动器、传感器、系统元件。

(1) 驱动器。负责接收和处理传感器传送的信号，并执行相应的操作，如开/关灯、调节灯的亮度、升降窗帘、启停风机盘管或加热调节温度等。

（2）传感器。负责根据现场手动操作，或探测光线、温度等的变化，向驱动器发出相应的控制信号。

（3）系统元件。为系统运行提供必要的基础条件，如电源供应器和各类接口。

5. 系统结构

（1）支线。系统最小的结构单元称为支线，最多 64 个总线元件在同一支线上运行，每条支线实际所能连接的设备数取决于所选电源的容量和支线元件的总耗电量。

（2）干线。最多 15 条支线通过线路耦合器（LK/S 4.1）连接在一条干线上。由支线、干线组成的系统结构称为区域。一个区域中最多可连接 15×64 个总线元件。系统可通过主干线进行扩展，使用线路耦合器（LK/S 4.1）将每个区域连接到主干线上。主干线上可连接 15 个区域。支线、干线、主干线数据传输速率均为 9600bit/s。

（3）路由器。对于大型项目，为提高通信速率，建议在干线之间或支线之间采用 IP 路由器 IPR/S，作为高速线路耦合器使用。

（4）线路耦合器。干线之间采用高速线路耦合器的系统结构如下，IPR/S 的最大数量为 15，故系统最多可连接 64×15×15＝14 400 个总线元件（电源供应器及线路耦合器除外）。

（5）总线系统元件有：驱动器、传感器和系统元件，在同一条支线中：

1）所有 i-bus 总线电缆总和不超过 1000m；

2）任何两个元件之间的 i-bus 总线电缆长度均不超过 700m；

3）电源到任何元件的 i-bus 总线电缆长度均不超过 350m；

4）若有两个电源供应器，电源之间的 i-bus 总线电缆长度不得小于 200m。

图 9-10 是一个采用 i-bus 系统的实例。

9.4.5　松下电气公司的照明控制系统

松下电气公司（Panasonic Corporation）的照明控制系统是完全 2 线式（FULL-2WAY）遥控系统，信号采用 F2-BUS 方式传输。可以实行集中控制监视和多点操作。可以进行群控，模式化控制，遥控。便于设计维护，低成本，施工简便。图 9-11 是完全 2 总线照明控制系统图。

9.4.6　OptiSYS LCS-300 智能照明控制系统

OptiSYS LCS-300 智能照明控制系统是浙江中控电子技术有限公司的产品。

LCS-300 智能照明控制系统由 CPU 模块、开关驱动模块、调光驱动模块、信号检测模块、情景主控制器、无线信号接收模块、无线控制面板、智能传感器、系统编程软件和监控软件组成。

LCS-300 智能照明控制系统的特点如下。

（1）系统具有场景控制、无线遥控、手动旁路、回路状态检测的功能。

（2）系统支持电源冗余、热插拔、光电隔离等。

（3）系统采用开放性的标准通信接口协议，具有开放性通信接口，便于系统集成。

（4）采用符合国际标准的中文图形化编程软件。采用图形化监控管理。

图 9-12 是 OptisysLCS-300 照明控制系统的结构图。

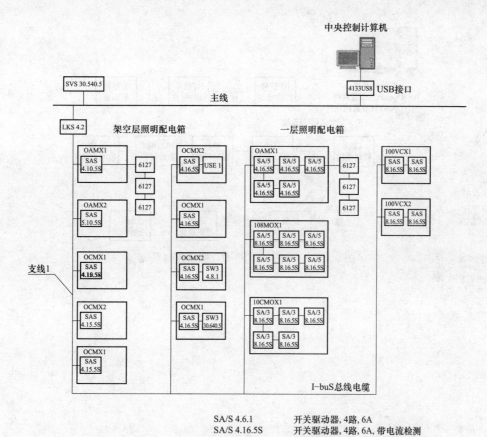

SA/S 4.6.1   开关驱动器,4路,6A
SA/S 4.16.5S   开关驱动器,4路,6A,带电流检测
SA/S 8.16.5S   开关驱动器,8路,8A带电流检测
6127   4联智能面板,墙装
每个照明配电箱预留适当模数的空间用于安装I-bus模块。

图 9-10   i-bus 系统

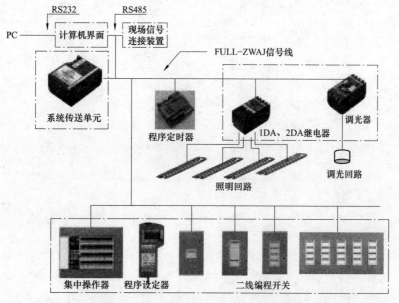

图 9-11   完全 2 总线照明控制系统图

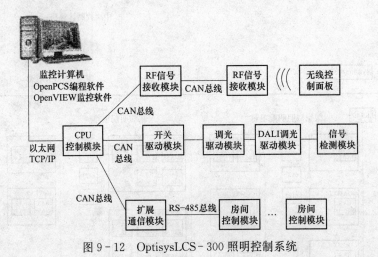

图 9-12　OptisysLCS-300 照明控制系统

第10章

供配电设备监控

建筑物内电气系统设备一般有：变配电所的高、低压配电柜，变压器，发电机，以及建筑物内的各种动力照明控制设备。智能化的变配电所对变配电所的高低压配电柜、变压器、发电机等设备进行监控。目前，变配电系统智能化系统应用正在逐步扩大，从电力系统区域变配电所扩大到工业与民用建筑以至居住区变配电所，形成智能电网。

变配电设备智能化系统是建筑物自动化系统（BAS）中的一个重要系统。建筑物自动化是对整个系统进行综合控制管理的统一体。这种系统以计算机局域网络为通信基础，以计算机技术为核心，具有分散监控和集中管理的功能。它是与数据通信、图形显示、人机接口、输入/输出接口技术相结合的，用于设备运行管理、数据采集和过程控制的自动化系统。

对先进变配电系统的要求可以归纳为以下几点。

（1）可靠性。

（2）易操作。

（3）方便并可以集中操作。

（4）优化。

（5）能源管理。

（6）人身保护。

（7）联动处理。

变配电设备的智能化程度可以分为以下三个等级。

（1）监视。

（2）监视和控制。

（3）监视控制和保护。

🧑‍🔧 10.1 电气设备的监控

对于电气系统设备主要监测控制内容有以下几个方面。

（1）电源监测。对高低压电源进出线及变压器的电压、电流、功率、功率因数、频率、断路器进行状态监测，如供配电系统的中压开关与主要低压开关的状态监视及故障报警；中压与低压主母排的电压、电流及功率因数测量。

（2）负荷监测。负责各级负荷的电压、电流、功率的监测，电能计量。

（3）负荷控制。进行电网负荷调度控制。当超负荷时，系统停止低优先级的负荷。

（4）备用电源控制。在主要电源供电中断时自动启动柴油发电机或燃气轮机发电机组，在恢复供电时停止备用电源，并进行倒闸操作。而且还进行直流电源监测，不间断电源的监测，备用及应急电源的手动/自动状态、电压、电流及频率监测。

（5）供电恢复控制。当供电恢复时，按照设定的优先程序，启动各个设备电动机，迅速恢复运行。避免同时启动各个设备，而使供电系统跳闸。

（6）电源质量检测。进行主回路及重要回路的谐波监测与记录。

10.2 变配电设备监控

10.2.1 变配电设备监测

目前，对变配电设备进行监测是主要的，其内容如下。

（1）高压（或中压）电源监测。进行供电质量（电压、电流、有功功率、无功功率、功率因数、频率）监测报警，供电量积算。

（2）线路状态监测。进行高压进线、出线、二路进线的联络线的断路器状态监测、故障报警。

（3）负荷监测。进行各级负荷的电压、电流、功率监测。

（4）变压器监测。进行变压器温度监测及超温报警，风冷变压器通风机运行情况监测，油冷却变压器油温和油位监测。

（5）直流操作电源监测。进行交流电源断路器、直流断路器位置状态监测，直流母线对地绝缘状态监测。

10.2.2 变配电设备控制

目前对变配电设备进行控制的内容如下。

（1）高压进线、出线、联络线的开关遥控。

（2）低压进线、出线、联络线的开关遥控。

（3）主要线路开关的遥控，如配电干线消防干线的开关遥控，对水泵房、制冷机房、供热站供电的开关，以及上述站房的进线开关遥控。

（4）电动机智能控制。

一般变配电设备的保护内容如下。

（1）电源馈线。设计有过电流及接地故障保护，3相不平衡监测，自动重合闸功能，备用电源自动投入。

（2）变压器。设计有内部故障和过载保护，热过载保护。

（3）母线分段断路器。设置电流速断保护，过电流保护。

10.2.3 备用发电机监控

发电机组监控系统可以提供发电机的电气参数及热工参数。一般备用发电机的监控内容有以下几个方面。

（1）发电机线路的电气参数的测量。例如，电压、电流、频率、有功功率、无功功率测量等。

（2）发电机运行状况监测。例如，转速、油温、油压、油量、进出水温、水压等、排气温度、油箱油位监测等。

（3）发电机和线路状况的测量。例如，运行状态、故障报警。

（4）发电机和有关线路的开关的控制。

（5）如果有（蓄电池）直流电源时，对它的供电质量（电压、电流）监测报警。

按照一般项目工程经验，柴油发电机控制系统，应通过数据通信方式向建筑物自动化系统集成。发电机系统向提供 BA 通信接口，建筑物自动化系统根据不同接口方式，将这部分设备纳入 BAS 中央监控系统进行通信。

可以将发电机组智能监控系统与变电所控制分站联网。变电所控制分站可以对发电机组进行启动，停止并车等控制。

10.2.4　变电站的自动保护功能

一般 10kV 变电站需要的保护功能如下。

（1）引入线。相间和相对地故障、三相不平衡、自动重合闸。

（2）变压器。内部过载和故障，热过载。

（3）电动机。内部过载和故障，电网和负载故障、电动机启动工况监测。

（4）母线。监测电网电压和频率。

👷 10.3　变配电设备监控系统的组成

变配电设备监控系统和其他建筑物自动化系统一样由控制分站和中央站组成。它的输入信号由传感器提供，输出信号使各种开关动作或报警，在监控中心可以安装动态模拟显示器和操作台。它的功能有显示和控制主开关或断路器的状态，对应急或备用电源的控制等。可以取代普通的控制和信号屏。变配电所一般不需要重复设置信号控制屏。图 10-1 是一种变配电设备监控系统的设备组成。普通的监测系统是在变配电设备上增加一些传感器。如果是智能化断路器或继电器，它有内置传感器，可以从通信接口取得信号。

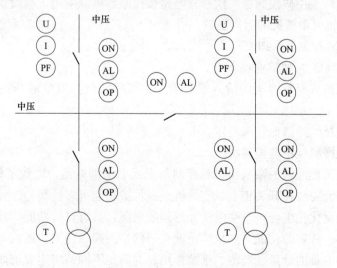

图 10-1　一种变配电设备的监控系统图

U—电压；I—电流；PF—功率因素；T—温度；ON—状态；AL—报警；OP—操作

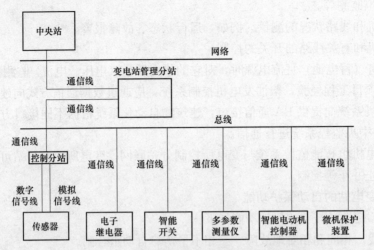

图 10-2　一种变配电设备监控系统的设备组成

10.3.1　传感器

传感器或变送器是将电量或非电量转化为控制设备可以处理的电量的装置。电量传感器是一种将各种电量如电压、电流、频率及功率因素转换为数字量或计算机能接受的标准输出信号（电流 $0\sim5A$，$4\sim20mA$ 或电压 $0\sim10V$）。用于建筑物管理系统对于建筑物内变配电系统各种电量的监测记录。它有电流互感器、电压互感器及多参数电力监测仪。多参数电力监测仪可以监测单相或三相电力参数，如电压、电流、频率、功率因素、谐波和电度，可以提供测量计量参数监视能量管理等功能，还提供通信接口如 RS485、$4\sim20mA$ 输出或脉冲输出。

10.3.2　微控制器、电子继电器及智能断路器

微控制器主要完成实时性强的控制和调节功能。

目前，一般系统采用微控制器。这种智能型微控制器可以采用下列设备。

(1) 采用单片机或单板机的微控制器。

(2) 采用可编程控制器（PLC）。

(3) 采用微机（PC）如工业控制机。

一般建议采用微机配置适当的输入输出卡。它可以处理模拟量或开关量，具有多个通信口。

具体可以通过技术经济比较来确定。

10.3.3　开关微机保护监控系统

智能化中压开关柜配置了微机保护和控制单元或电子继电器，取代了机电式继电保护。微机保护和控制单元安装在开关柜上。它的特点是保护功能可靠性高、速度快、精度高，保护稳定性及其灵敏度优化组合，不受电流互感器的限制，具有自检功能，具有抗环境电磁干扰能力。它还具有一些新的功能，如故障录波、通信、遥控、遥测、遥信等功能。

它具有对各种电量的计量、监测、报警作用。为满足不同的应用要求如进线和馈线、变压器、电动机、母线的保护，还开发了相应的产品。它提供完善的监控保护功能。一般提供网络通信接口，如 RS232、RS485 接入 BAS 系统，可以实现远方监控。

微机保护监控系统可以减少控制室的面积，减少控制电缆，减少维修工作量，进一步提高供电可靠性。使供配电系统成为继电保护、测量控制信号集中于一体的多功能微机智能控制单元。微机保护装置分为输入回路（交流接口单元）、出口回路（直流接口单元）、CPU单元、存储器、人机接口和电源（见图10-3）。

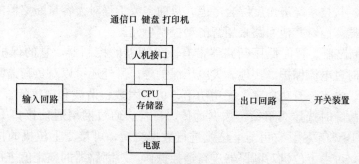

图10-3 微机保护监控系统的组成

（1）中央处理器。CPU为微机继电保护装置的核心，用来完成数据收集计算逻辑判断处理、发出跳合闸命令等功能。还可以同上层控制机通信，实现远方修改定值传递保护信息，打印故障报告等功能。由于电力系统正常运行时的参数与故障时的参数相差悬殊，有的甚至相差几十倍，所以输入信号动态范围大。一般采用分布式结构。按照单元设置CPU，双机并行工作。

（2）存储器。存储器有定值存储器、程序存储器、数据存储器等。定值存储器储存各种保护整定值，该芯片具有断电内容丢失功能且可在线修改内容。数据存储器RAM用来存取现场的各种输入输出的内容，中间运算结果和判断结果，按需要时读出、写入或改写。程序存储器则用于存储已编好并具有保护功能的应用程序。一般用可改写的存储器EPROM。

（3）输入回路（交流接口单元）。电力系统的电流电压等数字，经电压互感器或电流互感器转换成电压或电流信号，由于这种信号数值大大超过微机所能接受的电压标准，这些参数在故障时变化很大，微机只能识别电压，所以必须把经过电压互感器或电流互感器变换后的电压或电流再经交流接口电路转换成微机可以接收的电压值。并且在故障情况下也不会超过这个范围。为了限制输入信号的最高频率，采用低通滤波器。采样频率应等于或大于被测信号频率。在故障时电力系统可能出现高次谐波。实际的采样频率是工频的几倍甚至几十倍。另外，继电保护的快速动作要求以及程序需要充分的执行时间。为了便于运算，采样频率常用600Hz。

（4）出口回路（直流接口单元）。它包括出口跳闸继电器及磁保护继电器及发光二极管组成的灯光信号等。虽然采样后的离散数字量也是瞬时值，但不能直接用来判断系统状态。必须采用某种数学方法得出表征系统特性的参数，并与相应的整定值进行比较，从而做出保护动作与否的判断。特别是电力系统包含非线性铁磁元件、分布电容、补偿电容，使得短路电流中含有衰减的非周期分量和高频分量。为了克服这些因素的影响，除了采用滤波措施外，必须采用合适的数学方法。

（5）人机接口。有键盘、通信口、打印机、显示装置或触摸屏。通信口完成智能开关设备连接。一般用现场总线，如Lonworks、CANBus、Profibus总线等。

（6）电源。常用交流稳压电源、交直流变换器和蓄电池。

10.3.4 低压配电系统的综合自动化

低压配电系统的综合自动化可以有两种方式实现，一种方式是采用智能型断路器，另一种方式是采用智能型控制单元。而智能型控制单元又分为两种，一种为电动机控制器，另一种为馈电控制器。从技术经济角度综合考虑，目前多数工程对大容量断路器的框架式断路器采用智能型断路器。而对其他回路采用智能型控制单元。

（1）智能型断路器。智能低压断路器带有微处理器的控制器，它的保护作用具有长延时、短延时、瞬时过电流保护、接地、欠电压保护等。另外还可以对负荷监测和控制、远方显示、测量电压、电流、有功功率、无功功率、功率因数、谐波和电度等。测定故障电流、故障显示、接地故障时选择性闭锁、数据远传、自检。通过网络通信接口 RS232、RS485、RS422 可以接入 BAS 系统。它可与上位跳进行数据交换，可接受上位机的指令，可与上位机进行数据交换，可由上位机对断路器进行遥控操作，对断路器的整定值进行修改。它具有内置的电流互感器。

（2）智能电动机控制器。智能电动机控制器可以提供对电动机的保护和监控功能，如过载、缺相、欠载、空载、堵转、漏电、相电流不平衡、转速、温升等。它可以应用于电动机直接启动、正反转、直接启动附加控制单元、星三角启动、自耦变压器启动、软启动等运行方式。它的显示功能、通信功能与智能型断路器一样。此外，还具有存储功能，能存储近期的运行状态、故障报警信息及各种参数值。它还有通信功能。

（3）智能型馈电控制器。智能型馈电控制器基本和智能电动机控制器一样。它的保护功能较简单，如设置了接地、过电流等保护功能。

智能型电动机控制器、智能型馈电控制器可以装在低压配电屏的抽屉上，对那些仅需由控制室监视其位置的断路器，可以装置多回路监控单元，对多台断路器进行监视。

电子继电器、智能断路器及智能电动机控制器相当于微控制器和传感器。变电所管理分站是一台微机。

10.4 变配电监控软件功能

软件一般和设备配套。一般采用专用软件，如配电系统监控和能量管理软件。也可以采用通用显示软件，一般称为监控和数据采集软件（SCADA）。

对软件的要求是：具有良好的人机界面，能够满足用户多种要求。它提供的基本功能有以下几个方面。

（1）实时数据采集，形成实时数据库。

（2）遥信遥控。

（3）告警。对电量越限，事故报警。

（4）各种电量的遥测和图表显示。例如，系统能量分配图、系统单线图。

（5）报表生成功能。例如，日报表、24 小时电压、电流报表、开关动作报表、电量平衡报表。

（6）诊断功能。

（7）与 BA 系统交换信息。

（8）在线帮助。

系统所配软件除了一般的数据处理功能外，还具有下列功能。

（1）停电处理。市电断电时（装设有备用电源的场合）一般控制功能被中止，此时只有火灾意外程序及手动操作可以执行输出动作。

（2）电力需求监视/控制。进行自动调峰控制。进行电力需求控制，在用电量超过合同供电量时，将负荷切除。

（3）事件程序。例如，监视点的状态变化、报警、指定恢复条件、设定状态动作。可以进行与/或等逻辑条件设定动作。

在设置备用发电机的情况下，应有下列功能。

（1）停电/自备电时的负荷分配控制。在商业用电停电，并且进行自备发电的场合，会自动按照发电机容量将负荷投入/切断。

（2）恢复供电程序。恢复供电后，在将自备发电切换为商业用电时，可按照自动或手动的恢复供电指令操作，并依照自备发电时的强制驱动控制让运转机器停止运作，然后一边参照时间表一边让停电瞬间正在运转中的机器自动启动（投入）。在部分停电的场合，可以手动恢复该点供电。

10.5　变配电设备监控系统典型产品

目前，施耐德电气公司、ABB公司、金钟－默勒公司、通用电气公司等生产的变配电设备大都配套有专业监控系统。

10.5.1　施耐德电气公司

施耐德电气公司（Schneider Electric）的产品有以下几种。

（1）Sepam系列电网保护及控制设备。这是一种电网、变电站保护和监控设备，可以用于变电站进线和馈线的保护、变压器保护、电动机保护、母线保护、电容器保护、发电机保护。通信与MODBUS，IEC870－5－103…标准完全兼容。图10－4为Sepam系列电网保护及控制设备。

（2）Digipact电气设备管理系统。它由数字电压表、数字电流表、数字功率表、智能断路器、指示与控制模块、数据集中器、指示与控制接口等组成。通信通过RS485 Modbus/Jbus，可以实现低压配电设备的智能化控制。

图10－4　Sepam系列电网保护及控制设备

10.5.2　ABB公司

ABB公司的产品有以下两种。

（1）CNILX ESD 2000配电监控系统。ESD2000系统是ABB公司最新推出的基于现场总线技术的分布式自动化系统，系统包括ESD2000监控管理软件及用于变配电监控与电动机控制中心的智能化控制、监测与综合保护装置。用于变电站设备系统的监视和控制。与BA系统连接采用TCP/IP协议。现场通信协议采用ABB SPACOM、INSUM、LONTALK或Modbus。

ESD2000 监控系统为变电站 110kV 及以下电压等级的高压开关设备、中压开关设备、变压器及面向用户终端控制设备的低压开关设备提供一体化的系统监控平台，实现厂际电力系统的综合自动化管理，有效提高了电力系统运行的稳定性及可靠性，提高了工业生产运行的效率及品质，是工业生产信息化、自动化管理的重要组成部分。ESD2000 系统具有开放的通信管理功能，可兼容 ABB 公司各类智能化装置及具有标准通信协议的其他制造商的智能化产品，可提供标准接口与外部计算机系统连接。

ESD2000 系统通过智能化开关信号采集，模拟量采集，远程控制，电能质量综合监测装置及 ABB 中高压继电保护装置在变配电系统中的综合应用，组成功能完善的工厂变电站综合自动化系统；而 ESD2000 M101/M102 低压智能化电动机控制装置可为用户提供完善的电动机控制、保护和监测功能。ESD2000 智能化电动机管理中心的控制、保护功能及其实时提供的相关信息，包括运行状况、保护信息、报警及设备维护信息等，可极大改善工业生产过程控制的有效性。

中高压开关设备、变压器、低压开关设备与电动机控制中心的现场智能化装置经现场总线连接至前端机 CMMI，由前端机 CMMI 提供网络通信接口与 ESD2000 工作站/监控中心连接实现系统集中监控，或通过 CMMI 接口直接与 DCS 过程控制，BA 楼宇自动化或其他电网自动化系统等连接。

ESD2000 系统的主要特点如下。

1）ESD2000 系统网络结构简单、可靠，扩展方便。

2）现场总线系统的智能化、数字化，从根本上提高了测量与控制的精确度。

3）采用分布式智能化控制，极大地提高了系统运行的可靠性。

4）节省硬件投资及系统安装与维护费用。与传统的模拟量传输方式相比，ESD2000 现场总线连接可减少大量硬线连接及中间设备，大大简化了系统安装及相应的维护费用。

5）前端机为工业控制计算机，具有很强的通信管理功能、抗干扰能力及灵活的通信配置，通信开放，系统集成方便、可靠。

6）监控软件采用 Windows 全中文、实时图形监控界面，操作简单，维护方便。

（2）SD - View 配电监控系统。用于变电所中压和低压设备系统的监视和控制。

（3）INSUM 电动机控制系统。用于控制电动机直接启动、正反转、星三角启动等。通信接口有 LON。网关有 Profibus DP、Profibus DPE、Modbus RTU 和 Ethernet。

10.5.3　通用电气公司

通用电气（GE）公司的电能管理控制系统（PMCS）支持各种计量表、过电流继电器、电动机保护继电器、馈电保护继电器、发电机保护继电器等设备。通信为 RS485、Modbus 或 Ethernet。图 10 - 5 是 PMCS 的系统图。

10.5.4　默勒公司

默勒（Muller）公司的智能配电系统（PDS），采用二级结构：可编程序控制器（PLC）级和监控（Process Control System，PCS）级。由总线系统 SUCOnet K 和 P、电动机管理系统 PROFIMOD（与 PROFIBUS 兼容）组成。

10.5.5　溯高美电气公司

溯高美（Socomec）电气公司的微控制器系统有以下两种。

（1）COUNTIS 系统：电度计量，集中计量。

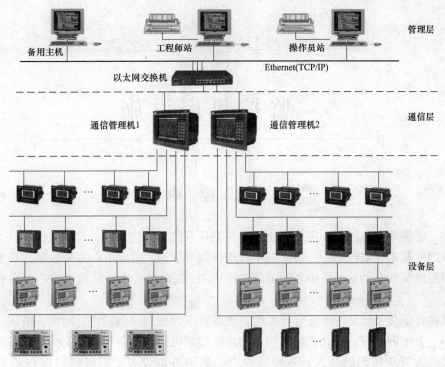

图 10-5　PMCS 系统图

（2）DIRIS 系统：集中监控，监视，控制。进行多参数测量，谐波分析，能量管理。集中监控，使用 RS485、JBUS/MODUBUS 协议。

10.6　电梯和自动扶梯监控

电梯主要由牵引部分、引导部分、轿厢和厅门、对重、补偿装置等组成。

电梯自动控制主要内容有以下几个方面。

（1）电梯及自动扶梯的运行状态显示及故障报警。包括开关状态、紧急信号铃状态监测、直流低压报警、保险装置报警。

（2）用卡控制电梯。在电梯内装读卡器，用卡片控制电梯可否运行。

（3）电梯群控。自动检测电梯运行情况，自动调度、控制运行台数、故障报警。

一般电梯配备有微控制系统，通过通信接口可以和上级管理系统相连。

第11章

监控机房设施

👷 11.1 监 控 中 心

目前，建筑物内监控中心主要有建筑物自动化系统、消防系统、安防系统等，为整个建筑物服务的信息系统监控中心。过去由于管理体制等原因，监控中心是分散独立设置的。这种分别设置建筑物自动化监控中心、消防监控中心、安防监控中心的做法造成设备和人员的浪费。

建筑物自动化系统是一个综合性系统，该系统可以做到将建筑物自动化、消防、安防综合在同一个系统内管理。因此，建筑物自动化监控室可以与消防控制室安排在同一个监控中心。如果因为管理体制的原因，各种监控中心必须分别设置，则可以安排在相邻的控制室内。

11.1.1 监控中心的用途

目前，在实践中已经将建筑物自动化、消防、安防系统集中在一个控制室内实施管理，即一个监控中心，从而起到防灾指挥中心的作用。这样可以做到全面监控，相互协调，充分发挥各系统的协调功能，及时快速地响应处理各类突发事件，提高防灾的能力和智能化物业管理的效率。同时可以省管理人员，以及克服以往那种各子系统采用分散的房间，占用大量宝贵地面空间的缺点。

关于建立综合监控中心的做法，我国在《智能建筑设计标准》中提到："消防控制室可以单独设置，当与BA、SA系统合用控制室时，有关设备应占有独立的区域，而且互相不会产生干扰。"我国《高层民用建筑设计防火规范》说明中提到："对于消防控制室控制功能，各国规范规定的繁简程度不同，国际上也无统一规定。"日本制定的规范对中央管理室的功能规定有以下4个方面。

（1）作为防火管理中心的作用。

（2）作为安全防范管理中心的作用。

（3）作为建筑物设备管理中心的作用。

（4）作为信息情报咨询中心的作用。

GB 50016—2014《建筑设计防火规范》的说明中提到："最近十几年来，日本、美国、英国、法国、德国、新加坡等国家和香港地区，对大型企业和公共建筑防火技术比过去更加重视，将防火安全纳入本企业、本建筑物的自动化管理范围，使消防、入侵等一起考虑，构成统一防灾系统，并通过电子计算机和闭路电视等，结合设备运行和经营管理等工作，实行全自动化管理。"

　　监控中心安装有多种设备，主要作为建筑物自动化系统的中心，故应有中央站硬件，其组态按照系统设计，应有必要的检查与维修的空间。监控中心设置的建筑物自动化系统中央站，它由电子计算机（有显示器和键盘）和打印机等组成，是整个系统的显示控制装置。中央站称管理中心或上位计算机，可以对整个系统实行管理和优化。它的作用是存取全部数据和控制参数，长期趋势记录、分析控制和监督、优化控制、输出打印报告、非标准程序开发、提供设备维修管理数据、资料和指标等。所用的电子计算机工作站带有鼠标器、高分辨彩色显示器、具有一定内存、硬盘、并行及串行通信接口。所用的中央处理器目前常见为 32 位产品，监控显示为图形式。它的操作系统软件具有多用户、实时、多任务的能力，目前一般提供视窗操作系统。监控中心设置的其他设备有：变配电控制设备，电梯控制设备，消防电话或内部电话控制设备。

　　监控中心设置火灾自动报警和消防联动控制设备、应急广播设备、消防通信设备。

　　监控中心还设置安防监控设备，如视频监控（闭路电视）设备、安防监控设备。

　　监控中心除了中央控制室外，按照规模可以设置一定的附属室，如电源室、软件室、硬件室、备件室、纸品及磁介质（媒体）保管室。同时，大型建筑物和有条件的地方监控中心还应有值班管理人员工作、休息和储存食品的地方，以便在紧急状态下进行长时间的封闭式工作。

11.1.2　监控中心的位置

　　通常监控中心要求环境安宁，宜设在主楼低层接近被控制设备中心的地方，也可以在地下一层。监控中心要求无有害气体、蒸汽及烟尘，远离变电站、电梯、水泵房等电磁波干扰场所，以及易燃、易爆场所。要求无虫害、鼠害、上方无厨房、洗衣房、厕所等潮湿场所。

　　监控中心的设置，应符合消防的一般规定，即监控室的门应向疏散方向开启，并应在入口处设置明显标志。

　　监控中心内应有本建筑物内重要区域和部位的消防、安防、疏散通道及相关设备的所在位置的平面图或模拟图。

11.1.3　监控中心的设备布置

　　为了满足综合功能的要求和智能化管理的需要。最好建立和设置综合性的中央监控室。大型监控中心一般有照明控制盘、变配电模拟盘、变配电控制盘、通信控制盘、视频监控（闭路电视）控制盘、消防控制盘、安防控制盘、公共广播盘、内部电话及闭路电视监视器，还有各种显示控制台、打印机等。综合空调、通风、卫生、防灾、电气设备监视的监控中心的面积可按照经验估计，见表 11-1。

表 11-1　　　　　　　　　　　　监控中心面积参考值

建筑面积（m²）	10 000	15 000	20 000	25 000	30 000
监控中心面积（m²）	20	35	50	65	90

　　当建筑面积 40 000m² 以上时，最好约为 100m² 左右的面积。

一般监控中心的布置如下：一部分是中央监控与管理工作台。工作台长度5～6m，主要放置系统网络和设备管理显示器、报警监控管理显示器及闭路电视监视器、文件打印机、紧急通信设备等。另一部分是控制盘和模拟显示屏。工作台与控制盘之间的监视空间应在1.5m以上。

具有多台设备的大型监控中心，控制盘和模拟显示屏弧形布置或直排布置。在值班人员经常工作的一面，控制盘到墙的距离不应小于3m。盘后距墙的距离按照维护要求，如果是后面维护的控制盘，距墙的距离不应小于1m。当监控盘的组合长度大于4m时，控制盘两端应设置宽度不小于1m的通道。

监控中心的环境要求及其他对监控中心环境方面的考虑如下。

(1) 空调。可用中央空调或自备专用空调。设计温度：冬天22℃，夏天24℃。气流＜0.25m/s。

(2) 照明。平均最低照度150～200lx。一般用天棚暗装照明，最好是反光照明。

(3) 消防。用卤代烷（或卤代烷替换品），或者二氧化碳固定式或手提式灭火装置，禁止用水灭火装置。要有火灾报警设备。

(4) 地面和墙壁。监控中心的装饰，应进行专门的设计并符合消防规定。监控中心宜用架空防静电活动地板，一般高度300mm，不低于200mm，以便敷设线路。如果线路不是很多，也可以不用架空活动地板，如用扁平电缆等。地面和墙壁应有一定的耐火极限。

(5) 监控中心一般要设不间断电源（UPS），可以采用集中的大容量的不间断电源，也可以用小型分散的。不间断电源的容量应考虑扩展容量或起动容量。不间断电源供电时间不小于20min。建筑物自动化系统的控制分站电源宜从监控中心专用配电盘上供给，每个分站一条支路。各种连线不应超过最大距离。

(6) 监控中心内应有信息接地装置，接地应符合设备要求，如果采用综合接地，电阻按照电子信息设备的要求。

监控中心的布置如图11-1所示。靠墙安装一排控制柜，中间为工作台。工作台上面放置工作站及其外围设备。图11-2为某个典型的监控中心。

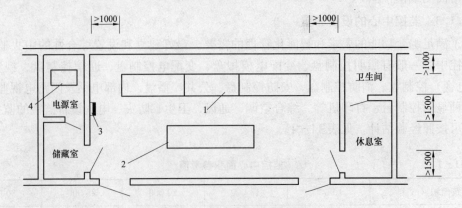

图11-1　监控中心设备布置

1—控制屏；2—工作台；3—配电箱；4—电源

图 11-2 监控中心

11.2 信 息 竖 井

信息竖井内安装有垂直电缆及其信息专用箱。

信息竖井内安装的设备有建筑物自动化系统接线箱、安防接线箱、视频监控接线箱、综合布线跳线架或配线架，还有建筑物自动化系统的分控制器、网关、安防系统的分控制器，信息网络的交换机、集中器、服务器，火灾报警系统设备、广播设备、电视设备及其线路桥架。

电缆在信息竖井内部可以用保护管明敷，也可以用电缆桥架敷设。目前以电缆桥架敷设为多。电缆穿楼板处应预埋套管，套管应比保护管大。电缆桥架穿楼板处应有 100mm 的空隙。保护管和套管间的空隙，或电缆桥架与楼板的空隙，应用防火堵料封堵。墙壁应有阻燃涂料。

信息竖井的尺寸建议不小于用 2m×2m，视系统和设备的多少用一个或多个，或数个合为一个。信息竖井的开门应尽可能大并有防火措施。

信息竖井应处于建筑物的中心位置，避免与烟道、热力管道或上下水道相邻，否则应该采取防水或隔热措施。

信息竖井内应有照明设施和供电设施及其信息设备的电源插座。

信息竖井内应有接地装置，接地电阻按照电子信息设备的要求。

信息竖井的典型设备布置如图 11-3 所示。

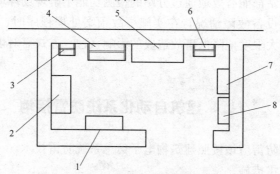

图 11-3 信息竖井设备布置

1—建筑物自动控制设备；2—安防设备；3—电视桥架；4—信息桥架；5—配线架；

6—火灾报警桥架；7—火灾报警设备；8—电视设备，广播设备

👷 11.3 建筑自动化系统电源

建筑自动化系统的电源主要供给监控中心和各控制器及传感器、执行器。

电源来自市电、自备发电机或不间断电源（UPS）。不间断电源含有蓄电池，在外来电源故障时，可以自动切换到蓄电池供电。图 11-4 是一种不间断电源。

11.3.1 监控中心电源

监控中心设专门配电箱，供主机及外设，不与照明及动力混用。

建筑自动化系统电源一般用双路电源。供电质量应满足要求，一般要求供电电压波动不大于 10%，频率变化不大于 1Hz，波形失真不大于 8%，否则要采取稳压稳频措施。

监控中心一般要设不间断电源（UPS），可以采用集中的大容量的不间断电源，也可以用小型分散的。不间断电源的容量应考虑扩展容量，或起动容量。不间断电源供电时间不小于 20min。

图 11-4 不间断电源

11.3.2 控制器的电源

控制器电源宜从监控中心专用配电盘上供给，每个分站一条支路。各种连线不应超过最大距离。

目前，大多数建筑自动化系统工程设计都把现场控制器的工作电源从建筑设备的动力电源就地取得，以减少工程量。这种做法的理由是：如果被监控的建筑设备没有工作电源，BA 系统就不必再对该设备进行监控。但是这种技术观点是不正确的。因为建筑设备失去工作电源，可能是局部的电源故障，也可能是全局的电源故障。无论何种原因，BA 系统监控中央站都需要掌握现场的动态与情况。由于建筑物自动化系统监控中央站配有 UPS，在停电时仍能维持工作，如果控制器停电而不能工作，则中央站的工作就毫无意义了。因此，所有分站的工作电源，都应由建筑物自动化系统中央站的 UPS 供电，以便在任何一种电源故障情况下，监控中央站都能有效地通过分站的检测功能了解现场环境（空气温湿度、CO、水压、水温等）情况与设备故障情况，在实施事故预案处理程序时，能准确有效地调度电源、冷热源等资源，最大限度地降低事故造成的影响（这一方式需对恢复供电后的控制器有保护启动程序）。

👷 11.4 建筑自动化系统防雷接地

建筑自动化系统的防雷应该按照建筑物电子信息系统防雷技术，一般先确定雷电防护等级，然后采取相应的防雷措施。

建筑自动化系统接地（Earthlings）对于系统的工作有一定影响。不正确的接地方式，可能会造成建筑物自动化系统不能正常工作。

建筑自动化系统和电子信息系统一样有功能性接地和保护接地。功能性接地一般有信号接地、屏蔽接地、防静电接地等。

11.4.1 接地方式

接地方式有共用接地系统（Common earthlings system）和独立接地系统。

1. 共用接地

共用接地系统是将部分防雷装置、建筑物金属构件、低压配电保护接地线（PE）、等电位连接带、设备安全保护接地、屏蔽接地、防静电接地及接地装置等连接在一起的接地系统。

2. 独立接地

独立接地系统是将防雷接地、安全接地、信号接地等分别接在不同的接地体。

11.4.2 接地装置

接地装置有自然接地体和人工接地体。目前主要采用共用接地，即建筑物自动化系统、其他电子信息系统和电源系统采用同一个接地体。

1. 自然接地体

自然接地体具有兼作接地功能的但不是为此专门设置的与大地有良好接触的各种金属构件、金属管井、钢筋混凝土构件内部的钢筋、埋地金属管和设施。

接地装置优先利用自然接地体（Natural Earthlings Electrode），即利用建筑物基础地梁内主筋接地。共用接地时，防雷接地、保护接地及各电子信息设备接地利用同一接地体。基础地梁内主筋可以和桩基钢筋连接在一起。

共用接地系统接地装置的接地电阻必须按接入设备中要求的最小值确定。

如果接地电阻达不到要求，可以采取降低土壤电阻率、接地体深埋、使用化学降阻剂或外引式接地等措施。

2. 人工接地体

人工接地体是用角钢、圆钢或钢管打入地下，作为垂直接地体。水平接地体采用扁钢或圆钢。

接地引下线应采用截面为 $25mm^2$ 或以上的铜导体。

11.4.3 等电位联结

等电位联结（Equipotential Bonding）是为了保证人员安全采用的措施。

等电位联结是指设备和装置外露可导电部分的电位基本相等的联结。它将金属装置、外来导电物、电力线路、通信线路及其他电缆联结在一起。它分为局部等电位联结和总等电位联结。

局部等电位联结（local Equipotential earthing terminal Board，LEB）是指在一个机房或楼层的局部范围的等电位联结。

总等电位联结（main Equipotential earthing terminal Board，MEB）是指将多个接地端子联结在一起的金属板。

各个建筑物自动化系统的设备机房、信息竖井等应采用局部等电位联结。

图 11-5 是接地和等电位联结示意图。

11.4.4 防雷击电磁脉冲

为了防止雷击时产生的电磁脉冲对建筑物自动化系统的影响和破坏作用，需要采用防止雷

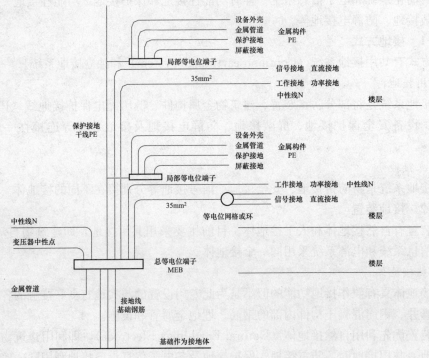

图 11-5　接地和等电位连接

图 11-6　电源浪涌保护器

击电磁脉冲（lightning electromagnetic impulse，LEMP）的浪涌保护器（surge protective device，SPD）。这是一种至少包含一个非线性电压限制元件，用于限制暂态过电压和分流浪涌电流的装置。按照浪涌保护器在系统中的作用，可访问电源浪涌保护器和信号浪涌保护器。图 11-6 是一种电源浪涌保护器。

电源浪涌保护器安装的数量，应根据被保护设备的抗扰度和雷电防护分级确定。

电子信息系统信号线路浪涌保护器的选择根据线路传输介质、工作频率、传输速率、传输带宽、工作电压、接口形式、特性阻抗等参数，选用电压驻波比和插入损耗小的适配的浪涌保护器。

建筑物自动化系统的防雷与接地系统，可以按照计算机网络系统配置。

第12章

建筑自动化系统的设计

建筑自动化系统工程的实施一般分为三个阶段：规划设计；工程施工；工程验收与质量评定。

建筑自动化系统是一个综合运用计算机技术、自动控制技术和通信技术以及现场设备制造工艺等来完成特定控制任务的系统，因此必须严格按照工程设计观念进行设计。整个过程通常是由系统设计人员及相关专业人员通力协作完成的。建筑物自动化系统多种多样，其设计工作一般应遵循的原则为：可靠性高、实时性强、操作性好、通用性好、性价比高。

12.1 设计步骤和内容

一般建筑自动化工程设计步骤如下。

（1）确定设计内容。从工程实际情况出发，进行需求分析，决定将哪些设备控制纳入建筑物自动化系统。

（2）设置监控中心。根据系统大致规模及今后的发展，确定监控中心位置和使用面积。

（3）提出被监控设备的工艺要求。由于建筑物自动化系统几乎涉及所有设备工种，因此设计过程中要注意与相关工种密切配合，熟悉其控制范围与要求，确定监控点，在遵守相关工种有关规范基础上共同核定对指定监控点实施监控的技术可行性。绘制设备控制原理图，即按各个控制对象设备的结构和控制内容作设备控制原理图。

（4）编制监控总表。按照各种设备控制目的及要实现的控制功能，编制监控总表。

（5）划分控制分站监控范围。结合各设备工种平面图，进行控制分站监控点划分。按照各种设备的控制要求及内容选择控制分站、传感器及执行机构。划分时注意各控制分站的监控点不能过于饱满，应留有 20％的余地。在此基础上，确定系统硬件组态和系统软件。

（6）绘制建筑自动化系统图。按照选择的系统绘制建筑自动化系统图及将各个设备控制系统组成网络。

（7）绘制建筑自动化系统平面图。确定控制分站、传感器及执行机构在现场的安装位置，绘制平面图。

（8）进行监控中心设备布置。对监控中心的控制台、显示屏、电源等设备进行布置。

设计深度，在不同设计阶段有所不同。

（1）方案设计主要提供本工程的基本功能配置、系统及设备配置。

（2）初步设计主要满足设备采购、编制概算要求。

（3）施工设计、应满足设备材料采购、编制预算、非标准设备制作和施工的需要。

（4）深化设计应满足设备安装、接线、调试。

对于将项目分别发包给几个设计单位或实施设计分包的情况，设计文件相互关联处的深度应当满足各承包或分包单位设计的需要。

12.1.1　方案设计

在建筑自动化系统方案设计阶段，主要是规划系统的大致功能和主要目标。由于建筑自动化系统的造价在目前比较高，如对于一个建筑面积为 50 000m² 的建筑物，估计其造价大约为 100 万元。由于费用较大，因而需要考虑它的功效，对建筑自动化系统的设置要进行比较详细的可行性研究。

1. 可行性研究的内容

可行性研究的内容必须包括以下几个方面。

（1）技术上的可行性分析。

（2）经济上的可行性分析。

（3）管理体制上的可行性分析。

2. 建筑自动化系统的设置

一般考虑设置建筑自动化系统的建筑，应该从下列几个方面综合考虑。

（1）重要的、多功能大型建筑。

（2）建筑物设置建筑自动化系统后在照明或空调系统可以取得 10％～15％ 以上的节能效果。投资的回收期限小于 5 年。

（3）设备复杂，难以用手工管理或对于消防和安防有较高的要求。

12.1.2　初步设计

在建筑自动化系统初步设计阶段，应提供以下一些资料。

1. 说明书

（1）说明建筑自动化系统的功能，系统组成和划分，监控点数。

（2）系统网络结构。

（3）系统硬件及其组态。

（4）软件种类及功能。

（5）系统供电，包括正常电源和备用电源。

（6）线路及其敷设方式。

2. 图纸

绘制建筑物自动化系统图、原理图，表明系统划分。

3. 主要设备材料清单

说明材料设备名称、规格、数量、价格。

4. 技术经济概算

说明设备材料、安装、管理费用。

12.1.3　施工设计

建筑自动化系统施工设计要在选定具体产品后进行。产品的选型要进行招标和调研。施工设计应提供设计文件资料。

1. 调研工作

（1）充分了解建设单位的需求。特别是建筑物自动化系统要求达到的功能。

（2）收集现有产品的样本资料，研究其性能特点，观看其演示。

（3）进行实地考察，要了解已经安装运行的建筑物自动化系统运行情况和经验教训。

（4）有关规范对于空调、给排水、供电、消防和安防各方面的要求。

2. 施工设计应提供的设计文件资料

（1）设计说明。

（2）监控总表。说明相关建筑设备监控（测）要求、点数、位置。

（3）设备控制原理图。

（4）控制系统图。监控系统方框图绘至控制分站止。

（5）中央监控室平面图。

（6）主要监控设备布置、管线平面图。

（7）主要设备清单。

（8）设计预算。

另外，设计人员要配合承包方了解建筑情况及要求，审查承包方提供的深化设计图纸。

12.2　建筑自动化系统的监控功能要求

建筑自动化系统可以应用在各种建筑物设备控制中。建筑自动化系统设计一般包括：控制方案设计、现场设备选型、控制设备选型以及控制系统网络设计等内容。

建筑自动化系统的监控功能设计依据是建筑设备控制的工艺图及其技术要求。建筑自动化系统并不能凭空创造代替建筑设备为建筑物提供服务，而是按照建筑设备运行的工艺与控制要求，通过自动控制、监视等手段来保证建筑设备的服务功能得以可靠、稳定、精确地实现。建筑自动化系统的单元控制系统是组成建筑自动化系统的基础。具体应用时要按照各设备系统组成、工艺要求、使用要求由各专业人员提出计划和方案。

在着手建筑自动化系统监控功能设计前，应认真研究目标建筑的结构，变配电、照明、冷热源、空调通风、给排水等系统的设计图纸，工艺设计说明，设备清单等工程资料。然后针对实际工程情况，依照各监控对象的监控原理进行监控点及系统方案设计，并完成监控点数表的制作。

建筑自动化系统的功能要求如下。

（1）应具有对建筑机电设备测量、监视和控制功能，确保各类设备系统运行稳定、安全和可靠并达到节能和环保的管理要求。

（2）宜采用集散式控制系统。

（3）应具有对建筑环境参数的监测功能。

（4）应满足对建筑的物业管理需要，实现数据共享，以生成节能及优化管理所需的各种相关信息分析和统计报表。

（5）应具有良好的人机交互界面及中文界面。

（6）应共享所需的公共安全等相关系统的数据信息等资源。建筑设备管理系统应满足相关管理需求，对相关的公共安全系统进行监视及联动控制。

12.3 建筑自动化系统监控总表

监控总表是把各类建筑设备要求的监控内容按模拟量输入（AI）、模拟量输出（AO）、数字/开关量输入（DI）及数字/开关量输出（DO）分类，逐一列出的表格。这一表格应准确地反映建筑设备控制工艺与要求和设备实际需要配置的传感器与执行器。由监控点数表可以确定在某一区域内设备来监控的内容，从而选择现场控制器（DDC）的形式与容量。

12.3.1 编制监控总表的目的

编制监控总表的目的如下。

（1）为划分分站和确定分站选型提供依据。

（2）为确定系统硬件和软件配置提供依据。

（3）为划分通信信道提供依据。

（4）为系统能以简捷命令进行访问和调用具有标准格式显示报告及记录文件创造条件。

12.3.2 监控总表的内容

监控总表的内容主要有以下几个方面。

（1）设备名称、编号、容量。

（2）配电箱/控制盘编号。

（3）设备安装部位。

（4）监控点的被监控量及工程单位。

（5）监控点所属类型。

（6）所选定的监控功能由中央站监控还是现场级监控。

（7）规划分站编号。

（8）规划分组编号。

（9）每个监控点的点号。

实用的监控总表常作一些简化，主要是按照设备统计输入输出数目和它的类型。供规划分站用。按监控总表选择控制器时，其输入/输出端一般应留有 $10\% \sim 15\%$ 的余量，以备输入输出端口故障或将来有扩展需要时使用。

表 12-1～表 12-3 都是一种实用的监控总表。表 12-4 则是另一种实用的监控总表。

表 12-1 建筑自动化系统监控总表——配电系统

设备名称		数字量输入（DI）									模拟量输入（AI）									数字量输出（DO）				模拟量输出（AO）		
系统	数量	合闸	跳闸	过载	直流电压过高	直流电压过低	发电机运行状态	发电机故障状态			电流	电压	频率	有功功率	无功功率	功率因数	电能	电池电压	电池电流							
进线柜	2	1	1	1	1	1					1	1	1	1	1	1	1	1	1							

表 12-2　　　　建筑自动化系统监控总表——空调系统

设备名称		数字量输入（DI）						模拟量输入（AI）											数字量输出（DO）			模拟量输出（AO）
系统	数量	手动或自动	运行状态	故障报警	过滤器报警	水位高低报警	火灾报警	新风温度	新风湿度	送风温度	送风湿度	回风温度	回风湿度	房间温度	房间湿度	供水温度	回水温度	供回水压差	风机启停	阀门开关	高低速开关	

表 12-3　　　　建筑自动化系统监控总表——其他系统

设备名称		数字量输入（DI）						模拟量输入（AI）						数字量输出（DO）		模拟量输出（AO）
系统	数量	手动或自动	运行状态	故障报警												

表 12-4　　　　建筑自动化系统监控总表

设备		数字量输入（DI）								模拟量输入（AI）										数字量输出（DO）		模拟量输出（AO）	
系统	数量	手动或自动	运行状态	故障报警	流量状态	水位高低	防冻报警	故障报警	过载	电压	电流	功率	频率	功率因数	供回水压差	汽水流量	阀门位置	供应温度	回收温度	开关	阀门开关	风门	阀门

12.3.3　监控点的类型

监控点即被测控的点，一般划分为下面 4 类。

（1）显示型。包括运行状态、报警状态及其他状态。

（2）控制型。包括设备节能运行控制、直接数字控制（DDC）、顺序控制（按时间顺序控制或工艺要求控制）。

（3）记录型。包括状态检测与汇总表输出、积算记录及报表生成、巡回记录。

（4）复合型。指同时有两种以上监控需要。

12.4 建筑自动化系统产品选择

建筑自动化系统的设备产品主要包括系统的传感器、执行器、控制器。

12.4.1 设备选择要点

建筑自动化系统按照控制的项目、功能要求、规模等可以选择适当的成熟的产品。建筑自动化（BA）系统的选择要遵循"高性价比"原则，要充分考虑其技术的先进性、系统的开放性、可靠性及可扩展性（或灵活性）。

在选用产品时，首先应从该智能建筑的要求出发，要充分分析和考虑市场可供商品的特性及其产品的市场定位，选择适合于自己建筑特性的产品。业主在选择建筑物自动化系统产品时首先要对产品进行性能/价格比较，其次一定要与自控集成商和使用单位一起对建筑物的自控系统方案进行优化，根据自己的投资预算和实际需求，合理选择最具有节能功能、方便管理的自控方案，使自控系统达到先进、完善、易用的水平。选择时主要考虑下列因素。

1. 可靠性

系统能否长期稳定运行。如果分站有故障只影响一个分站的控制部分；如果中央站有故障，分站无故障，不影响分站工作；硬件的平均无故障时间（MTBF）是否达到一定水平；具有自动测试和故障报警功能。

早期 BA 系统的通信方式，大多为主从结构，即现场 DDC 与主控工作站间以及现场 DDC 之间的数据交换要靠通信控制器来协调和指挥。这种通信方式的缺点是不容忽视的：通信过程过于依赖主控制器，如果主控制器故障会导致系统通信终止。所以主从通信主要应用在数据采集系统，而非控制系统。

如果系统采用无主从通信方式，即控制器传递通信令牌、轮流坐庄。在无主从通信模式下，计算机和现场网络的中间连接部分叫路由，而不是网络控制器。也就是说现场级设备（如路由、DDC 等）是对等的（Peer To Peer）。控制器可以根据定义的通信权限，主动地在网络上进行数据的索取和发送，而无需专门的网络控制器指挥，极大地提高了系统通信的可靠性。

2. 实用性

系统的技术指标能否全面满足控制要求；系统软件是否齐全、完善、方便使用。系统应易掌握、易安装、易调试、易操作，即系统组态、编程简单，便于工程商掌握。

3. 可操作性

系统界面是否使操作人员便于操作。系统操作习惯应易于业主使用；可为使用者提供丰富的画面、应用程序库，加快编程、调试速度。

4. 可扩展性和开放性

系统是否可以在中央站增设管理站或进行分站扩展。网络结构合理，使工程施工简便、布线量减少。BA 是建筑物智能化系统的重要组成部分，BA 系统内部和与外部其他子系统协同工作的核心在于通信。因此，BA 系统所采用的通信协议应该是开放的，不为某家公司私有，同时得到多数生产厂商的支持。

5. 可维修性

系统的故障诊断功能是否完善方便，维修是否方便。

6. 价格

价格是否合理，应具有较好的性能价格比。

7. 先进性

由于计算机及控制技术发展飞快，特别要注意系统是否具有一定的先进性。

12.4.2 传感器的选择

控制器采集设备状态信号的类型可以是电量的，也可以是非电量的。但是各类状态信号都要转换成控制器能够接收的电信号，那就必须选择合适的传感器（变送器）把现场控制器无法接受的非电量、电量信号统一转换成可以接收的电量信号。所需检测设备的类型取决于监控点的特征、现场控制器所能接受的信号类型及原始状态信号的类型。

检测设备包括传感器和变送器两部分，建筑物自动化系统中常用的检测设备有温度传感器、湿度传感器、压力/压差传感器、压力/压差开关、流量传感器、流量/水流开关、液位传感器、液位开关、风速传感器、焓值变送器、空气质量传感器、防冻开关、电量变送器等。传感器、变送器的选择应注意安装方式，如室内、室外，风管或水管。并且要了解现场控制器可接受的信号类型：如果直接可接受阻值信号，那么可以接受什么材料，常温多少欧姆的热敏电阻传感器阻值信号（这在自动化仪表技术中称为分度号，如采用白金材料的热电阻，常温下的阻值为 100Ω，则标为 Pt100）；如果要接收标准电信号，则选择带相应变送器的温度传感器。最后，确定现场检测要求的温度检测范围和精度要求。只有准确地列清这些工作条件和参数，才能选择出合适的传感器、变频设备。同时，这些检测信号的检出位置由设备的工艺要求确定，对建筑物自动化系统的监控精度至关重要。传感器、变速器分布的范围很广泛（可以是风管内、水管内、设备内，室内、室外、电控箱内），应根据设备工艺要求（如流体传感器、温度传感器等设备应安装在阀前还是阀后），检测器安装环境与工艺规定（如温度检测器的插入深度、流量计的前后直管段长度与管径的倍数等）正确设计检测器的安装位置，这是建筑物自动化系统正常工作的基础之一。

传感器应注意其两端信号的匹配及应用场合。以温度传感器为例，温度传感器的选择首先要明确其测量介质是水、空气还是蒸汽；其次要明确传感器的安装位置与管道直径。

12.4.3 执行器选择

执行器有调节阀、调节风门，等等。

选用调节阀主要考虑流通特性与阀的通径。

1. 阀门的流通特性

在建筑自动化系统中常用的理想流通特性有线性、对数和快开特性。其中，快开特性主要用于双位控制及程序控制。因此，调节阀流量特性的选择通常是指如何合理选择线性和对数流量特性。正确的选择步骤是：根据过程特性，选择阀的工作特性；根据配管情况，从所需的工作特性出发，推断理想流量特性。

一般水两通阀宜选用等百分比流量特性的调节阀；水三通阀宜选用抛物线或直线流量特性的调节阀；蒸汽两通阀当压力损失比小于 0.6 时，宜选用等百分比流量特性的调节阀；否则选用直线流量特性的调节阀。直线流量特性运用于负荷变化小的场合。等百分比和对数特性运用在负荷变化大的场合。

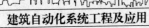

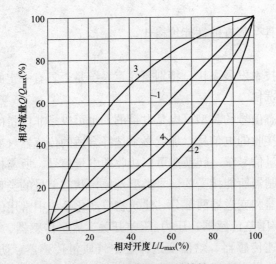

图 12-1　调节阀流量特性

1—直线特性；2—对数特性；3—快开特性；4—抛物线特性

2. 调节阀通径

调节阀的规格不是以管道直径来定的，而是按照它的流通能力来定的。通常在暖通空调设计中提供设备最大流量 Q。根据流体的流量、压力和密度可得出要求的调节阀流通能力 K_v。

阀门流通能力 K_v 按照表 12-5 确定。

表 12-5　　　　　　　　　　　调节阀流通能力 K_v

运用场合		K_v 公式	单位
液体		$\dfrac{316Q}{\sqrt{(P_1-P_2)/\tilde{n}}}$	Q——液体流量，m^3/h P_1，P_2——阀前后绝对压力，Pa $\tilde{n}$——液体密度，g/cm^3
蒸汽	$\dfrac{P_2}{P_1} > \dfrac{1}{2}$	$\dfrac{10G}{\sqrt{\tilde{n}_2(P_1-P_2)}}$	G——蒸汽流量，kg/h P_1，P_2——阀前后绝对压力，Pa $\tilde{n}_2$——阀出口处蒸汽密度，g/cm^3 $\tilde{n}_{2kp}$——超临界状态下阀出口处蒸汽密度，g/cm^3
	$\dfrac{P_2}{P_1} < \dfrac{1}{2}$	$\dfrac{14.14G}{\sqrt{\tilde{n}_{2kp}P_1}}$	

上式为公制单位计算阀流通能力 K_v。

K_v 的定义：在 1bar（100kPa）的压差下，$1m^3/h$ 温度为 20℃的水通过阀门。

如果用美制单位计算，阀流通能力 C_v。

C_v 的定义：在 1psi（7kPa）的压差下，1 gallon/min（$0.23m^3/h$）温度为 60F（15.5℃）的水通过阀门。

最大流量（K_{vs}）：阀门全开时的阀门流通能力。

最小流通量（K_{vr}）：阀门开启时可达到的最小流通量。

可调比（S_v）：阀门最大流通量与最小流通量的比值。

有时候阀流通能力可以从阀门的特性表格查出。根据流体的流量、压力和密度可得出要求的调节阀流通能力 K_v 或 C_v 值。

通常在暖通设计中提供设备负荷最大流量 Q，并给出对调节要求的流通能力 K_v 或 C_v 值。

选定流通能力后再验证调节阀开度和可调比，即要求最大流量时阀开度不超过 90%，最小流量时阀开度不小于 10%。验证合格后根据 C_v 值确定的调节阀通径一般小于管道直径一档至两档。

阀门的压差考虑到暖通设计值与实际工作状态值的差别，以及流体对阀芯和阀体的冲蚀。其实际工作状态的压差数值不应太大。如果压差较高应采取相应的减压或平衡压力的工艺措施。

阀门全开时前后压差 Δ_p 则是不定参数。从给水工艺要求越小越好，这样可以减少阻力损失，减轻给水泵负荷。从控制性来看，阀前后压降越大可控性越好。两者权衡下，按照阀门压差 Δ_p 为管道压降的 50% 较好。在确定 C 值后，就可以选定电动调节阀。

3. 电动执行机构

电动执行机构是把电动机的驱动力通过齿轮传动转变为执行器直行程的力或角行程的转矩。电动执行机构选择最重要的是执行机构输出的力或力矩，必须大于调节阀所需的工作力或力矩，同时能确保调节阀的关阀力能在最不利的条件下紧密地关闭阀门。

执行器接收现场控制器的控制信号，改变控制变量（风量、水量等），使建筑设备按预定的工艺要求运行。执行器由执行机构与调节机构组成。执行机构按照现场控制器的控制信号产生推动力或位移，调节机构则在执行机构的动作下去改变控制变量。在建筑物自动化系统中的调节机构多为风阀、水阀和蒸汽阀等。

根据工程的经验水管电动调节阀执行机构的推力（或称关闭压力）一般选择在 $0.8\sim1MPa$（相当 $8\sim10kg/cm^2$），同时考虑到暖通设计值与实际工作状态值的差别，以及流体对阀芯和阀体的冲蚀，其实际工作状态的压差数值不应超过 $0.3MPa$，如压差较高应采取相应的减压或平衡压力的工艺措施。

12.4.4 控制器监控范围

每个控制器负责哪些设备状态的监控是建筑物自动化系统深化设计首先需要确定的内容。控制器监控范围设计的合理性直接影响到控制器编程的复杂性、网络的通信量以及控制器、网络通信故障时的影响范围等。

确定现场控制器监控范围时应遵循同一台（组）设备的输入输出信号接入同一个现场控制器内的原则。这样不仅能减少网络通信流量以减少总线的阻塞情况加快系统的实时响应，更重要的是可保证在建筑物自动化系统通信装置故障或中断时，现场控制器的独立工作能力仍能保证所监控设备的正常运行。

12.5 建筑自动化系统网络结构设计

建筑自动化系统网络有多个层次，如现场设备网络层、控制网络层、管理网络层。各网络层应符合下列规定。

（1）管理网络层应完成系统集中监控和各种系统的集成。

（2）控制网络层应完成建筑设备的自动控制。

（3）现场设备网络层应完成末端设备控制和现场仪表设备的信息采集和处理。

12.5.1　各层网络设计

建筑物自动化系统宜采用分布式系统和多层次的网络结构，并应根据系统的规模、功能要求及所选用产品的特点，采用单层、两层或三层的网络结构。

建筑物自动化系统设计主要是对各层网络的网段、网关、总线数量及每条总线的监控范围进行设计。每条总线所能支持的控制器数量及传输距离都是有限的，因此整个系统可能需要几条总线，需要设计每条总线的监控范围。另外，整个网络系统可能分成若干网段，分管不同的系统，各网段之间的连接方式及网关功能也是网络通信系统设计的重要内容。

12.5.2　控制网络层和现场控制设备

对现场控制器的分布位置（在此阶段的设计中需要明确所处楼层）、监控对象及所采用的控制器型号进行设计。

从原理上描述，控制器把建筑设备的各种状态信号采集进建筑物自动化系统，然后根据预定的管理、控制目标，向建筑设备发出控制命令以改变、调整建筑设备的运行状态。

但是在工程上的实现并非如此简单。首先，控制器需要采集和控制各种设备的运行状态及运行参数。这些状态及参数信号可以是电量的（如电压、电流），也可以是非电量的（如温度、压力、流量、CO 等）。现场控制器的采集和控制工作可以通过检测器或执行器完成标准输入输出电量信号与现场设备非标准电气或非电量监控信号之间的转换，从而直接实现监控功能；也可以通过通信接口与其他专用微控制器相连，与其进行通信，然后由专用微控制器完成对这些运行状态及参数的监控功能。对于某个体设备采用哪种监控方式应在深化设计初期予以确定。

其次，对一些设备状态的控制实现需要通过控制箱，自动控制装置（DDC 或 PLC）一般不能直接对功率电器进行控制，必须通过光电隔离器、继电器或电子功率驱动器（变频器或电子固态继电器等）来实现。因此，这些光电隔离器、继电器或电子功率驱动器究竟放入自动控制箱内还是安置在设备的电控箱内也必须在工程前期确定。

12.5.3　通信接口设计

建筑自动化系统监控的主要设备包括高/低压变配电系统、发电机组、冷水/热泵机组、锅炉机组、电梯等大型建筑设备。由于这些设备本身都配有微计算机控制系统，对设备内的工作状态进行全面的自动监控。如果由建筑自动化系统直接进行监控，不仅需要安装大量的传感器与变送器，而且难以将设备运行状态控制到最佳，控制的安全性、可靠性也难以保证。

建筑自动化系统需要和冷水机组等大型设备系统的专用微控制器进行通信，也可能由不同厂商的产品连在同一网络中。整个建筑自动化系统可能包括多家厂商的产品，在这种情况下，各厂商的产品之间如何进行通信，设置哪些通信接口，应在系统结构设计中得以体现。

因此，通过这些大型设备机组内部微控制器接口与建筑自动化系统进行信息交换，既能保证设备的安全可靠运行控制，又能使建筑自动化系统有效的对大型设备的运行状态进行监视与管理。

建筑自动化系统与设备间实现通信，必须预先约定所遵循的通信协议。如果建筑设备内的控制系统具有标准的通信协议接口，根据设备厂家提供的监控内容变量表就可直接进行通信。当热力系统、制冷系统、空调系统、给排水系统、电力系统、照明控制系统和电梯管理系统等采用分别自成体系的专业监控系统时，应通过通信接口纳入建筑设备管理系统。

144

当设备内控制器对外采用非标准通信协议时，则需要设备供应商提供数据格式，由 BA系统对其进行转换开发。

12.6 建筑自动化系统所用的导线

按照系统各部分的要求，建筑物自动化系统工程分别采用不同规格的导线，一般是：电源线路用控制电缆，传感器信息线路用屏蔽电缆，数据通信传输介质有绞对线、同轴电缆、光缆等。

对分布式控制系统，可以用通信电缆，也可以用通用（综合）布线系统的对绞线（见图 12-2）。

不同系统使用的导线可能有些不同，具体按照该系统的要求进行配置。

图 12-2　对绞线

12.7 建筑自动化系统的电源

建筑自动化系统的电源容量为现有设备总容量和预计扩展容量之和。如果扩展容量没有规划，可按现有容量的 20％估算。

12.8 建筑自动化系统的防雷技术

建筑自动化系统的防雷可以按照计算机系统防雷要求来配置。

电源系统应采取过电压保护措施，如设置多级电源浪涌保护器（Surge Protective Device，SPD）。

信号系统要设置信号浪涌保护器。

建筑自动化系统的接地，主要有安全接地和工作接地，要按照电子信息系统接地要求执行。

某些产品有具体接地要求的，应按照要求执行，如有困难可以与设备生产厂商协商。

第13章

建筑自动化系统的施工调试检测

13.1 建筑自动化系统施工

建筑自动化系统工程实施的步序包括：

(1) 施工图会审；

(2) 编制施工进度表；

(3) 室内外管道桥架和布线施工；

(4) 控制器、探测器、执行器的安装和线路端接；

(5) 系统调试；

(6) 系统试运行；

(7) 系统验收；

(8) 培训管理操作人员。

在施工过程中应注意：

(1) 熟悉设计图纸并应该安装采购的设备材料进行深化设计；

(2) 做好设计图纸会审和技术交底；

(3) 施工技术界面的确定；

(4) 施工技术要求；

(5) 施工协调管理；

(6) 施工工期保证措施；

(7) 安全文明施工管理。

建筑物自动化系统安装前，建筑工程应具备下列条件：

(1) 已完成机房、电子信息竖井的建筑施工；

(2) 预埋管及预留孔符合设计要求；

(3) 空调与通风设备、给排水设备、动力设备、照明控制箱、电梯等设备安装就位，并应预留好设计文件中要求的控制信号接入点。

建筑物自动化系统安装工作包括：全部自控设备（传感器、变送器、控制器、自控阀门、中央监控系统）的安装；全部自控电缆（控制电缆、通信电缆）、管线的供应及敷设。

安装工作由具有自控安装资质的安装公司具体实施，并由公司指派专人负责整个安装工作的管理协调及监管工作。

安装过程中，应严格按照国内电气安装规范和其他有关规定进行自控线缆、管线敷设，业主负责质量监督和验收。

安装过程中，应严格按照国内自控设备安装规范和其他有关规定并同时满足自控设备的安装说明书规定进行。

进行自控安装时，若与其他专业发生交叉，需由业主统一协调解决。

设备及材料的进场验收除按有关规范的规定执行外，还应符合下列要求。

(1) 电气设备、材料、成品和半成品的进场验收应按有关规定执行。

(2) 各类传感器、变送器、电动阀门及执行器、现场控制器等的进场验收要求如下。

1) 查验合格证和随带技术文件，实行产品许可证和强制性产品认证标志的产品应有产品许可证和强制性产品认证标志。

2) 外观检查：铭牌、附件齐全，电气接线端子完好，设备表面无缺损，涂层完整。

(3) 网络设备的进场验收按有关规定执行。

(4) 软件产品的进场验收按有关规定执行。

(5) 施工中的安全技术管理，应符合建设工程施工现场供用电安全规范有关规定。

(6) 施工及施工质量检查按照规范规定执行。

现场元器件主要包括传感器/变送器、控制器、执行器等三大类。它是检测设备的实时运行状态参数，并保证按要求正常运行。若要使系统正常运行，必须正确选择和安装现场元器件。

过去工程实践中，不少系统出现问题，是由于现场元器件选择与安装存在问题，如传感器取测位置错误、流量传感器安装角度不对、风（水）流开关安装位置与插入深度不正确等。另外，在现场元器件的选型中特别是变送器要注意与传感器相匹配，调节阀与执行器配套，以及调节阀选型时一定要与相关专业结合进行计算。由于在具体工程设计中各厂家提供的现场元器件类型与参数都有不同差别，设计人员一定要结合具体工程做好选型工作。

13.2 传感器、执行器的安装

安装时核对图纸，检查设备的型号及规格是否符合设计要求。传感器的量程和精确度应符合设计要求。

传感器、电动阀门及执行器、控制柜和其他设备安装时应符合规范、设计文件和产品技术文件的要求。

传感器、执行器安装应牢固可靠、便于检修。

和工艺管线、管道及配电系统有联系的点位及检测点，需要根据其他专业的安装进度时间及时地调整设备订货、到货及安装时间。传感器的安装位置与安装方式有室内、室外、风管或水管等不同。安装应符合设计要求。

传感器、检测分布的位置很广（可以是风管内、水管内、设备上，室内、室外、电控箱内）。检测信号的检出位置由设备的工艺要求确定，对建筑设备监控系统的监控精度至关重要。

应根据设备工艺要求（如流量传感器、温度传感器等设备应安装在阀前还是阀后）、检测器安装环境与工艺规定（如温度检测器的插入深度、流量计的前后直管段长度与管径等）

确定传感器的安装位置与安装方式。

传感器安装在便于调试、维修的位置。

1. 温度、湿度传感器

温度、湿度传感器不应安装在阳光直射的位置，远离有强震动和电磁干扰的区域，其位置不能破坏建筑物的美观。室外的传感器应有防护罩，尽可能远离出风口和门窗。

液体温度传感器安装在温度变化灵敏的地方、管道正上方，不宜在阀门附近。不宜在管道焊缝及其边缘上开孔和焊接。

风道温度传感器安装在风速平稳、能正确反映风温的位置，如空调器的回风管、新风机的送风管，风道的直管段。避开风管死角和蒸汽排放口。应在风管保温以后进行。

温度传感器在 DN80 以上管道的安装如图 13-1 所示。这是一种铂电阻温度传感器。其他温度传感器的安装，也可以参考此安装方法。

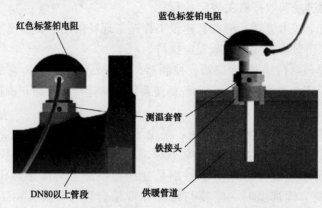

图 13-1　温度传感器在 DN80 以上管道的安装

2. 压力传感器

压力传感器一般安装在温度湿度传感器的上游，尽可能安装在直管段。

压力传感器安装在容器斜下方 45°位置。在压力传感器前面安装手动检修阀。如果测量锅炉热水，在检修阀前面应有 100mm 的冷却弯管，保证其不会受热损坏。

安装压差传感器，宜将薄膜处于垂直平面。风压差开关设定值应符合工艺要求。

3. 流量传感器

流量传感器安装在水平管斜下方 45°位置，并保证其前后 5 倍管径的水平管道内无阀门和弯头。电磁流量计应安装在调节阀的上游。

涡轮式流量计应水平安装。注意流体的流动方向应该和流量计标示的方向一致。在可能产生逆流的管道安装止回阀。

应该避免将电磁流量计安装在有强震动和电磁干扰的区域。

4. 水流开关和流量传感器

水流开关必须安装在水平管道上方，并保证其前后 5 倍管径的水平管道内无阀门和弯头。

水流量传感器的安装要求一般如下。

（1）建议根据供水设施的工作条件确定流量传感器的类型、计量特性。

（2）选择流量传感器时应以管道经常使用的流量接近或小于流量传感器的常用流量为宜，不能单纯以管道口径确定流量传感器口径。

（3）安装位置要避免曝晒、冰冻、污染和水淹。

（4）安装前应冲洗主管道，防止管内石子、泥沙等杂物进入流量传感器。

（5）流量传感器安装时，表壳上箭头方向与水流方向相同。

（6）长期使用，每隔一段时间应清洗一次，并重新校准，但不允许自行拆装。

图 13-2 是水流量传感器的安装图。

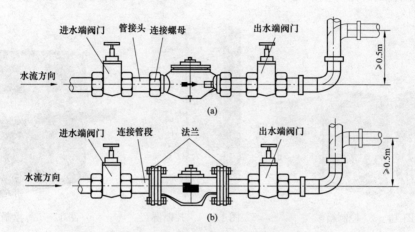

图 13-2　水流量传感器的安装图

(a) 螺纹连接；(b) 法兰连接

5．电动阀、电磁阀

电动阀、电磁阀一般安装在空调机或新风机的出水管的水平管道上，安装时应注意水流方向，并使阀体垂直。

阀门口径和传感器不一致时，应采用减缩管件。

阀门和执行机构应固定牢固。阀门的手动操动机构应该在便于操作的位置。

阀门安装在室外应有适当防晒、防雨措施。

电磁阀通、断动作应准确、可靠。

执行器的响应时间、动作时间、动作准确性应符合设计要求。

6．风门驱动器

风门驱动器安装时应注意风门的开闭方向。阀门驱动器应和风门轴垂直。如果阀门驱动器不能和风门轴连接，可以通过附件与风门轴连接。但是应该保证其调节风门的功能。

水（风）阀执行器在全开、全关位置时，水（风）阀应能够确实完全打开或关闭。

7．防冻开关

防冻开关应安装在盘管的背风侧。

8．空气质量传感器

空气质量传感器安装高度应该根据探测气体与空气的比重来定，二氧化碳传感器安装高度为 0.9～1.8m。

9．电量变送器

电量变送器通常安装在被检测设备内，或者在近旁箱柜内。变送器接线时应注意防止输出端开路或输入端短路。

🧑‍🔧 13.3 控制箱（柜、屏、台）及系统安装

控制箱（柜、屏、台）是安装控制设备开关、按钮、控制器、显示器等的箱（柜、屏、台），内部有控制电器和线路、接线端子，等等。外形有箱、柜、屏、台，等等。控制箱、控制屏、控制台的外形分别如图13-3、图13-4、图13-5所示。

图13-3　控制箱　　　　　　图13-4　控制屏　　　　　图13-5　控制台

控制箱及和其他没有直接联系的设备可以根据进度安装。

控制柜（屏、台）应按照设备说明书和规范要求来安装，具体如下。

（1）埋设的基础型钢和柜、屏、台下的电缆沟等相关建筑物必须检查合格，才能安装柜、屏、台。

（2）室内外落地控制箱的基础必须验收合格，且对埋入基础的电线导管、电缆导管进行检查，才能安装箱体。

（3）墙上明装的控制箱（盘）的预埋件（金属埋件、螺栓），在抹灰前预留和预埋；暗装的控制箱的预留孔和配线的线盒及电线导管等，经检查确认到位，才能安装控制箱（盘）。

（4）接地（PE或PEN）连接完成后，核对控制箱的元件规定、型号，且交接试验合格，才能投入试运行。控制箱的金属框架及基础型钢必须接地（PE）或保护接地（PEN）可靠；装有电器的可开门，门和框架的接地端子间应用裸编织铜线连接，且有标识。

控制柜（屏、台）和动力、照明配电箱（盘）应有可靠的电击保护。柜（屏、台、箱、盘）内保护导体应有裸露连接外部保护导体的端子。

（5）注意环境保护（防水、防腐等）及电磁干扰的保护及安装位置的选择。不应安装在水管或气管正下方或与其紧邻。应避开高温、高压安装环境。

（6）注意箱体进线及箱内布线的合理性。需要考虑箱内接线减少干扰，便于接线、调试、美观及日后维护工作，内部接线应整齐、连接牢固、无接头、标志清晰。

（7）配电柜、控制箱的手自动切换开关、接触器的触点、热继电器应该正确动作。

（8）控制箱内应预留安装空间、接线端子。预留数量应符合设计要求，不少于实际使用量的10%。

13.4 建筑自动化系统布线

1. 布线原则

建筑自动化系统布线原则遵循一般信息的布线原则，即电力、信息要分开电缆和钢管；电力、信息可以共用桥架但是要分开布置，中间用金属板隔开；电力、信息可以共用电缆沟，但放在不同的电缆支架上；电力、信息不能共用金属管。

一般建筑自动化系统不与其他系统合用电缆桥架。绞对线应敷设于金属管、金属线槽或金属电缆桥架内。同轴电缆可敷设于难燃塑料管内。

对集散型计算机控制，在测点集中处放置接线端子箱，在接线端子箱和计算机间用电缆连接。

2. 布线的种类

大体上分为垂直方向布线和水平方向布线。垂直方向是干线，一般布置在电缆竖井内。水平方向是从控制箱到各设备间的布线。

水平布线有天棚内布线、墙面布线、地面上布线、地板下布线等数种，线路可以用管道、电缆桥架、线槽、地毯、活动地板、蜂窝孔、沟槽和模块地板等方法处理。在线槽布线时，信息系统的配线原则上可以采用同槽分隔方式。电压大于 65V 以上的辅助供电回路应另管另槽敷设。特别是信息线与动力线之间，应有良好的屏蔽和相互隔离度以防电磁干扰。管线槽内导线的总横截面积（包括外护层）不应超过管槽总面积 40%。敷设于垂直或水平管线槽中的导线每超过 5m 长度，应在线槽内或接线盒中加以固定。导线穿入管线槽后，在导线出口处到设备接线端应装软护线套以保护导线。

（1）目前，建筑自动化系统现场控制层的网络通信在实际工程中并不是利用建筑的综合布线系统完成的（工作站级的通信网络可以由建筑物的综合布线系统完成）。一般采用五类、六类线和屏蔽双绞线单独布线，且不与综合布线系统走同一桥架。因此，建筑自动化系统现场控制层网络通信的管线需要单独设计，应在工程初期予以明确，以便与其他管线协调。

（2）电缆桥架安装和桥架内电缆敷设，电缆沟内和电缆竖井内电缆敷设，电线、电缆导管和线路敷设，电线、电缆穿管和线槽敷线的施工应按有关规定执行，在工程实施中有特殊要求时应按设计文件的要求执行。

（3）注意线缆敷设前，先检查线路的路由是否通畅，包括转弯及过线部分，以免影响施工。进行线缆型号及长度核实，点位性质及功能核实，以便检查是否存在设计及前期施工问题。

（4）注意电源配电检测点的接线、电梯的接线、变压器及高压配电装置的接线，由于在接线的时候，部分设备已经试运行并带电，不仅要考虑人员的安全，也要考虑设备的安全。

（5）注意设备输入输出的电压（如电源 110V 还是 220V）等级及信号形式。在以往项目中，此部分出现较多的问题。

（6）各接口系统（消防及供配电系统等）中接线复杂的设备需要提供接线图，如建筑自动化（楼宇自控）系统的控制器、各种控制箱及电动机等设备的接线。

（7）注意线路周围温度高于 65℃时，应采取隔热措施。

（8）在有可能引起火灾的场合，应采取防火措施。

（9）电缆在室外进入室内时，应该有防雨措施。

（10）电缆在经过建筑物伸缩缝、沉降缝时，应留有适当余度。

13.5 线 路 保 护 管

线路保护管又称套管、导管（conduit），在电气安装中用于保护电线、电缆布线的管道。线路保护管允许电线、电缆的穿入与更换。

1. 钢保护管

钢保护管主要用于容易受机械损伤或防火要求较高的场所。

钢保护管有薄壁管和厚壁管，镀锌和不镀锌之分。

薄壁管又称为电线保护管。

厚壁管就是水煤气钢管。

2. 塑料保护管

塑料保护管一般采用聚氯乙烯（UPVC）、氯化聚氯乙烯（CPVC）、聚乙烯（PE）、玻璃钢，还有聚丙烯（PP）和改性聚丙烯（MPP）。

一般塑料保护管分为普通型和阻燃型。

阻燃塑料管产品分为两大类：聚乙烯（PE）阻燃导管和聚氯乙烯（PVC）阻燃导管。

PE阻燃导管是一种塑制半硬导管，按外径有D16、D20、D25、D324种规格。外观为白色，具有强度高、耐腐蚀、挠性好、内壁光滑等优点，明、暗装穿线兼用，它还以盘为单位，每盘重为25kg。

PVC阻燃导管是以聚氯乙烯树脂为主要原料，加入适量的助剂，经加工设备挤压成型的刚性导管，小管径PVC阻燃导管可在常温下进行弯曲。便于用户使用，按外径有：D16、D20、D25、D32、D40、D45、D63、D75、D110等规格。

与PVC管安装配套的附件有：接头、螺圈、弯头、弯管弹簧；一通接线合、二通接线合、三通接线合、四通接线合、开口管卡、专用截管器、PVC黏合剂等。

目前，电线穿线保护管大部分采用塑料保护管。如聚氯乙烯（PVC‐U）导管适用于混凝土楼板或墙内。可以暗敷也可以明装。价格比金属管便宜、施工方便、不会生锈。具有优越的抗腐蚀性。

图 13‐6 塑料管

图13‐6是塑料管的外形。

（1）无增塑刚性阻燃PVC管。具有以下优良的性能。

1）抗压力强。高抗冲重型管（SGZH）系列和高抗冲中型管（SGZM）系列均能承受强压力，可明敷或暗敷在混凝土内，不怕受压破裂。其中，SGZH系列非常适合暗敷在夯实和振动混凝土中。

2）耐腐蚀、防虫害。PVC管具有耐一般酸碱性能，同时，由于PVC管内不含增塑剂，因此无虫鼠危害。

3）阻燃性能好。PVC管在火焰上烧烤离开后，火焰能迅速熄灭，避免火势蔓延；同时它传热性能差，能在长时间内有效保护线路，保证电器控制系统运行。

4）绝缘性能好。能承受高电压而不被击穿，有效避免漏、触电危险。

5）施工简便。质量轻，只有钢管的1/5，便于运输和施工；容易弯曲，在管内插入一段弯管弹簧，可在室温下人工弯曲成形；剪接方便，用专用截管器，就可方便地剪断$D32mm$以下的PVC管，再用黏合剂和有关附件可快速方便地把PVC管连接成所需形状。

6）节省投资。与钢管相比，采用PVC管可大大降低材料成本和施工安装费用。

（2）PVC波纹导管。是一种新型电线导管。本产品具有良好的综合性能，采用无增塑PVC材料制造，具有难燃、耐压、耐腐蚀、绝缘、抗冲等性能。

3. 紧定套管

紧定套管或薄壁钢导管采用优质冷轧带钢，经精密加工而成，双面镀锌，既美观，又有良好的防腐性能。紧定套管既可明敷又可暗敷，适用于工业与民用建筑、智能化建筑、市政管线中强电和弱电的电线电缆的穿线保护。紧定套管有套接式紧定套管（JDG）和扣接式紧定套管（KBG）两种形式。

紧定套管特点如下。

（1）质量轻。在保证管材一定强度条件下，降低了管壁的厚度，使管材单位长度的质量大大减小，电线管为它的1.1~1.8倍；焊接钢管为它的2.7~4.1倍，从而给施工安装、装卸搬运带来了很大的方便。

（2）价格便宜。管壁由薄壁代替厚壁，节省了钢材，单位延长米的质量轻，单位长度的价格低，结构简单，附件少，节约材料成本；安装方便，节省施工成本。使管材单位长度的价格大幅度下降，从而降低了工程造价。

（3）施工简便。管材的套接方式以新颖的扣压连接取代了传统的螺纹连接或焊接施工，而且无须再做跨接，无须刷漆，即可保证管壁有良好的导电性。省去了多种施工设备和施工环节，简化了施工，提高4~6倍工效。既加快了施工进度，又节省了施工费用。

（4）安全施工。管材的施工无须焊接设备，使施工现场无明火，杜绝了火灾隐患，确保了施工现场的安全施工。

（5）产品配件齐全。除直管外有配套的直管套接接头，有与接线盒、配电箱壳固定的特殊螺纹管接头，还有4倍或6倍弯曲半径的90°弯管接头。另外还有供施工用的专用工具——扣压器和弯管器。

紧定套管标准型规格有6种：$\phi16$、$\phi20$、$\phi25$、$\phi32$、$\phi40$、$\phi50$。

但是紧定套管一般用于室内干燥场所，不能预埋，混凝土要现浇，不宜穿过建筑物、构筑物或设备基础。

图13-7是紧定套管的外形。

4. 可挠金属电线保护套管

可挠金属电线保护套管（Flexible Metal Conduits）又称为普里卡金属套管（Plica Tube），为具有可挠性，可自由弯曲的金属套管。外层为热镀锌钢带，中间层为钢带，里层为木浆电工纸。主要用于室内外干燥场所装修、消防、照明、仪器仪表、电气安装等场合。

除了一般的可挠金属电线保护套管，还有包塑可挠金

图13-7 紧定套管

属电线保护套管、防火型可挠金属电线保护套管。

（1）包塑可挠金属电线保护套管。包塑可挠金属电线保护套管表面包覆一层塑料（PVC）。套管产品除具有基本型的特点外，还有优异的耐水性、耐腐蚀性、耐化学药品性，适用于潮湿场所暗埋或直埋地下配管。

（2）防火型可挠金属电线保护套管。防火型可挠金属电线保护套管的结构规格与基本型相同，但防火性能强，适用于防火要求较高的裸露配管；仪器仪表、设备安装配管等电气施工场合。

图 13-8　软管

5. 不锈钢管

不锈钢管主要用于防腐要求较高的场所。

6. 软管

软管有塑料软管、金属软管、包塑金属软管和可挠金属电线保护套管（普利卡软管）。

图 13-8 是软管的外形。

🏭 13.6　线槽和电缆桥架

1. 线槽

线槽（Wire Casing）主要用于明装配线工程中，对电力线、电话线、有线电视线、网络线路等起到保护作用。

线槽由槽底和槽盖组成，每根槽一般长度为 2m，槽与槽连接时使用相应尺寸的铁板和螺钉固定。

线槽按照材料分为塑料或金属线槽。

（1）塑料线槽。明装阻燃塑料线槽外观整洁、美观，安装检修方便，特别适合于大厦、学校、医院、商场、宾馆、厂房的室内配线及线路改造工程。产品主要特点：绝缘性能强；能承受 2500V 电压，有效避免漏触电危险。

阻燃性能好：线槽在火焰上烧烤离开后，自燃火焰能迅速熄灭，避免火焰沿线路蔓延，同时由于它的传热性能差，在火灾情况下能较长时间保护线路，延长电器控制系统的运行，便于人员的疏散。

安装使用方便：明装阻燃塑料线槽的线槽盖可反复开启便于布线及线路的改装，且自重很轻，便于搬运安装。可锯、可切割、可钉。切割拼接或使用配套附件可快速方便地把线槽联成各种所需形状。

耐腐蚀、防虫害：线槽具有耐一般性酸碱性能，无虫鼠危害。

（2）金属线槽。金属线槽采用冷轧钢板喷涂或镀锌钢板制作。

吊装金属线槽主要用于室内灯具安装。

图 13-9 是线槽的外形。

2. 电缆桥架

电缆桥架（Cable Tray）是敷设大量电缆干线或分支干线电缆用的支架。

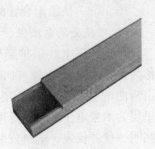

图 13-9　线槽

通常电缆桥架是板式，还有网格式。

（1）板式电缆桥架。电缆桥架是用金属板材制造的，主要有钢制、铝合金制及玻璃钢制等。钢制电缆桥架分别用不锈钢板和冷轧、热轧钢板制造。钢制桥架表面处理分为喷漆、喷塑、电镀锌，热镀锌、粉沫静电喷涂等工艺。桥架型式有普通型、重型、耐火型、大跨度型等。在普通桥架中分为槽式、梯级式和托盘式。

在普通桥架中，有以下主要配件供组合：梯架、弯通、三通、四通、多节二通、凸弯通、凹弯通、调高板、端向联结板、调宽板、垂直转角连接件、联结板、小平转角联结板、隔离板等。

图 13 - 10 是电缆桥架的外形。

（2）网格式电缆桥架。金属线网格式电缆桥架是用金属线材制造的电缆桥架。这种桥架节省金属材料，可以灵活组合，现场更改和快速安装，并为二次升级预留，是全新概念的电缆桥架。图 13 - 11 是网格式电缆桥架的外形。

 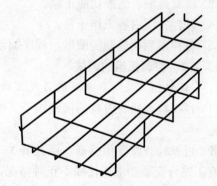

图 13 - 10　电缆桥架　　　　　图 13 - 11　网格式电缆桥架

电缆桥架的安装方式主要有沿顶板安装、沿墙水平和垂直安装、沿竖井安装、沿地面安装、沿电缆沟及管道支架安装等。安装所用支（吊）架可选用成品或自制。支（吊）架的固定方式主要有预埋铁件上焊接、膨胀螺栓固定等。

13.7　系 统 调 试

在系统及设备安装完毕后，安装单位向业主提交一份详细的调试程序及各控制设定点，得到业主的同意后，进行系统调试。

13.7.1　一般调试步骤

一般调试步骤如下。

1. 校线

对所有接线进行严格校正，检查无误后进行下一步工作。

2. 硬件调试

（1）对各种传感器进行校验。

（2）对各种驱动器用手动、电动模拟工作校验。

（3）对各种控制器进行通电测试。

（4）对中央管理站设备进行通电测试。

3. 现场调试

对各控制器子站进行现场调试。

（1）电源工作正常。

（2）接收各种传感器信号正常。

（3）命令各种驱动器动作正常。

（4）软件工作正常，包括编程、历史报告、趋势报警、实时监测报警等；保证独立工作正常。

以上步骤检查无误并写出明确报告后进行下一步。

4. 系统联调

（1）整个系统通电调试，全部通信无误。

（2）所有动态图形，动态参数监测无误。

（3）所有遥测、遥控功能正常。

（4）软件各项内容工作正常。

（5）各种需后期编制的图形，程序编制完成调试成功。

13.7.2　空调机组的调试

1. 空调机组"关"状态下的目视及功能测试

（1）目视检查所有设备的接线端子（所有端子排接线，机电设备安装就绪，做好运行准备等）。

（2）目视检查温度传感器、压差开关、水阀及执行器、风阀执行器的安装和接线情况，如果有不符合安装要求或接线不正确情况则立即改正。

（3）通过 BAS 手持终端（手操器），依次将每个模拟输出点，如水阀执行器、风阀执行器、变频信号等手动置于 100%、50%、0%；然后测量相应的输出电压信号是否正确，并观察实际设备的运行位置。

（4）通过手操器，依次将每个数字量输出点，如风机启停等分别手动置于开启，观察控制继电器动作情况。如果未响应，则检查相应线路及控制器。

（5）将电器开关置于手动位置，当送风风机关闭时，确认下列事项。

1）送风风机启停及状态均为"关"。

2）冷热水控制阀关闭。

3）所有风阀处于"关闭"位置。

4）过滤器报警点状态为"正常"。

5）风机前后的压差开关为"关"。

6）空调机组送风风机启停检查。

2. 启动空调机检测

保证无人在空调机内或旁边工作，确认送风风机可安全启动。按下列步骤检查。

（1）用鉴定合格的压差计，标定过滤器报警压差开关。使压差开关在压差增加至设定值（可调）时状态翻转。标定好后，作好标定记录，表明该压差开关已标定。

（2）将机组电气开关置于自动位置，通过 BAS 手持终端（手操器）启动送风风机，送风风机将逐渐提速，确认风机已启动，在送风风机运行状态压差开关为"开"。通过

BAS手持终端（手操器）关闭风机，确认送风风机停机，送风风机运行状态压差开关为"关"。

（3）将"自动—手动"开关仍置于"自动"位置，再次启动送风风机，以便作进一步测试。

3. 空调机组温度控制

在送风风机状态为"开"，执行下列检查。

预设空调系统冬、夏过渡季节工况参数，并在相应工况下进行实时跟踪调整，保证系统达到最佳运行状态。

（1）在"夏季"工况下，如果回风温度或房间温度高于设定温度，程序可以自动开大水阀开度；当回风温度或房间温度低于设定温度时，程序可自动减小水阀开度。

（2）在"冬季"工况下，如果回风温度或房间温度高于设定温度，程序可以自动减小水阀开度；当回风温度或房间温度低于设定温度时，程序可自动开大水阀开度。

由于控制环节积分时间的作用，执行器将花费一定时间，才能将阀门全开或全关。

4. 空气过滤器报警

当空调机组送风风机状态为"开"时，确认过滤器阻塞报警点为"正常"。

用一块干净纸板或塑料板部分阻塞过滤器网，使检定合格之压差计测得的过滤器前后压差超过开关点设定值（如250Pa，可调），确认BAS手持终端（手操器）上的报警输入点为"报警"。从过滤网上移去纸板或塑料板，确认过滤器阻塞报警点恢复正常。

5. 机组间连锁功能测试

当空调机组运行状态为"关"时，检测以下设备是否正常。水阀执行器是否为0%，风阀执行器是否为0%；

当空调机组运行状态为"开"时，检测以下设备是否正常。水阀执行器是否进行正常调节，风阀执行器是否开到预置位置，当模拟风机故障时是否可以停机。

对于空调系统能否实现连锁功能进行最终调整与标定。

6. 控制回路的细调

待冷冻水机组和热交换系统调试完毕，冷热水供给建筑物的各空调机组之后，可以进行温、湿度传感器的标定和温度控制回路的细调。

让空调机组在全自动控制下运行足够长的时间，以使被控区域或房间温度趋于稳定。用检定合格的温度仪表和湿度仪表，标定温度和湿度传感器，通过调试软件对控制器作必要的调整。

系统稳定之后，细调温度控制回路，以确保温度设定点的改变不致引起系统的振荡。一旦发生振荡，改变控制回路的参数，以获得所有负载条件下的稳定控制。

7. 固定和手动模式的复位

所有测试完成之后，与空调机组相关的所有输入、输出点均应处于全自动模式，并将各个受控变量置于设计的设定值。

13.7.3 新风机组调试

1. 新风机组"关"状态下的目视及功能测试

（1）目视检查所有设备的接线端子（所有端子排接线），机电设备安装就绪，做好运行准备等。

(2) 目视检查温湿度传感器、防冻开关、水阀及执行器、风阀执行器的安装和接线情况，如有不符合安装要求或接线不正确情况则立即改正。

(3) 通过 BAS 手持终端（手操器），依次将每个模拟输出点，如水阀执行器手动置于 100％、50％、0％；然后测量相应的输出电压信号是否正确，并观察实际设备的运行位置。

(4) 通过手操器，依次将每个数字量输出点，如风机启停、风阀执行器等分别手动置于开启，观察控制继电器动作情况。如果未响应，则检查相应线路及控制器。

(5) 将控制开关置于手动位置，当送风风机关闭时，确认下列事项。

1）送风风机启停及状态均为"关"。

2）冷热水控制阀关闭。

3）所有风阀处于"关闭"位置。

4）防冻开关的报警点状态是否为"正常"。

5）风机前后的压差开关为"关"。

2. 新风机组送风风机启停检查

保证无人在空调机内或旁边工作，确认送风风机可安全启动。按下列步骤检查。

(1) 用鉴定合格的压差计，标定风机前后压差开关。当压差增至设定值（可调）时，使压差开关状态翻转。标定好后，作好标定记录。

(2) 将机组电气开关置于自动位置，通过 BAS 手持终端（手操器）启动送风风机，送风风机将逐渐提速，确认风机已启动，送风风机运行状态压差开关为"开"。通过 BAS 手持终端（手操器）关闭风机，确认送风风机停机，送风风机运行状态压差开关为"关"。

(3) 将"自动—手动"开关仍置于"自动"位置，再次启动送风风机，以便作进一步测试。

3. 新风机组温度控制

随着送风风机状态为"开"，执行下列检查。

(1) 在"夏季"工况下，如果送风温度高于设定温度，程序可以自动开大水阀开度；当送风温度低于设定温度时，程序可自动减小水阀开度。

(2) 在"冬季"工况下，如果送风温度高于设定温度，程序可以自动减小水阀开度；当送风温度低于设定温度时，程序可自动开大水阀开度。

由于控制环节积分时间的作用，执行器将花费一定时间，才能将阀门全开或全关。

4. 新风机组防冻报警

(1) 当空调机组送风风机状态为"开"时，确认冷冻报警点为"正常"。

将空调机组冷冻报警输入点置于软件"手动"模式，通过 BAS 手持终端（手操器）将冷冻报警设为"报警"状态。

(2) 确定送风风机停止工作，新风阀关闭，预热水阀打开至 100％，保持冷冻报警点状态为"正常"，确定送风风机重新动作。

5. 连锁功能测试

(1) 当空调机组运行状态为"关"时，检测以下设备是否正常：水阀执行器是否为 0％，风阀执行器是否为关闭。

(2) 当空调机组运行状态为"开"时，检测以下设备是否正常：水阀执行器是否进行正常调节，风阀执行器是否打开，当模拟风机故障时是否可以停机。

当出现防冻报警时确认是否能够按照"新风机组防冻报警"正确进行联动。

6. 最终调整与标定

待冷热源条件具备后，可以进行温、湿度传感器的标定和温度控制回路的细调。

(1) 让新风机组在全自动控制下运行足够长的时间，以使被控区域或房间温度趋于稳定。用检定合格的温度仪表和湿度仪表，标定温度和湿度传感器，通过调试软件在控制器内作必要的调整。

(2) 系统稳定之后，细调温度控制回路，以确保温度设定点的改变不致引起系统的振荡。一旦发生振荡，改变控制回路的 PI 参数，以获得所有负载条件下的稳定控制。

7. 固定和手动模式的复位

所有测试完成之后，与空调机组相关的所有输入、输出点均应处于全自动模式，并将各个受控变量置于设计的设定值。

13.8 系 统 检 测

工程调试完成后，系统承包商要对传感器、执行器、控制器及系统功能（含系统联动功能）进行现场测试，传感器可用高精度仪表现场校验，使用现场控制器改变给定值或用信号发生器对执行器进行检测，传感器和执行器要逐点测试；系统功能、通信接口功能要逐项测试；并填写系统自检表。

工程调试完成经与工程建设单位协商后可投入系统试运行，应由建设单位或物业管理单位派出管理人员和操作人员进行试运行，认真作好值班运行记录；并应保存系统试运行的原始记录和全部历史数据。

建筑自动化系统的检测应以系统功能和性能检测为主，同时对现场安装质量、设备性能及工程实施过程中的质量记录进行抽查或复核。

建筑自动化系统的检测应在系统试运行连续投运时间不少于 1 个月后进行。

建筑自动化系统检测应依据工程合同技术文件，施工图设计文件、设计变更审核文件、设备及产品的技术文件进行。

建筑自动化系统检测时应提供以下工程实施及质量控制记录。

(1) 设备材料进场检验记录。

(2) 隐蔽工程和过程检查验收记录。

(3) 工程安装质量检查及观感质量验收记录。

(4) 设备及系统自检测记录。

(5) 系统试运行记录。

13.8.1 主要检测内容

检测内容按照设计图纸和规范要求。

1. 空调与通风系统检测

建筑自动化系统应对空调系统温湿度及新风量自动控制、预定时间表自动启停、节能优化控制等控制功能进行检测。应着重检测系统测控点（温度、相对湿度、压差和压力等）与被控设备（风机、风阀、加湿器及电动阀门等）的控制稳定性、响应时间和控制效果，并检测设备连锁控制和故障报答的正确性。检测数量为每类机组按总数的 20% 抽检，且不得少于 5 台，每类机组不足 5 台时全部检测。被检测机组全部符合设计要求为检测合格。

2. 变配电系统检测

建筑自动化系统应对变配电系统的电气参数和电气设备工作状态进行监测，检测时应利用工作站数据读取和现场测量的方法对电压、电流、有功（无功）功率、功率因数、用电量等各项参数的测量和记录进行准确性和真实性检查，显示的电力负荷及上述各参数的动态图形能比较准确地反映参数变化情况，并对报警信号进行验证。

检测方法为抽检，抽检数量按每类参数抽 20%，且数量不得少于 20 点，数量少于 20 点时全部检测。被检参数合格率 100% 时为检测合格。

对高低压配电柜的运行状态、电力变压器的温度、应急发电机组的工作状态、储油罐的液位、蓄电池组及充电设备的工作状态、不间断电源的工作状态等参数进行检测时，应全部检测，合格率 100% 时为检测合格。

3. 公共照明系统功能检测

建筑物自动化系统应对公共照明设备（公共区域、过道、园区和景观）进行监控，应以光照度、时间表等为控制依据，设置程序控制灯组的开关，检测时应检查控制动作的正确性；并检查其手动开关功能。检测方式为抽检，按照明回路总数的 20% 抽检，数量不得少于 10 路，总数少于 10 路时应全部检测。抽检数量合格率 100% 时为检测合格。

4. 给排水系统功能检测

建筑自动化系统应对给水系统、排水系统和中水系统进行液位、压力等参数检测，并对水泵运行状态的监控和报警进行验证。检测时应通过工作站参数设置或人为改变现场测控点状态，监视设备的运行状态，包括自动调节水泵转速、投运水泵切换及故障状态报警和保护等项是否满足设计要求。检测方式为抽检，抽检数量按每类系统的 50%，且不得少于 5 套，总数少于 5 套时全部检测。被检系统合格率 100% 时为检测合格。

5. 热源和热交换系统功能检测

建筑自动化系统应对热源和热交换系统进行系统负荷调节、预定时间表自动启停和节能优化控制。检测时应通过工作站或现场控制器对热源和热交换系统的设备运行状态、故障等的监视、记录与报警进行检测，并检测对设备的控制功能。核实热源和热交换系统能耗计量与统计资料。检测方式为全部检测，被检系统合格率 100% 时为检测合格。

6. 冷源系统功能检测

建筑自动化系统应对冷水机组、冷冻冷却水系统进行系统负荷调节、预定时间表自动启停和节能优化控制。检测时应通过工作站对冷水机组、冷冻冷却水系统设备控制和运行参数、状态、故障等的监视、记录与报警情况进行检查，并检查设备运行的联动情况。核实冷冻水系统能耗计量与统计资料。检测方式为全部检测，满足设计要求时为检测合格。

7. 电梯和自动扶梯系统功能检测

建筑自动化系统应对建筑物内电梯和自动扶梯系统进行监测。检测时应通过工作站对系统的运行状态与故障进行监视，并与电梯和自动扶梯系统的实际工作情况进行核实。检测方式为全部检测，合格率 100% 时为检测合格。

8. 建筑自动化系统与子系统（设备）间的数据通信接口功能检测

建筑自动化系统与带有通信接口的各子系统以数据通信的方式相连时，应在工作站监测子系统的运行参数（含工作状态参数和报警信息），并和实际状态核实，确保准确性和响应时间符合设计要求；对可控的子系统，应检测系统对控制命令的响应情况。数据通信接口应按有关规定对接口全部进行检测，检测合格率100％时为检测合格。

9. 中央管理工作站与操作分站功能检测

对建筑自动化系统中央管理工作站与操作分站功能进行检测时，应主要检测其监控和管理功能，检测时应以中央管理工作站为主，对操作分站主要检测其监控和管理权限以及数据与中央管理工作站的一致性。应检测中央管理工作站显示和记录的各种测量数据、运行状态、故障报警等信息的实时性和准确性，以及对设备进行控制和管理的功能，并检测中央站控制命令的有效性和参数设定的功能，保证中央管理工作站的控制命令被无冲突地执行。应检测中央管理工作站数据的存储和统计（包括检测数据、运行数据）、历史数据趋势图显示、报答存储统计（包括各类参数报警、通信报警和设备报警）情况，中央管理工作站存储的历史数据时间应大于3个月。应检测中央管理工作站数据报表生成及打印功能，故障报警信息的打印功能。应检测中央管理工作站操作的方便性，人机界面应符合友好、汉化、图形化要求，图形切换流程清楚易懂，便于操作。对报警信息的显示和处理应直观有效。应检测操作权限，确保系统操作的安全性。以上功能全部满足设计要求时为检测合格。

10. 系统实时性检测

采样速度、系统响应时间应满足合同技术文件与设备工艺性能指标的要求；抽检10％且不少于10台，少于10台时全部检测，合格率90％及以上时为检测合格。报警信号响应速度应满足合同技术文件与设备工艺性能指标的要求；抽检20％且不少于10台，少于10台时全部检测，合格率100％时为检测合格。

11. 系统可维护功能检测

应检测应用软件的在线编程（组态）和修改功能，在中央站或现场进行控制器或控制模块应用软件的在线编程（组态）、参数修改及下载，全部功能得到验证为合格，否则为不合格。设备、网络通信故障的自检测功能，自检必须指示出相应设备的名称和位置，在现场设置设备故障和网络故障，在中央站观察结果显示和报警，输出结果正确且故障报警准确者为合格，否则为不合格。

12. 系统可靠性检测

系统运行时，启动或停止现场设备，不应出现数据错误或产生干扰，影响系统正常工作。检测时采用远动或现场手动启/停现场设备，观察中央站数据显示和系统工作情况，工作正常的为合格，否则为不合格。切断系统电网电源，转为 UPS 供电时，系统运行不得中断。电源转换时系统工作正常的为合格，否则为不合格。中央站冗余主机自动投入时，系统运行不得中断；切换时系统工作正常的为合格，否则为不合格。

13.8.2 一般检测内容

1. 现场设备安装质量检查

现场设备安装质量应符合规范，设计文件和产品技术文件的要求，检查合格率达到100％ 时为合格。

（1）传感器：每种类型传感器抽检10％且不少于10台，少于10台时全部检查。

（2）执行器：每种类型执行器抽检10％且不少于10台，少于10台时全部检查。

（3）控制箱（柜）：各类控制箱（柜）抽检20％且不少于10台，少于10台时全部检查。

2. 现场设备性能检测

传感器精度测试，检测传感器采样显示值与现场实际值的一致性；依据设计要求及产品技术条件，按照设计总数的 10％进行抽测，且不得少于 10 个，总数少于 10 个时全部检测，合格率达到 100％时为检测合格。

控制设备及执行器性能测试，包括控制器、电动风阀、电动水阀和变频器等，主要测定控制设备的有效性、正确性和稳定性；测试核对电动调节阀在零开度、50％和 80％的行程处与控制指令的一致性及响应速度；测试结果应满足合同技术文件及控制工艺对设备性能的要求。检测为 20％抽测，但不得少于 5 个，设备数量少于 5 个时全部测试，检测合格率达到 100％时为检测合格。

线路应抽检 5 次。

13.8.3 评测

根据现场配置和运行情况对以下项目作出评测。

（1）控制网络和数据库的标准化、开放性。

（2）系统的冗余配置，主要指控制网络、工作站、服务器、数据库和电源等。

（3）系统可扩展性，控制器 I/O 口的备用量应符合合同技术文件要求，但不应低于 I/O 口实际使用数的 10％；机柜至少应留有 10％的卡件安装空间和 10％的备用接线端子。

（4）节能措施评测，包括空调设备的优化控制、冷热源自动调节、照明设备自动控制、风机变频或直流调速、变风量、变水量控制等。根据合同技术文件的要求，通过对系统数据库记录分析、现场控制效果测试和数据计算后作出是否满足设计要求的评测。

结论为符合设计要求或不符合设计要求。

👷 13.9 故 障 和 维 修

引起 BA 系统故障的原因一般有 3 个方面：系统误操作，系统运行的外界环境条件和系统内部自身故障。

（1）系统误操作：一般为使用人员操作失误，导致 BA 程序紊乱，从而引发故障，此类故障容易解决，重新上传备份的 DDC 程序即可。

（2）系统运行的外界环境条件：由外界环境条件引起故障的主要因素有工作电源异常、环境温度变化、电磁干扰、机械冲击和振动等，其中许多干扰对于集散控制系统中分站使用的 DDC 控制器以及中央站的 PC 等设备影响尤为严重。

（3）系统内部自身故障：主要有现场硬件系统故障，以及控制器的故障，如元件的失效、焊接点虚焊脱焊、接触松动，等等。

根据 BA 控制系统的原理和构造，在检查维修时我们通常采用以下几种方法。

（1）模拟检测法。根据 BAS 编程逻辑设定满足设备运行的条件，测试判断故障点的类别，属于硬件故障还是软件故障。

（2）分段检测法。通过模拟测量判断出故障处在某一回路后，将此回路分段检测，通常以 DDC 控制盘为分段点，这样能快速确定故障点范围。

（3）替代法。用运行正常的元件，代替怀疑有故障的元件，来判断故障点。在使用这种方法时，要先确认用于替代的元件的完好性。

（4）经验法。根据实际的运行维护经验、相关元件的使用性能以及损耗周期等特点，有针对性地检查。

在实际检查维修中，以上几种方法可以交叉使用。

在实际检查维修中，需要注意以下几点。

（1）随时写好检查维修记录，这点非常重要。

（2）有问题时不要慌，从简到难逐一排查。

13.10 建筑自动化系统工程验收

建筑自动化系统工程验收应有技术资料，具体如下。

（1）系统竣工报告。

（2）系统验收规范。

（3）系统功能描述。

（4）系统技术参数设定表。

（5）竣工图与有关资料。

（6）系统测试报告。

建筑自动化系统工程验收一般分为隐蔽工程、分项工程和竣工工程三个部分进行。

（1）隐蔽工程验收。是指管线预埋、接地，等等。

（2）分项工程验收。分项工程是指建筑自动化系统的各个分项工程，如暖通空调设备、给水排水、电气。

（3）竣工工程验收。是对整个建筑自动化系统工程的综合性验收。

第14章

建筑自动化系统典型产品

目前，建筑自动化系统产品主要生产厂商有江森自控（Johnson Controls）公司、霍尼韦尔公司（Honeywell）、施耐德电气公司（Schneider Electric）、奥莱斯公司（Automated Logic）、AUTO－MATRIX 公司、KMC（Kreutzer Manufacturing Company）公司、科艺防火安防工程（Thorn Security），西门子（Simens）楼宇科技公司、新克电子工程有限公司（Singapore Electronic & Engineering Limited，SEEL）、三星数据系统公司（Samsung Sds）、德国倍福（Beckhoff）自动化有限公司、新加坡迈科智控（Matrix Controls）有限公司、美国亚司艾（Asi）公司、新加坡 QA 自控有限公司（Quantum Automation Pte Ltd）、瑞士索特科技公司（Sauter）、澳大利亚韦博自控系统有限公司、美国 Vacom 公司、浙大中控公司（Supcon）、同方泰德科技国际有限公司（Techcon）、上海格瑞特科技实业有限公司（Great）、北京埃科特机电技术有限公司（Act）、广州柏诚自控设备有限公司、沈阳西东控制技术有限公司、西安协同数码科技股份有限公司、北京恒业世纪公司、台湾 Poris 公司、研华（中国）公司（Advantech）、北京高标自控设备有限公司（Caupu）、上海高校仪器设备有限公司（Scu）、北京柏斯顿自控工程有限公司、上海柯耐弗电气有限公司（Okonoff）、上海信业智能科技有限公司、北京华埠特克（Wave－Tek）、北京德达数据公司、爱尔兰西朗自控有限公司（Cylon Controls Ltd）等。下面介绍几个建筑物自动化系统典型产品。

14.1 METASYS 建筑自动化系统

METASYS 是江森自控公司制造的建筑自动化系统。江森自控（Johnson Controls）公司 1885 年在美国成立，是国际上 BAS 设备的主要供应商。建筑自控系统 Metasys Extended Architecture（MSEA）是建筑自控制领域的重要主导者之一。江森自控可提供此系统操作过程涉及的全部设备，包括各类传感器、阀门、执行器、现场控制器、网络管理设备及软件等。江森自控在全国拥有 41 个办事处/服务网点，员工 5000 多名。它在我国的项目有上海环球金融中心、腾讯总部大楼、上海世博会、北京奥运村等。

1. 系统特点

该系统专门用于对各种建筑物内各个设备进行集中监控，从而使建筑物设备运行达到最佳化并提高管理效率。最新 Metasys 系统以网络控制引擎（Network Automation Engine）作为核心管理整个系统。它是内嵌 Windows 操作系统和建筑物管理软件的智能硬件，具备向下支持控制领域的 RS485、Lon Works、BACnet 总线技术，向上通过 XML Web Service

提供 B/S 的软件结构以及与信息系统集成的能力。

建筑自控系统 Metasys 能整合各种系统集，使它们能够彼此沟通，创造一个单一的高效率骨干网络。在设备层面上，江森自控可以与世界上超过 125 个厂家的 750 余种不同机电设备进行连接；在控制系统领域中，江森自控的集成平台可通过多种开放协议或标准接口与消防、安防等信息电子系统联网；而在信息管理领域中，该集成平台又可以通过先进的 IT 手段与企业 ERP、机场航班等信息系统无缝集成，从而融合整个建筑物内的所有设施与信息，完成高效的机电设施自动化操作。

系统目的并不是更换设施自动化系统，而是通过提供多种整合方案，保护现有资产，延长设备寿命。

这个高技术的建筑自控系统能够使整个建筑物分支系统实现彼此间的通信，并在设施的整个使用寿命期间发挥最好的性能。

系统能够帮助用户提高设施管理效率，降低运作成本，改善居住舒适度，最大限度地提高生产率，使盈利保持增长。

该建筑自控系统拥有无与伦比的特色，如为基于网络的界面提供内置互联网协议和 IT 标准，为安全访问提供系统完整性，为 BACnet、Lon Works 和 N2 协议等多种系统提供互用性，为保护现有的系统投资提供资产兼容性，以及为升级目的提供可扩充的结构体系，等等。通过该独立单元的设施自动化方案，能够将设施性能与公司的总体目标和长期目标有效结合起来，持续提高设施管理效率。

2. 系统组成

Metasys 建筑自动化系统是由中央操作站（CWS）、网络控制引擎（NAE）、现场设备控制器（FEC）等组成的。通过 IP Ethernet 网（N1 网）将中央操作站及网络控制器各节点连接起来，Ethernet/IP 使用标准的网络硬件在网络控制器与用户操作站之间完善地传递信息。同时安装在建筑物各处的直接数字控制器（DDC），将通过现场总线（N2 网）连接到网络控制器上，与其他网络控制器上的直接数字控制器及中央操作站保持紧密联系。现场需监控设备上的传感器及执行器等连接至以上各直接数字控制器内。从而实现分散控制、集中管理。

该系统是一个集散式监控系统（DCS），它采用直接数字控制器（DDC）方式。扩展很容易，无须更改或增加主机。传感器接收现场设备物理量变化的信号，输入直接数字控制器（DDC）。控制器输出控制信号控制执行器工作，使物理量按照一定规律变化。各个直接数字控制器可相互连接，通过网络控制引擎 NAE 接入网络。网络采用总线结构 BAC Net 或 Ethernet。系统中的分站控制器和操作站均与 BAC Nett 网络相连，在网络控制器上可以接上监控微机、打印机，也可以和其他系统（安防、电梯、火灾报警）相连，可通过电话线路用调制解调器与其他系统进行通信。

3. 通信网络

操作站及网络控制单元之间最常用的连接方式是 IP 以太网（ETHERNET）通信网络。

（1）网络控制引擎。网络控制引擎 NAE 是一种模块式、智能化的控制器，为 METASYS 网络的心脏。它的作用是与网络及其他控制器连接，起着控制及通信作用。通过多个网络控制引擎，即可将建筑物每一个侧面的管理情况紧密地连接起来，进行全面综合的管理。

网络控制引擎 NAE 可以连接到 IP 以太网，传输速率可以达到 10Mbps、100Mbps 或 1Gbps。网络可以方便、经济地安装及扩展。

网络控制引擎 NCE 不仅具有网络连接和管理功能，而且具有现场控制器的控制功能。通过相互共享整个网络中的所有信息，每个 NCE 能用高级控制算法提供全建筑物范围的最优控制。它可单独起控制作用，也可通过网络与其他 NCE 联合使用，是操作员的输入输出接口。NCE 采用标准通信协议对暖通空调设备、照明设备、安防设备、消防设备进行控制。

NIE 网络集成引擎主要用于第三方产品集成，同时具有 NAE 网络控制引擎的管理功能和网络连接功能。

（2）开放式的网络结构和互联性。广泛应用 ETHERNET 于工业和建筑物自动化领域。众多的第三者供应商都支持这个标准并提供 ETHERNET 设备，如分流器及应用软件。这意味着不用供应商提供的产品可以直接互换，使用户有更多的产品选择并且不会依赖于某一个供应商。

无论网络上之通信，数据库之上传与下载、对现场设备之指令和状态之信息等，各节点均具备动态数据访问（Dynamic Data Access）功能，即网络上任何操作站或任何一个 NAE 上，均可以对全部的数据实现检测或控制。

网络采用标准通信技术，包括 BACnet 协议、LONWORKS 协议以及 N2 总线。NAE 可以通过 BACnet MS/TP 现场控制器总线与现场控制器通信。N2 总线是开放的现场通信总线。

（3）网络动态数据存取。很多系统都只容许有限度的资料，但 Metasys 系统却能容许在 IP 以太网上对每个组件与组件间的自由通信。这便是 Metasys 系统的一个独特之处——动态数据存取，加快了大量信息传递的速度。

（4）网络浏览器。用户可以通过 Web 浏览器，获得控制系统的数据。

4. 服务器

系统采用服务器客户机结构，其软件具有操作指导程序和密码保护功能，不会受到人为的干扰。系统的大部分操作利用鼠标来完成，所以使用非常方便。

服务器的硬件和软件配置如下。

（1）硬件。硬件有微机（PC）和外设。微机包括中央处理机（CPU）、内存（RAM）、硬盘（HD）、显示器。外设可配打印机。

（2）软件。软件有应用数据及管理服务器 ADS/ADX。可对大量趋势数据、事件信息、操作员处理记录及系统配置数据进行管理。用户可以通过个人电脑（PC）访问应用数据及管理服务器 ADS/ADX。操作系统为 Windows。监控系统软件用图形化编程语言（GPL）编写。软件特点是采用系统网络图，用图形表示楼房、楼层、设备、测控点、历史信息、存储采样值。报警管理有优先显示报警值、报警数据存储跟踪、综合性报告，并用多级口令进行操作保护。网络功能为通过 BAC net 或 Ethernet 联网。

METASYS 系统根据建筑物的具体功能要求，对操作站的界面、特性、功能做了一系列的改进，增加了许多更直观的视觉显示效果，并且通过 OPC（OLE for process Control）软件技术使所有的设备管理系统均可在简单明了的图形显示下集中完成。该系统所提供的主要功能如下。

1）密码系统。

2）控制点摘要。

3）控制点报警。

4）时间及假日起停控制程序。

5）控制点历史。

6）趋势记录。

7）运行时间累积记录。

8）最大用电量控制。

9）功态图形显示。

5．控制器

系统的分站控制器为直接数字式控制器（DDC），具有可编程功能。控制分站用于各种现场控制，按需要进行配置。可以用来监视、控制和集成各种暖通空调设备和其他建筑物内的设备。

直接数字式控制器是 Metasys 系统的最前端装置，直接与建筑物内有关的设施连接起来，再通过总线与网络控制器相连，网络控制器与中央操作站均可对其实现超越控制。

直接数字式控制器能够支持以下不同性质的监控点。

（1）模拟量输入（AI）。

（2）数字量输入（DI）。

（3）模拟量输出（AO）。

（4）数字量输出（DO）。

控制器具有现场控制模块及输入/输出模块，可以实现比例、微分、积分、开关、最大/最小值选择、焓值、逻辑、连锁等控制功能。还具有多种统计控制功能，可同时设置时间控制程序。并且可以控制风量。

控制器采用 32 位微处理器，满足或超过工业标准。可独立监控有关设备，而不需要经过中央处理机处理，并且可以就地显示其所监视的温度、湿度及设备的工作状态。当中央操作站及网络控制器发生问题时，控制器不受影响，继续进行运作，完成原有的全部监控功能。

控制器支持点对点通信，可与 METASYS 网络进行动态数据存取。可通过内置 LED 来监控这些点。

控制器包括网络传感器、无线现场总线系统和无线传感器。

直接数字式控制器内配置有电池，能为存储器提供 72h 的保护。当主机发生故障时，各分站直接数字式控制器也能独立工作，所有资料、数据及程序均不会丢失。

6．传感器

除了一般传感器外，系统具有网络传感器和无线传感器。

（1）网络传感器。网络传感器可以检测房间温度，也可以检测一个区域的湿度、二氧化碳浓度以及设定值或其他变量。这些数据通过传感器总线传输到现场控制器。

（2）无线多对一房间温度传感器。无线多对一房间温度传感器可以从多个房间温度传感器收集房间温度数据，并将其发布到多个控制器。可以降低安装费用。

7. 网关

用户可以通过网关连接空调制冷控制设备。

METASYS 建筑自动化系统结构如图 14-1 所示。

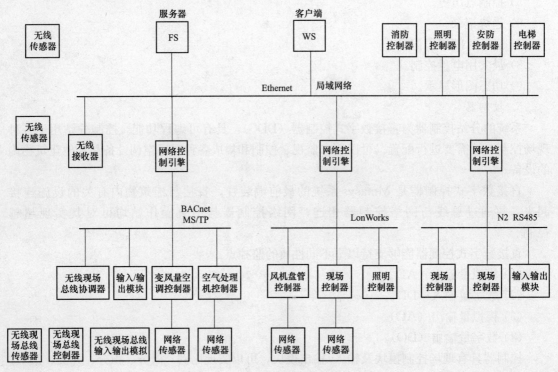

图 14-1　METASYS 建筑自动化系统

14.2　EXCEL5000 建筑自动化系统

EXCEL5000 是霍尼韦尔（Honeywell）公司的产品。该公司是美国 1885 年成立的一个 BAS 设备的主要供应商。它在北京、天津、上海有公司、办事处或服务中心，在我国已经完成的项目有北京燕山饭店、上海银河宾馆、深圳中银大厦、萧山国际机场、昆明国际机场、三亚国际酒店、深圳证券交易所、世博会馆。

EXCEL5000 是一套集散型控制系统（见图 14-2）。采用共享总线型网络拓扑结构的以太网，通信速率达 10Mbit/s。分站直接挂在总线上。分站总线（C-bus）通信速率达 1Mbit/s。结构化布线系统（SCS）支持 EXCEL5000 系统。

1. 系统组成

现场设备可以是空调系统、供热系统、给排水系统、供电系统、照明系统、消防系统及安防系统等。

传感器接收现场设备物理量变化的信号，输入分站或子站直接数字控制器（DDC），控制器输出控制信号控制执行器工作，使物理量按照一定规律变化。

各个直接数字控制器可以连接到分站总线或子站总线。也可通过网关接入网络。网络采

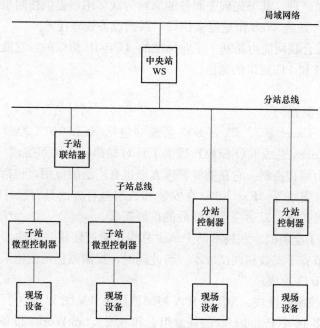

图 14-2　EXCEL5000 建筑自动化系统

用总线结构。

在网络或网关上可以接上监控微机、打印机，也可以和其他系统（安防、电梯、火灾报警）相连。用调制解调器可通过电话线路与其他系统进行通信。

2. SymmetrE™楼宇管理系统

SymmetrE R410 是一个具有高度可配置性的设备管理系统，它提供了一种有效而又可靠的方法，能够确保用户的舒适度及楼宇和设备的高效运行。它为存取信息及对一个或多个楼宇的控制需求提供了一套完整的解决方案，并将开放式系统标准与 Internet 和内部网应用整合在一起，使客户能够选择最佳的楼宇现场解决方案，并能够将信息无缝集成到 SymmetrE 中以供进一步处理、生成报告及分发。

SymmetrE 提供了一个高级的 Web 式操作界面，操作人员、主管和经理等人员通过该界面可以轻松地监视和控制分布在一个或多个地点的楼宇。

3. 系统结构

SymmetrE 基于工业标准的 LAN/WAN 和串行通信，并使用了通用的新兴开放式标准。

系统采用客户端/服务器结构提供了一种可扩展系统，该系统可容纳的配置范围从小型单节点系统到通过 LAN 或 WAN 连接的服务器和多个工作站的扩展系统。

服务器运行在多用户、多任务、符合工业标准的 Windows 2000 专业版或 Windows XP 专业版平台上。该服务器将运行一个应用程序软件与现场控制器进行通信和更新实时数据库。

服务器还可以用作采集和归档显示数据和历史数据的文件服务器。

SymmetrE HMIWeb 工作站为 SymmetrE 服务器提供了具有高分辨率、彩色的图形化人机界面。一台 SymmetrE 服务器最多可同时连接 5 个操作人员工作站，如需扩展到 10 个工作站，请联系产品经理。基于先到先服务的原则为众多用户提供访问服务，操作人员可以使用 SymmetrE 工作站或 Web 浏览器来执行一系列设备管理任务。

SymmetrE 的综合联网能力是基于工业标准的 TCP/IP 协议的，它能够实现与其他内部网或 Internet 网系统和 PC 网络的通信。

4. 控制器

(1) 直接数字控制器。

1) 通用控制器 Excel 800。Excel 800 系统（包括 XCL8010A 控制器模块、Excel800 Panel 总线和 LonWorks 总线 I/O 模块）提供了针对加热、通风和空调（HVAC）系统的、高性能价格比的自由编程控制。它在能源管理方面也有广泛的应用，包括最优化启停、夜间送风，以及最大负荷需求等。Excel 800 在安装和长期运行方面具有极好的价值。模块化的设计理念使得系统可扩展，以适应系统今后的扩展需求。

Excel 800 采用了全新的专利技术的 Panel 总线，通过使用"即插即用"的 Panel 总线 I/O 模块，极大地节省了安装和调试成本。与此同时，控制器仍可使用采用 LonWorks 技术的 LonWorks 总线 I/O 模块。

2) XCL8010A 控制器模块。XCL8010A 控制器模块（见图 14-3）可以与多种其他设备进行通信，包括最多 16 个 Panel I/O 的任意组合和（或）LonWorks 设备（如房间控制器）。总共允许使用 381 个数据点（所有类型，包括内部逻辑数据点和硬件数据点）。一般情况下，HVAC 应用程序可能需要相同数量的逻辑数据点和硬件数据点。XCL8010A 与 Panel I/O 模块之间最大相距 40m 距离。

(2) 便携式操作终端。便携式操作终端（见图 14-4）是 Excel 800 系统的指令和信息终端。通过该设备，可以输入和显示数据。诸如当前温度数值、控制状态等信息可以被显示出来。

图 14-3 控制器模块　　　　　　　图 14-4 便携式操作终端

(3) 彩色触摸屏操作终端。彩色触摸屏操作终端 Excel Touch 是界面友好、性能稳定的触摸式交互界面。使用简单，并且功能丰富，如采用了自识别机制，无论是新系统还是改造现有的系统，其初始工作都非常容易。

(4) Panel 800 I/O 模块。每个 Excel 800 I/O 模块设备配置都有一个绿色的电源 LED 指示灯，一个黄色的状态 LED 指示灯。

所有的输入输出模块都具有 24 Vac 和 40 Vdc 的过电压保护以及防短路保护。每个 I/O 模块都配置有一个黄色的维护 LED 指示，以便诊断故障。

每个 I/O 模块都有其自身的微处理器。

Panel I/O 模块最多可以连接任意组合形式的 16 个 I/O 模块。模块地址通过位于每个端子底座的十六进制开关进行设置。

LonWorks 总线 I/O 模块可以被任何其他的 LonWorks 控制器使用。

（5）EL 50 控制器。EL 50 控制器内设有通信功能，可集成到作为房间/区域控制器霍尼韦尔 EL 5000 系统或开放式 LonWorks 网络上，与 Excel 10 控制器或第三方产品进行通信。该产品也可以作为独立的控制器使用。典型的应用区域包括供暖系统、区域供暖系统以及饭店、商店、办公室和小型的政府机构大楼的空调设备。

图 14-5　EL 50 控制器

14.3　WEBs 建筑自动化系统

霍尼韦尔 WEBs-AX™建筑设备管理系统，以具有开创性的 NiagaraAX 体系架构为核心，广泛应用于楼宇控制、工业控制、能源管理、安防管理等领域。霍尼韦尔的 NiagaraAX 技术和 WEBs 系统产品，可以通过标准的 Web 浏览器页面实时、安全有效地管理整个系统，同时降低成本，提高工作质量和工作效率，提升企业的竞争力。

霍尼韦尔 WEBs 系统提供了一个开放的平台，可以集成不同厂商的各种设备及系统，不仅能够最大限度地保护客户现有的投资，而且也能够在需要的时候随时添加新的设备。WEBs 系统以其开放的集成平台成为业界的领跑者。

WEBs 建筑自动化系统应用的典型项目有中国石油大厦、杭州萧山国际机场二期第二阶段国内航站楼、三亚洲际酒店、上海民生银行总部大楼、深圳证券交易所、世博会展馆，等等。

1. 技术简介

NiagaraAX 解决了集成系统中开发、整合和互操作的问题，可以整合各种系统和设备到一个统一的平台，便于通过互联网控制和管理，而无须考虑制造厂商和通信协议。这是一个可扩展的解决方案，NiagaraAX 能够实时连接运行数据到管理企业级系统，从而提升"智能设备和系统"的功能和价值。

2. 功能及应用特点

（1）开放式建筑物自动化控制。基于开放式的架构设计，整合了各种系统和设备到一个统一的平台，实施设备监测、管理与控制。

（2）能源管理。通过一系列的能源管理组件控制与管理设施中的能源消耗，确保各子系统的正常高效的运行，并达到降低能耗的目的。

（3）多协议集成。兼容现行的常用现场标准总线协议（如 BACnet、LonWorks、Modbus 等），同时还能为非标准协议的连接提供工具软件，为已建系统提供全面的软件技术支持，实现真正意义的多系统不同设备的无缝连接。

（4）Web 用户界面。基于 Internet 的分布式网络管理架构，支持用户通过 Web 浏览器实现对系统的实时监控，省去传统控制系统的"前端"费用，节省了监控系统的投入和运行成本。

（5）信息技术融合。通过 BACnet IP、OBIX、Niagara、SNMP，以及 SMS 等多种互联网信息技术，实现设备间的信息与资源共享。

（6）远程访问。可通过 iPhone、iPad 等智能手机或平板电脑设备随时随地访问系统。

（7）系统稳定可扩展。基于 Java 平台，使用 Java 虚拟机，每个节点都能作为独立功能的服务器，同时为多个用户提供实时数据，或连接到中央服务器实现数据汇总。可为各种标准的关系型数据库和企业级应用提供接口，当用户需要改变或扩大时，将体现出无与伦比的可靠性及可扩展性。

（8）支持无线通信。ZigBee 和 Wi-Fi 无线通信，降低安装成本，增强系统灵活性。

3. 系统工作站

（1）控制器管理软件 WEB Station-AX。控制器管理软件是系统中所有 WEBs-AX 控制器的管理控制平台。WEB Station 利用了因特网的强大通信功能，可以对 BACnet 和 LonWorks 等开放协议进行有效的集成。WEB Station-AX 可以创建一个强大的网络系统，支持综合数据库的管理，警报管理和短信服务。另外，WEB Station-AX 还提供工程组态工具和图形化的用户界面。

（2）编程工具 WEBPro-AX。这是专为霍尼韦尔 WEBs-AX 系统而设计的功能强大的编程工具。它为 WEBs-AX、Spyder 等控制器提供了一套简单通用的图形化编程工具，来完成应用程序的设计。WEBPro-AXTM 能兼容现行的常用现场总线协议标准（如 BACnet、LonWorks、Modbus 等），同时还能为非标准协议的连接提供工具软件。这个强大的工具包可以让客户管理和集成多种协议，而且可以实现本地控制或通过网络实现远程管理。

4. 系统控制器

系统控制器是基于 Java® 的控制器/服务器产品、软件应用程序和工具的 WEBs-AX™ 套件的成员之一，将大量设备和协议集成在统一的分布式系统中。WEBs-AX™ 产品的能力来源于革新的 NiagaraAX 构架，是业内第一种将各种系统和不同厂商的设备无缝集成在统一平台的软件技术。NiagaraAX 支持多种协议，包括 LonWorks®、BACnet®、Modbus 和 oBIX。NiagaraAX 构架还提供集成的网络管理工具，支持网络互操作的设计、配置、安装和维护。

（1）系统控制器 WEB-700。系统控制器 WEB-700 是运行于 NiagaraAX 平台上的新一代嵌入式服务器。支持在同一平台运行多种应用，如建筑物自控及能源管理。WEB-700 提供了高性能的控制功能，以及便捷的 DIN 导轨安装方式。WEB-700 通过互联网控制和管理建筑内的机电设备，并通过基于 Web 的图形界面为用户呈现实时的信息。

WEB-700 是中、大型设施的分布式控制与管理的理想选择。WEB-700 通过内置的可充电及监控电路，为系统提供不间断电源，1GB 内存和 1GB 闪存足以满足大规模系统对于图形，趋势记录及历史数据，应用程序等的内存需求。

WEB-700 是基于 Java 的控制器/服务器产品、软件应用程序和工具的 WEBs-AX 套件的成员之一，将大量设备和协议集成在统一的分布式系统中。WEBs-AX 产品的能力来源于革新的 NiagaraAX 构架，是业内第一种将各种系统和不同厂商的设备无缝集成在统一平台的软件技术。NiagaraAX 支持多种协议，包括 LonWorks、BACnet、Modbus 和 oBIX。

NiagaraAX 构架还提供集成的网络管理工具，支持网络互操作的设计、配置、安装和维护。

（2）系统控制器 WEB - 600。系统控制器 WEB - 600 是一个结构紧凑的嵌入式控制器/服务器平台。在小型紧凑的平台中，它集成了控制、监视、记录数据日志、报警、时间计划表功能，支持互联网连接和 Web 服务的网络管理功能。

WEB - 600 通过互联网控制和管理外部设备，并通过基于 Web 的图形界面为用户呈现实时的信息。

WEB - 600 是基于 Java 的控制器/服务器产品、软件应用程序和工具的 WEBs - AX 套件的成员之一，将大量设备和协议集成在统一的分布式系统中。

WEB - 600 是小型设施、远程站点以及大型设施的分布式控制与管理的理想选择。可选的输入/输出模块，最大限度地满足本地控制需求。WEB - 600 控制器同时支持多种现场总线，以便连接远程 I/O 和独立控制器。在小型设施的应用中，WEB - 600 控制器可以满足一个完整系统的全部需求。

（3）系统控制器 WEB - 201。系统控制器 WEB - 201 是一个结构紧凑的嵌入式控制器/服务器平台。在小型紧凑的平台中，它集成了控制、监视、记录数据日志、报警、时间计划表功能，支持互联网连接和 Web 服务的网络管理功能。

WEB - 201 通过互联网控制和管理外部设备，并通过基于 Web 的图形界面为用户呈现实时的信息。

WEB - 201 是基于 Java 的控制器/服务器产品、软件应用程序和工具的 WEBs - AX 套件之一，将大量设备和协议集成在统一的分布式系统中。WEBs - AX 产品的能力来源于革新的 NiagaraAX 构架，是业内首个将各种系统和不同厂商的设备无缝集成在统一系统平台的软件技术。

（4）虚拟控制器 WEBs - AX SoftJACE。将 NiagaraAX 构架安装于硬件之上，即可拥有完整的实时控制、动态图形和多协议集成的能力。

WEBs - AX SoftJACE 很容易实现特殊的应用，如机架式安装、扩展温度范围和 Windows 环境下的工业套件。

SoftJACE 在一套单一软件方案下，即可提供可编程控制器，多协议转换适配器，网络管理员，Web 服务（可选 Web 用户接口），数据记录和报警服务器的功能。

WEBs - AX SoftJACE 可以运行在 Microsoft XP Professional，Windows Server 2003 以及其他与 Windows 系统兼容的计算机上（除了 Vista），WEBs - AX SoftJACE 运用基于 Ethernet 的协议与外部设备进行通信，目前已支持行业内大多数的标准协议：OPC，BACnet IP，Modbus TCP，oBIX，XML 和 SNMP。

（5）可编程通用/变风量控制器 Spyder LonWorks® 通信协议 PUL/PVL。PUL1012S，PUL4024S，PUL6438S，PVL0000AS，PVL4022AS，PVL4024NS，PVL6436AS 和 PVL6438NS 是 Spyder 家族系列（LonWorks 通信协议）的产品。此 8 款产品是通过 NiagaraAX Framework 软件编程和设定，通过兼容 LonMark 标准的自由拓扑收发器（FTT）控制 HVAC 设备。控制器提供多种选项和先进的系统控制功能，从而实现对商用建筑物的完美控制。

控制器可以用于变风量（VAV）和通用 HVAC 控制的多种应用上。每个控制器包含一个主微处理器负责程序控制，还有一个微处理器负责 LonWorks 通信。控制器提供了通用输入、数字输入、模拟输出和晶闸管输出。

（6）可编程通用/变风量控制器 Spyder BACnet® 通信协议 PUB/PVB。UB1012S，PUB4024S，PUB6438S，PVB0000AS，PVB4022AS，PVB4024NS，PVB6436AS 和 PVB6438NS 是 Spyder 家族系列的产品。此 8 款产品是通过 NiagaraAX 构架软件编程和设定，通过 BACnet MS/TP 网络控制 HVAC 设备。控制器提供多种选项和先进的系统控制功能，从而实现对商用建筑物的完美控制。

控制器可以用于变风量（VAV）和通用 HVAC 控制的各种应用上。每个控制器包含一个主微处理器负责程序控制，还有一个微处理器负责 BACnet MS/TP 网络通信。控制器为外接传感器提供了灵活的通用输入、数字输入、模拟输出和晶闸管输出。

（7）定风量控制器 W7750A，B，C。W7750A，B，C 是 Excel 10 产品系列中的定风量空调机（CVAHU）控制器。是 LonMark 的兼容设备，专为控制单区域和热泵空气处理器而设计。

（8）变风量控制器 W7751H Smart。变风量控制器 W7751H Smart 是一个集成的变风量控制器，在 Excel 10 系列产品中，它将一个变风量（VAV）控制器与一个 110s ML6174 直耦连接执行器集成在一起。提供压力无关的风量控制和压力相关的风阀控制。VAV 系统通常只对空调区域提供冷风。W7751H 控制器提供两个附加输出，控制风机或 VAV 箱再热盘管。该加热器可以是分级式电加热，也可以是连续调节的热水加热。为区域提供送、排风的压力控制。

（9）液晶房间温控单元。TR70 系列 Zio（TR70/TR70-H，TR71/TR71-H）以及增强型 Zio（TR75/TR75-H）是一款以 Sylk 总线通信的两线制、极性无关的房间温控单元，主要与 Spyder® 可编程控制器配合使用。所有型号都带有区域温度传感器，网络总线接口，三个软操作键、两个参数调整键和一块液晶显示屏组成的操作面板。

TR70-H，TR71-H 和 TR75-H 内置一个湿度传感器。

（10）房间温控单元。CTR21/22/23/24 为直接接线的墙装模块系列，用于霍尼韦尔 Excel 800，XL10 以及 Spyder PU*，PV* 等可编程控制器所有型号都带有温度传感器。有的型号有温度设定、LonWorks 接口、带 LED 的按钮以及风机开关。

这种控制器用以风机盘管温控、商用温控、酒店温控（带人体感应传感器）。

5. 能源管理系统

能源管理系统 WEBs-AX 是一个应用程序软件包，旨在帮助最终用户理解和管理能源。基于 NiagaraAX 架构上的 WEBsAX 的能源管理套件，从企业的系统中采集数据，包括能量表、建筑物自动化系统、机电系统的数据，并提供预先设计的报告专门用于分析能源使用情况，并找出最经济的能源策略。

WEBs-AX 是基于 Niagara 架构下开发的系列产品，能够提供全套建筑物自控的解决方案。它能包容现行的常用现场总线协议标准（如 BACnet，LonWorks，Modbus 等），同时还能为各私有系统（非标准协议）的连接提供工具软件，能给已建系统提供全面的软件技术支持。此产品还提供基于网络浏览器的图形化用户界面，无须专用工作站或客户端软件就可以让用户浏览和操作它的系统。

6. 安防管理系统

安防管理系统 WEBs-AX 是包含硬件和嵌入式软件的一套解决方案，它专为门禁控制和入侵监控而设计。该系统由一个安防主控器、读卡模块、输入/输出模块组成，这些设备通过网络进行通信。用户界面和应用软件都是嵌入在安全主控器中，用户可以通过标准的网络登录系统，浏览查看信息。

WEBs－AX 安防系统也可以与 WEBs－AX 建筑物控制系统通过 Fox 协议及 BACnet IP 进行通信。客户可以将安防系统与建筑物控制系统集成在一起，不仅可以进行能源节约的控制，也可以有效地保证客户的财产安全。

图 14－6 是 WEBs－AX 系统结构图。它集成有空调（HVAC）设备监控、安防系统（Security）、视频（Video）监控，以及其他变配电、电梯、冷源等第三方（3－RD party）设备。

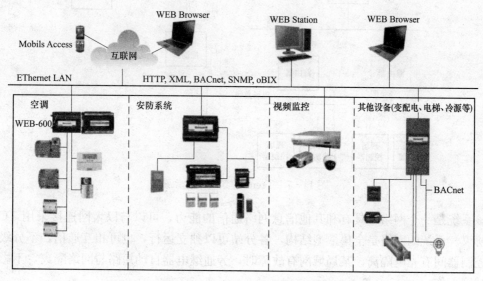

图 14－6　WEBs－AX 系统结构图

14.4 Trend 建筑自动化系统

卓灵（Trend）是 Honeywell 控制系统集团的核心成员之一。卓灵建筑自控系统被全球各种商业、政府、民用、工业等智能建筑广泛采用。它在我国完成的工程有中国国家博物馆、上海嘉里不夜城、北京新世界广场、昆明新国际机场、武汉泰合广场、深圳富临大酒店、厦门金融中心、太原机场、北京卷烟厂、高铁上海虹桥站等。

卓灵系统涵盖了全系列的建筑控制软、硬件产品，主要包括：控制器、传感器、阀门及阀门驱动器、中央监控系统、网络通信组件等。

卓灵建筑自控系统应用主要针对冷水机组、空调系统、变配电系统、照明系统、给排水系统及第三方厂家系统（如火灾报警、电梯、保安监控等）。

1. 系统组成

传感器接收现场物理量变化的信号，输入直接数字控制器（DDC），控制器输出控制信号控制执行器工作，使物理量按照一定规律变化。

各个直接数字控制器间采用网络结构。在网络上可以接上显示器、监控微机、打印机，通过接口也可以和其他系统（安防、电梯、火灾报警）相连。用调制解调器可通过电话线路与其他系统进行通信。

Trend 建筑自动化系统如图 14-7 所示。

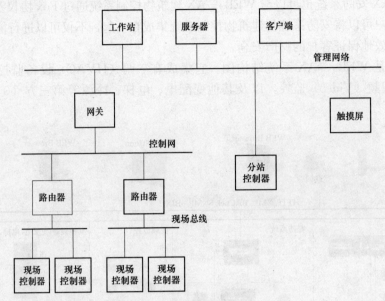

图 14-7 Trend 建筑自动化系统

该系统是一个网络，具有和其他信息网络通信的能力，可以与以太网连接采用 TCP/IP 通信协议。系统的网络是全集散型结构，各分站可以独立运行，也可相互通信，不分级。网络和控制器间有光电隔离，某局域网有故障时，旁通继电器自动短路与网络隔离，不影响其他局域网工作。

网络符合国际标准组织开放互联标准，方便与其他系统相连。一个局域网可以连接多个分站，分站距离可达 1000m。多个局域网可以连接组织成多个分站的大系统。卓灵网络具有卓越的集成性能，可以同时与以太网、LON 网络、BACnet 网络、OPC 协议、电话网络及第三方设备等进行通信。

系统设有各种传感器、控制器、执行器、通信接口、中央监控微机。

分站控制器有大中小系列，采用模块化结构，可以独立运行，也可以接成网络中央监控。分站控制器软件固化在 EPROM 中，如时区控制（TS）、最佳启停（OSS）、PID 自适应控制、数据趋势记录、报警处理等。分站控制器输入通道可对传感器供电，不需要另行敷设。分站控制器可配显示面板，可显示设置和控制信息，有密码保护。

2. 系统特点

以 IQ3 控制器为核心的 TREND 智能建筑物自动化监控系统，将拥有采用传统 DDC 控制器技术的楼控系统所不具备的优势。

（1）操作容易。IQ3 带领互联网技术进入建筑物监控系统内，给建筑物操作员和系统安置者带来极大的方便，在设计和安装上，都是以综合布线为中心，简单直观，对于用户操作很方便，使用图形网页界面，操作容易。

（2）设计方便。IQ3 是累积多年卓灵在生产自控控制器的经验而设计出来的，只要一个控制器的型号及配合扩展模块便能适合不同大小的专案要求。该系列控制器拥有 10～18 个输入输出点，并可根据需求订购可自由编程型的，或出厂已拥有固化程序型。

（3）扩展灵活。按照要求增加监控点或额外的输入/输出扩展模块，没有必要增加更多控制器，连接时只需要简单地使用一根导线，即可提供多种输入/输出扩展模块选择。

（4）开放及标准的网络技术。IQeco31、IQeco35、IQeco38 末端控制器采用了 BACnet MS/TP 协议，既能与其他 IQeco 系列的控制器在 BACnet MS/TP 网络上相互通信，也能通过 BINC 与其他的 Trend 设备（如 IQ3 控制器）通信。

使用以太网及 TCP/IP 网络技术，不但在世界普及，也符合国际标准和协议开放，而且安装方便，安装成本低及节省安装时间，传送速度快、稳定可靠，是现今最流行的通信网络，适合各类型的建筑物。从这些年互联网的飞速发展便可知道网络的扩展灵活。

（5）内嵌式图形化 Web 网页服务器 —— Graphic IQ。IQ3 控制器内嵌网页服务器，基于通用的 HTML 格式，为用户提供简单直接的解决方案，无须特定的软件，只需使用标准的网页浏览器便可以进行监控。IQ3 更提供图像及图表显示，以直观地监控建筑物设备，并且根据用户登录的许可权级别，用户可以直接在网页上调节及改变参数，不同级别的用户可监控不同的页面，安全而高效。

（6）即时存取。通过互联网，无论在何时何地，无须特定软件，通过标准的路由设备连接宽带网络或采用拨号连接，都能即时监控，更可使用 PDA 或移动电话等同时访问网络，一切尽在掌握之中。

网间接点控制器可将数个 Trend 网络连接成大型网络，最多可以连接 117 个。可以连接以太网、Lon 网。

3. 控制器

卓灵建筑自动化系统采用的分站控制器有 IQ3 控制器，采用 32 位 CPU 和模块化结构，控制点可以从 16 点到 96 点，可以扩展到 265 点。它能提供对站房及设备的管理及控制，如锅炉、冷却器、空调机、水泵、照明设备等。

（1）控制器 IQ3xcite 系列。这是全球第一款内嵌图形化网络（WEB）服务器，直接基于 TCP/IP，以开放的 Ethernet（以太网）作为管理/控制/现场总线进行监控数据通信及网络互联的最新型控制器。可以让用户通过在 PC 上运行 IE 浏览器来连接系统，进行用户订制的网页数据传输。通过适当的系统连接设置，经过安全授权的用户就可以在世界上任意一个角落通过接入 Internet 来监视和管理控制器。

IQ3 控制器直接向 TCP/IP 网络开放。这意味着基于成熟的网络技术，无论是一个 IQ3 控制器，还是成百上千个 IQ3 组成的控制系统，都完全依托于智能建筑中的通信自动化子系统 CAS 的综合布线与计算机网络，形成 BAS 与 CAS 的无缝集成。这两种技术的结合，完全克服了上述传统 BAS 中的弊病，获得了全开放条件下的高效率与低成本；无论是从 BAS 的前期设计一直到后期维护，都是革命性的突破。

（2）控制器 IQ22x 系列。这是针对小型建筑物的理想解决方案，如学校、银行、商店和诊所等。通过单一的控制单元实现对包括照明在内的所有监控功能。同时，作为专业控制器，它还适用于广泛的现场设备管理，包括空气处理机、冷冻机和空调末端等。

IQ22x 系列控制器具有一个配套的 modem 选配件，是针对小系统的全面解决方案。通过提供拨号网络来进行集中管理，提供远程接入来监视和调整系统操作参数。

（3）房间温控器。这是一个装在墙上的显示单元，包括一个温度传感器和一个调节控制器。有开关时间和风扇速度控制的多种可选项。与 IQ 控制器（RD-IQ）和 IQL＋控制器（RD-IQL）兼容，该单元直接与本地显示端口连接，或者在 IQL＋的情况下，通过一个数字输入通道进行连接。

（4）智能显示单元。这是装在墙上的显示设备，它使得用户能够对 IQ2xx 系列（SDU-IQ）或 IQ3xcite 控制器（SDU-XCITE）中选中的控制参数进行监控和调节。该单元直接连接到控制器的本地显示端口。目前有一款兼容 IQL 的版本可用（SDU-LON），它直接连接到 LonWorks 总线；并且通过按它的"服务口令"按钮，可以与 IQL 控制器相关联。SDU-LON 为它的 IQL 控制器提供实时时钟和时区特性。

4. 软件

操作系统为 Windows 中央监控软件，包括程序管理软件、报警软件、报警指示软件、日程安排、系统流程示意图、曲线图等。

（1）程序管理软件。程序管理软件（Manager）是监控程序操作的中心，它为操作者提供一个简洁的界面去选择和启动应用程序。每一个应用程序在屏幕上用一个极小化的图标（ICON）表示，操作者可用鼠标敲击图标来启动图标所对应的应用程序。在程序管理器所属下的应用程序能用密码进行保护，并根据密码的级别操作者可转入不同的应用程序。当操作者开机操作软件时，仅有与操作者职务一致的图标出现在屏幕上图标组里。用同样的方法，如文字处理系统、数据库、分列表等专用软件也可以加到屏幕上图标组里，并由程序管理器来启动。

（2）报警软件。报警软件（ALARMS）随时准备处理房间温度长时间过高或水泵、锅炉发生故障等。无论何时发生报警情况，报警器检查每次警报性质并启动相应的报警记录、显示、打印，详细报道出报警信号的类型、发生地点、时间和日期。如果有必要，报警器可以通过公用电话系统或无线电通信系统将所需的报警信号传送到其他监控器设备上。当操作者收到这个报警时，控制器就自动产生一个检查跟踪信号，确认谁该负责处理这种故障。

（3）报警指示软件。在报警指示（Alarm Viewer）软件中，容易找到过去某设备发生过什么故障、在过去的几个月设备停产时间等记录。由建筑物管理系统报道的报警事件都用数据库文件中的标准询问语句（SQL）记录下来。使用报警指示器能从众多现场的大量历史报警数据库中搜索出有关信息及一系列的常规故障信息。比如上周所发生过的故障事件，今年以来所发生过的故障事件，都储存在一个数据库中，用户也可将自己经常遇到的定型故障名称存储于此库中。

（4）日程安排。日程安排（Calendars）用于安排各种设备的工作时间表。使用日程表在几分钟内就能完成设备的工作时间表变动。日程表是为小型、中型、大型的现场分散系统提供日常设备运行的日程安排。通过使用鼠标器进行图形操作，很容易改变设备工作模式、时间档案以及房间使用情况，如可以预先设置从目前到 2030 年的房间使用情况，并每月复查一次。当需要改变这些预先设置情况时，日程表自动负责使系统中各子站的工作时间做出相应调整。

（5）系统流程示意图。系统流程示意图（Schematics）能够使建筑物设备管理和建筑物内环境控制带来更高的效率。监控软件的核心是系统流程示意图，该图将建筑物设备系统以简明、形象的示意图表示出来，并在此图上实时显示各设备的运行状态和各点工况参数。软件中带有专门绘制系统流程示意图的软件包，也可以将这些示意图扫描输入该软件内。设备运行状态、各点工况参数的动态显示以及图形选单都可提供最详细的信息，为操作者的控制提供方便。示意图上的按钮允许对参数设定值进行调整、记录，并且可以在相联系的示意图之间进行移动。

（6）导航器。导航器（Navigator）又称图示系统，它能将各页流程示意图按现场的分布情况编制成一棵树，操作者将鼠标指向树状结构上某一点，击键后，图示系统就将该点对应到各参数的实时动态值。图示系统允许在树状结构上插入，删除和移动某一流程示意图，并自动将这些流程示意图按一定的页码顺序连接起来。

（7）曲线图。有成效的建筑物设备管理系统需要让操作者不仅能知道整个建筑物目前的运行情况，而且能了解过去所发生过的事情。曲线图（Graphs）为建筑物的管理者提供了此功能，将 TREND 网络系统上各控制子站所采集参数的历史记录数据送入其中的监控微机，操作者就能在监控微机上观察建筑物设备系统在过去曾经历的性能变化曲线，同一坐标上多条参数变化曲线相互对照，突出了各个参数之间相互作用。通过坐标点的比例变换、曲线上某点的局部放大，并利用鼠标光点坐标系中的灵活移动性，操作者就可以对某一时刻所发生的事件做更详细的了解。曲线图可以弹出式窗口的形式嵌入相关的某一页流程示意图中，也可以因某一特定的报警事件而触发。如果与存储及显示（Record & Playback）功能结合起来应用，TREND 系统上的各参数曲线可作为数据长期归档。

（8）直拨软件。直拨软件 963 SMS 是与 963 管理程序相关联的一个可选特性。它使得 963 能够自动直接向一部 GSM 手机发送警报消息，而无须寻呼台或 SMS 网关。利用 963 SMS 直拨，用户能够将 GSM 调制解调器直接连接到他们正在运行 963 SMS 直拨的计算机上。之后，963 就能够将警报和其他信息作为 SMS 文本消息对外发送。

（9）移动显示软件。移动显示软件 916MDS 在 Microsoft 的掌上电脑上运行，916 提供了一个到 IQ 系统的接口，使用户能够监控和调节 IQ 和 IQL 控制器中的参数。916 能够通过一个标准的网络连接（本地管理程序端口或 CNC2）、通过一台调制解调器、或通过以太网，连接到 IQ 网络。GSM 电话可以代替调制解调器使用。

（10）OPC 服务器软件。卓灵 OPC 服务器软件提供了一个连接到卓灵系统的"开放系统"接口。使用行业标准 OPC 通信驱动程序接口。卓灵 OPC 服务器应用程序是一个 Windows 应用程序，它支持 OPC 数据存取标准 1.0 和 2.0。OPC 服务器提供了 OPC 客户端应用程序（通常是 SCADA 管理程序）访问卓灵系统的通信；它允许读取或修改来自卓灵系统的任意模块参数。

SCADA 管理程序虽然比 963 在 BMS 特性的范围上有更多限制，但是提供了一个集成特性，以及一种数据通信接口的形式。

（11）触摸式显示单元。IQView 是一个触摸式显示单元，它提供一个进入 IQ 系统的自动配置用户界面。IQView 软件展现在用户面前的是熟悉的 Windows 操作环境。系统访问通过目录树来提供，使用户能够选择不同控制器，从而访问模块、图表、警报和时区。

5. 网络

（1）通信节点控制器。卓灵网络间通信网卡（INC2）提供了多个卓灵局域网网络通信之间的一个接口。

打印机网络卡（PNC2）提供了卓灵网络和打印机之间的一个接口，允许警报直接发送到打印机。

（2）多功能网络通信控制器。多功能网络通信控制器（3xtend）就如同一个 INC2，可把卓灵系统中的电流环（IQ2 网络）、LON 网络及以太网集成在一起。它工作在卓灵网络间（Internetwork）的层面运行，能够支持 WAN 以太网。它也提供虚拟的 CNC，允许以太网 PC 机上的管理程序或工具软件连接到卓灵系统。

工作在 LON 网络上的设备不再需要其他设备而直接接入 LON 系统。

（3）以太网网络节点控制器。以太网网节点控制器（EINC），提供了这样一种连接方法，即使得卓灵系统网络能够扩展到以太网。EINC 可在卓灵网络间运行，但也提供虚拟的 CNC，允许以太网 PC 机上的管理程序或工具软件连接到卓灵系统。EINC 使用 TCP/IP 网络协议，这使得它能够通过以太网来访问（如使用 963）。

XNC 网关是一个可编程接口（使用卓灵定制语言），用于与第三方系统集成的解决方案。

（4）卓灵调制解调器节点控制器。卓灵调制解调器节点控制器（TMN）是一个拨号设备，用于与远距离的卓灵系统的网络连接。TMN 可以连同一个完整的 GSM/GPRS 的 56k 模拟调制解调器一起供应，或者与一个外部调制解调器或终端适配器一起使用。TMN 还支持与很多无线电和 SMS 提供商之间的通信。

6. 能源管理

（1）能耗监测。能耗监测（Energy Eye）可以检测电力、燃气等能耗数据。能耗数据可以转换为二氧化碳排放量。

系统为某个用户建立了主要的用电量数据采集和卓灵的 BMS 数据（锅炉/冷冻机液体温度），并能结合现场能源管理经理对设备操作的电能消耗所采集的数据。该功能通过应用能耗监测和报告管理软件（iMAT）来实现数据的自动分析。

通过能耗异常报告可以识别能耗低效的原因。能量服务同样包括建筑物控制系统应用策略评测以及现场环境条件、能量消耗详情的优化建议报告。

（2）能源管理。能源管理（Energy Management）软件用于建筑物能源管理和费用分析。

14.5　Alerton 建筑自动化系统

艾顿（Alerton）公司是 Honeywell 公司的全资子公司。一直致力于开发和推广符合 BACnet 标准通信协议的楼宇自控产品，也是全球首家推出完全符合 BACnet 标准楼宇自控系统的厂商。该公司产品的典型工程有温州永强机场、广州长隆酒店、上海浦东中医医院等。

该系统的特点如下。

1. 采用 BACnet 协议

整个系统，包括各种控制器，图形工作站，都 100% 符合 BACnet 标准。

图形操作站、全局控制器，现场控制器及所有的输入输出设备，完全按照 BACnet 标准所定义的协议和网络标准进行通信。也就是说，所有的操作站和控制器，包括单元控制器，都是完全符合 BACnet 标准的设备。当与符合该标准的其他控制器进行通信时，不需要使用网关。网关用于与旧系统，或按照其他标准生产的系统通信。

2. 使用图形化编程环境

整个系统内的所有控制器都使用同一编程工具和编程语言。项目中包含了编程所需的所有工具，编程工具被安装在服务器上。

图形化编程工具，采用 3D 立体图形化的控制功能模块，支持 DDC 的所有功能。这些功能模块通过有机的连接，可以提供一个非常清晰的控制流程图，实现所需要的任何控制策略。可以在图形工作站生成控制策略，自动下载到控制器中；即使控制器分布在广域网上，采用 IP 通信，也可以在远端将控制策略进行下载。系统中已经包含编程工具，编程工具可以安装在服务器上，也可以安装在业主指定的计算机上。系统中的任何的、全部的控制器，包括全局控制器、现场控制器和区域控制器，都使用同一编程工具。

3. 图形化显示页面

通过简单的单击界面上的一个按钮，就可以执行一个程序，或者切换到另一个显示页面。

客户可以自定义显示标签（按钮上显示内容），被用于显示页面的选择。从界面上的菜单还可以进入下一级界面和子菜单。每个动态数据和菜单按钮及对话框可以同时显示在一个界面上，每个界面都有安全级别保护，如果操作者的安全级别不够，将看不到这些按钮。按钮可以启动 Windows 里的 Word、Excel、Access、Outlook 等程序，包括打开需要的应用程序。

4. 应用数据库

工程实施工具包含和安装在系统服务器上，包括了应用数据库管理器。数据库管理器可以管理控制器的控制程序文件，项目使用的图形文件，对象列表和操作说明文档。编程人员可以根据自己项目的实际情况，编辑修改标准库中的资料，然后安装在控制器和图形工作站上。工作站软件提供了最少 250 个应用实例供用户使用。

5. 通过以太网通信

系统服务器，图形操作站、全局控制器、带有扩展模块的可扩展型控制器，可以通过以太网进行通信，通信速率可达 100bit/s。它们也可以采用 IP 通信协议进行通信，而无需增加任何硬件和软件。这些设备可以通过广域网连接起来。控制器间的通信都是对等的。

6. 控制器都是可编程的

系统所有的控制器都是可编程的，包括所有的全局控制器、扩展型控制器、现场控制器、区域控制器和带有输入/输出口的现场控制器。每一个控制器都使用同一编程工具和编程语言。

7. 温度传感器具有两种模式

智能温度传感器具有带背光的 LCD 数字显示，用户操作功能键和内置温度传感器。一种模式是用户操作模式，另一种是技术人员的现场服务模式。

智能温度传感器可作为房间控制单元，可以设定温度设定点。智能温度传感器允许技术人员通过隐含模式进入，进行操作。现场服务模式可以根据不同的应用环境进行自定义。如果智能温度传感器连接 VAV 控制器，则通过智能温度传感器就可以观测和设定 VAV 箱平衡和气流参数，而不需要电脑或其他工具。

8. 无数字显示的智能传感

如果不需要数字显示，可以选择一款墙装式无数字显示的智能传感器，通过连接工具连接到该种类型传感器进行参数设置。

该款标准的壁挂式传感器同样是智能型的和美观的。传感器提供强制功能，加热/制冷模式选择，设定点调整和具有现场服务工具接口。最大运行时间参数存储在控制器里，可以按区域设定。制冷/制热的调节范围存储在控制器的 EEPROM 里面。通过现场服务工具，连接到传感器相应接口，可以设定、调整所有参数。

9. 网页浏览功能

如果系统中需要网页浏览功能，则需要一台网页服务器，提供网页浏览和一个系统服务器。

标准配置中，BAS厂家应该提供具有使用网页浏览器访问能力的系统。用户通过标准的网页浏览器，可以访问实时显示页面。网页服务器单独存在，连接在 BAS BACnet 网络上。对于控制系统，网页服务器不能担当 BAS 服务器角色。为保证数据和系统的可靠性，BAS 服务器和网页服务器相对单独存在。不需要用户支付网页浏览器软件费用。

图 14-8 是 Alerton 建筑自动化系统的结构图。

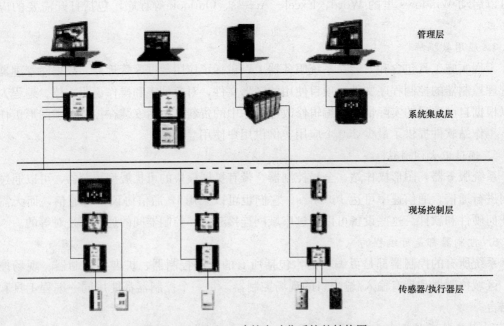

图 14-8 Alerton 建筑自动化系统的结构图

👷 14.6 APOGEE 建筑自动化系统

西门子建筑自动化科技公司成立于 1896 年，总部设在瑞士，是西门子公司的子公司，是建筑物自动化系统的主要生产厂及供应商之一。它在德国、英国、法国、意大利、瑞典、新加坡、澳大利亚及新西兰等国家有 300 多个分公司或分厂，是一个跨国集团公司。在我国的工程如北京华侨大厦、广州口香糖厂、上海八百伴广场、上海瑞安中心等 200 个项目现已开通。

其主要产品为 APOGEE 建筑自动化系统。

1. 系统组成

APOGEE 系统是以微机的工作站为核心与现场的直接数字控制器分站，组成集散式系统（见图 14-9）。有各种单元控制器及终端设备控制器，可控制暖通空调系统、电力系统、照明、电梯、安防、消防系统。

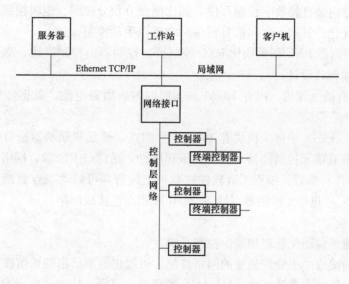

图 14-9 APOGEE 系统的组成

2. 网络结构

网络结构上分为高层网、中层网和局域网。

（1）管理层网（地区网络）。由以太网（Ethernet）组成，Insight 工作站可接入网络进行数据管理。

（2）控制层网（建筑物网络）。为同层网（Peer to peer Network），最多可以连接 32 个模块化控制器（MBC），并能与火灾警报系统等相连。

（3）现场层网（楼层网络）。每个模块化控制器（MBC）可连接三条局域网（LAN），可接多台现场控制器。

3. 中央站

中央站由服务器、微机工作站、打印机等组成。软件为 Insight 工作站软件，采用实时多任务的视窗操作系统，配有 CAD 绘图软件、控制语言（PPCL），具有时间优化控制、测试参数动态显示、六级操作口令等功能。

4. 控制分站

该系统控制分站有多种型号。

（1）模块化设备控制器 MEC。这是一种直接数字控制器，可以独立运行也可以联网运行。分站控制器由电源模块、控制模块、测点模块和机壳组成。机壳内安装电源模块、控制模块、测点模块等，最多可安装 40 个模块。

1）电源模块提供直流和交流 24V 稳压电源。

2）控制模块有 32 位中央处理器，进行测点扫描、外部通信、程序执行、报警处理和操作员接口。每个控制模块有 2 个 RS232 接口，可接终端、打印机、调制解调器或便携式微机、4Mb 或 3Mb 内存。内存 RAM 由电池后备 60 天。操作系统存于非易失性存储器（EPROM）内，便于更新。

3）每个测点模块可有 1 个、2 个、4 个测点。有模拟量输入、模拟量输出、开关量输入、开关量输出等 14 种类型，最多可有 36 个测点模块。采用过程控制语言（PPCL）编程。

模块化控制器内装直接数字控制程序，如比例微分积分控制、逻辑控制、报警监测和报告、起—停时间优化、日期—时间假日程序。它可以手动控制。

（2）紧凑型控制器 PXC 和模块化 PXC 控制器。控制器由控制模块、测点模块、电源模块等组成，采用插板式设计。

1）控制模块有微处理机、内存 ROM 和实时时钟、后备电池。数据和程序储存在存储器（EPROM）中。

2）测点模块（I/O）中每个模块有 16～24 个测点，键盘和显示器是可选项，可接便携式终端。软件工具有单元控制器接口软件和编程软件，通信口 RS232，网络为 RS485。用过程控制语言（PPCL）编程，编程工具软件在微机上运行，可修改测点数据和运行程序。模块化控制器（MBC）和单元控制器（UC）间用 RS485 连接成网络。

5．系统的功能

（1）优化的建筑自动化管理和集中控制系统。

（2）不需要前端或中央处理装置的网络设施，可提供控制严密的通信联系。

（3）对采暖、通风和空调系统（HVAC）的精确、可靠、快速、使用安全、控制有效。

（4）通过对等网络，实现过程控制和数据存取管理。

（5）有效而简便的接口，能够及时进行全部信息的存取及系统的监测控制。

（6）通过系统内最新的优化程序和预定时间程序，能够全面节省能源和设备的开销。

（7）系统开发成本低，并具有较强的兼容性和扩展性，可以保护用户的最初投资并加快投资的回收。

6．系统的特点

系统的开放式结构使其便于与新技术结合，而不会因为技术的发展而过时。因此，使该系统得到不断地发展。跟踪记录情况表明，该公司产品的兼容性使其在工业应用上具有独到之处，而且是有效的。

（1）系统信息功能强，使用简单。采用 APOGEE 控制系统可以存取整个系统中多个区域的信息，而与建筑物的大小和网络内设备的数量无关。整个信息系统适用于就地进行设备维护、故障寻找以及集中进行日常系统控制、远程事后或突发情况的报告。为简洁起见，全部用户接口都有提示，报表和数据都遵循一个共同的格式。

（2）信息就地存取。采用符合工业标准的可快速连接的便携式计算机，使整个系统的数据可以就地进行现场故障寻找和维修服务；信息可以在网络任何地方存取。

（3）集中存取及微机图形工作站软件。在控制设备上，Insight 软件以窗口方式进行监视及对整个建筑物进行控制。远程设备甚至楼群，通过严谨的 S600 控制系统，可以在一个屏幕上观察到从采暖、通风和空调，到安防、出入口管理、工业过程控制和照明的全部情况。从系统的日常监测到最佳的综合控制，都由用户接口软件实现。系统的报警管理能及时地通过直接报警，向系统操作员通知系统的"非正常情况"，以便有关人员或装置作出反应。通过全动态窗口，操作员可以连续监视系统状态。同时，Insight 的其他功能仍能继续工作，提高了操作员和系统的效率。这是一个真正的多任务系统。为了保证系统的安全性，有 6 种机密等级对数据库和其他机密信息的存取进行控制，以满足 50 个指定的用户需求。以太网采用标准数据通路，能及时访问多个工作站，操作员可以监测、修改设定点，可在网络的任意位置存取其值。

（4）其他特点。

1）当绘制按规格改制的鸟瞰图、楼层平面和机械设备详细的内部接线图时，采用 3 维的 HVAC 图形程序库可以大大节约时间。

2）有大量手册资料来满足不同技术水平操作员的需要，管理员可以按照每天的简明任务提要，培训新的操作人员；有经验的操作员则可以快速地查找信息。

3）日期、时间、设备程序负责起动和关闭设备；该程序还保证用户环境舒适，并且使设备的磨损和损耗减至最少。

4）跟踪整个系统状况以便最大限度地节能。一旦电源发生故障，数据库能自动从 PC 机硬盘重新装到现场盘上。

5）通过动态趋势图除绘制历史资料外还可以自动跟踪温、湿度值和其他各种变量，以加快系统及设备寻找故障和调节的时间，并监视所发生的各种实时变化。

14.7　Savic - net FX 建筑自动化系统

Savic - net FX 建筑自动化系统是日本阿自倍尔（Azbil）公司产品。阿自倍尔（Azbil）公司原名为山武霍尼韦尔（Yamatake - Honeywell）公司，是日本一家主要从事过程自动化、工业自动化及建筑自动化设备事业的公司，成立于 1906 年，在美国、新加坡、比利时、中国、泰国、印度尼西亚都有分公司。它在中国的工程项目有大连森茂大厦、上海罗氏制约工厂、上海图书馆、上海太阳广场、上海森茂大厦、浦东发展银行外滩分行、咸阳彩虹显像管厂、上海松下彩色显像管厂等。

1. Savic - net FX 系统特点

（1）系统扩展。系统的结构与建筑的大小、用途无关。它能根据建筑的大小，构成最大控制点数为 500/1 000/2 000 或 3 000～10 000 点的系统；可选择模块的扩张或分散，设置遥控装置等系统结构；还可设置多个中央控制装置，划分负责区域，简单地进行部分替换或补充。

（2）开放式网络。它能与各种安全、防灾、电话交换机、广域网、局域网、照明控制系统等联网，与新的或旧的系统，或与其他公司的系统均可联网，实现有机的、统一的系统。

（3）先进的通用技术（开放技术）。基本软件采用 Windows NT，能进行高速、多功能任务处理，可靠性高，能使用各种网络。通信采用了以太网，具有高速的、世界标准等最新的通用技术。这样，BA 系统可与多媒体、通信等技术的发展相结合，得到相应的提高，同时改善建筑物管理的工作方式。

（4）数据的开放，提高了管理水平。由于管理集成服务器（MIS）、系统管理服务器（SMS）、数据存储服务器（DSS）、系统核心服务器（SCS）等都是 WEB 服务器，用户可以采用微机作为终端对系统进行管理。它可以用通用软件自由地加工日报、月报、趋势数据、各种历史数据等。可方便地通过网络、软盘、光磁盘（MO）等多媒体交换各种数据，编制报告，进行能源分析及故障分析。若使用主机上装有的 BMS 软件包，分析工作会变得更加容易，可使用通信功能将控制、管理数据反馈给业主、管理人员和建筑物的设计者。

（5）面向用户。操作人员可自由地改变控制点数、承租人名称以及图形、日、月报的显示和打印等；还可变更控制环路的各种参数，以适应建筑物的使用状况，达到最佳的管理。另外，还备有丰富的用户操作装置以供建筑物利用者自己设定环境。

图 14-10 是 Savic-net 系统的结构。

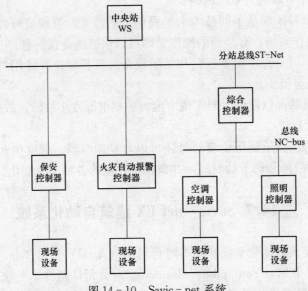

图 14-10　Savic-net 系统

2. 系统的功能特点

主要表现为中央软件的功能和可靠性等。它通过简单的操作，便可获得所需要的资料，更有效地实现监控。具体表现如下。

（1）操作简单。不需要微机知识，即可操作。遇到疑难之处随时可用在线帮助功能协助。

（2）窗口显示。可层叠显示数个窗口，同时观看有关的画面和信息。

（3）信息直观。通过动画、阶调、计算表、活线等表示，可直观地掌握复杂的设备状态。

（4）支持多媒体。操作者通过使用图形或设备清单等静止画面，加上操作时的声音指导，以及报警时的语音功能，使操作人员能进行准确的操作和恰到好处的应答。另外，还备有方便的无纸留言功能、可视画面表示等各种多媒体功能。

（5）提高了查找功能。从大量的数据中，可将操作员、管理者所需要的情报进行查找、显示或打印。所有要打印的信息均保存在硬盘上，因此，可根据查找结果来打印所需要的情报。

(6) 以控制点为中心的信息处理。在图像画面上，可表示各控制点的对话窗以确认详细内容。还可进行数据的设定，趋势图、日程表、设备清单画面的表示和移动，以控制点为中心进行信息处理。

(7) 以图形表示所有的控制点信息。所有的控制点均可以趋势、条形、层叠、组合等图形表示。在高速趋势图中，可以一目了然地了解并比较测定值、计算值的变化以及和有关设备的动作关系，从而进行高质量的管理和分析。

(8) 系统的可靠性高。具体表现在以下几个方面。

1) 彻底的分散性模块提高了可靠性和维护性。按区域和设备划分的水平分散性模块以及按楼层构成的自律分散性系统，不会在维修或发生异常时影响其他的模块。各模块具有自我诊断功能，可以迅速地发现异常。

2) 远距离维修功能。客户的系统与公司的管理中心之间可用一般电话相连，进行系统故障的监视、修复、软件的修改以及控制数据的收集。由此可保持并提高系统的性能。

3) 双重及备用功能提高了可靠性。中央站、分站和远程单元等模块，甚至中央站内部的硬盘、CPU 本身均可以双重设置，万一发生异常，可以顺利地起用备用件，提高了系统的可靠性。

4) 保存有所有控制点 48h 的数据。可保存所有控制点 48h 数据于分站中，万一中央站发生故障，也不会丢失数据。当设备发生故障时，可按时间顺序检索有关控制点的状态，很容易地查明故障的原因。

3. 和谐的环境管理

应用丰富的软件实现环境管理，具体如下。

(1) 舒适环境和节能的协调。自律分散性 DDC 和丰富的应用软件可实现空调、卫生、电力系统的舒适环境和节省能源取得协调的最佳控制，如在空调系统，可进行下述控制。

1) 环境控制。各个空调设备的节能控制加上温热环境、空气质量和利用者设定数据的因素，能使整个空调系统实现舒适与节能取得平衡的控制。

2) 热媒系统的控制（变风量/变流量的控制）。为能以最小的能耗满足环境控制对室内环境状态的要求，空气系统采用变风量控制，水系统采用变流量控制，以进行根据负载信息的最佳输送系统控制，实现大幅度的节能。

3) 热源系统的控制（热源最佳运转控制）。预测空调的热负载，考虑热源设备的特性和热源成本等因素来控制热源设备的运行台数，以实现最佳的运转控制。

(2) 与建筑管理系统（BMS）融合为一体。可进行更高级的能源管理和设备管理。BAS 和 BMS 可以融合于 1 台中央控制装置中。根据丰富的业绩而编制的 BMS 应用软件，可以软件包的形式很容易地追加于其中，从而可将由 BAS 测量、监控的数据以 BMS 来评价和诊断，并反馈给 BAS 的控制和管理，使在一个窗口上能够确定建筑物发展的周期。

1) 设备管理。设备清单可将有关设备的信息做成数据库，从而进行各种设备的运行履历的管理。根据运行业绩管理设备负载率，管理功能可掌握设备的运转状况和维修保养状况，制定最佳的保养管理和保养计划。

2) 能源管理。在趋势、条形、层叠等图形中，可显示电、煤气、水等能源的使用量和成本。由此可掌握按能源、用途、系统来划分的内容并和上一年的内容加以比较，以进行准确的能源管理。利用大气环境和空调运行时间的相关图，可分析判明能源的使用是否合理及其主要原因。

4. 控制器

（1）控制器。Infilex 系列控制器及 PARAMATRIX 控制器是新型的操作简单、低价位、高性能的控制系统。能够对设备进行启动停止、状态监视、报警、监测等。施工方便、操作简单。

（2）智能型小型管理面板。Neopanel，Neoptale 智能型小型管理面板可以对小型建筑物内机械设备进行开关控制、状态监视、时间表安排、累计计量等。

👷 14.8 VISTA 建筑自动化系统

施耐德电气（Schneider Electric）公司是一个知名的电气公司。施耐德电气公司是全球电气和控制域的领导者，目前拥有 TAC、Andover controls、Invensys、Satchwell 等品牌建筑自动化系统产品。

施耐德电气致力于信息技术在建筑管理中的应用，提出了 Building IT 理念。所谓 Building IT，就是将 IT 行业的四大特征（开放、友好、集成、安全）贯穿于整个建筑自动化管理系统从研发至运行维护的全生命周期。

TAC 从 1925 年开始发展控制技术，现在属于施耐德公司。在中国的工程项目有北京国际饭店、北京京城大厦、北京阳光广场、上海东方明珠电视台、上海商务中心等。

TAC Vista 建筑自动化系统是一个开放式系统，适用于各种类型建筑物（具有空调等设备）的设备控制、管理和监视的系统。

1. 系统特点

（1）管理方便。Vista 为实现 Building IT 提供了一套强大的技术平台和运行、管理决策机制。从而使人们能够在不断变化的需求环境中及时调整运作策略，获得更大商机。通过 Vista，可以：

1）先于所有人被通告建筑物中的故障信息；

2）及时了解故障的产生原因及具体发生位置，以及所采取的应对措施；

3）防患于未然，更积极地进行室内环境控制，从而营造更好的工作环境；

4）更有效地利用现有资源规划维护计划；

5）迅速、方便地调整设定参数和运行模式，实现对系统环境及机遇变化的自适应；

6）通过开放技术实现对遗留系统以及其他建筑物自动化系统的完全兼容；

7）拥有强大的实时和历史数据监视及分析工具，对能源以及其他成本因素进行跟踪，并通过及时调整控制策略、提供能源改造辅助决策提高能效，努力打造绿色建筑。

（2）开放式系统。Vista 采用全开放网络架构，以保证用户可以在众多供应商之间自由选择产品，真正摆脱对单一厂商的依赖性。

Vista 管理软件运行于微软 Windows 操作系统，基于标准以太网或光纤网，采用 TCP/IP 进行通信。整个管理层均采用标准网络硬件设备。此外，TCP/IP 使得 Vista 的网络结构非常便于扩展，Internet 以及任何已有的局域网或广域网都可用作 Vista 的管理层通信网络。

Vista 在现场层采用开放的 LonWorks 技术。此技术已被全球超过 3000 家设备供应商使用。Vista 的 Xenta 现场控制器均通过 LonMark 认证，可以方便地与任何第三方标准 Lon-Works 产品集成。其中，Xenta 300/400 以及 Xenta 511 控制器曾分别荣获最佳 LonMark 产品称号。Vista 的现场层不仅可通过 Xenta 网络控制器与管理层网络相连，完成协议转换、路由以及区域管理等功能，同时还兼容任何第三方标准 LonWorks 网络及路由设备。

为进一步增强开放性，Vista 还为用户提供了多种标准软/硬件网关选件，通过 Vista 软件或 Xenta 标准网关设备，用户就可以获得对 OPC、BACnet、ModBus 等众多开放技术和标准的支持。

（3）安全确保放心使用。安全是 IT 行业的永恒主题。为确保系统安全性，Vista 可以选择使用微软 Windows 2000/XP 的安全系统对用户进行管理。Vista 权限与 Windows 平台的登录用户名进行绑定，任何非法登录或越权操作都将被拒绝。

在 Web 访问方面，Vista 采用 HTTPS 和 128 位编码的安全体制，这种安全体制因其高安全性而被网上银行和电子商务广泛采用。

高安全性的多级权限接入控制保证了 Vista 的安全性。这种高安全特性在制药等行业尤为重要。Vista 安全性达到 FDA 21 CFR 中第 11 部分的要求和规定。

（4）灵活。Vista 为建筑物日常操作及经济运行提供了有效的监视、控制和分析管理软件解决方案。

用户既可选购施耐德电气针对特定用户定制的优惠功能套件，也针对自身需求灵活订购单独模块，从而非常容易根据需求改变扩展系统功能。同时，Vista 也提供了多种语言界面供用户选择。

2. 控制器

Xenta 硬件设备包括网络控制器、DDC 控制器、OP 手操器以及最新推出的 Xenta 700 集成化控制器。

所有 Xenta 控制器均采用基于 LonWorks 的开放型设计，可以与任何第三方标准 Lon-Works 产品进行集成。

（1）网络控制器。Xenta 网络控制器用于连接管理级以太网和现场级 LonWorks 网络。

1）Xenta 511：不仅具备 LonWorks 网络与以太网之间协议转换及路由功能，还可以通过 Web Server 实现状态监控、图形显示、报警管理、趋势浏览、日志查询及日程管理等功能。报警信息可通过电子邮件转发至用户邮箱。Xenta 511 - B 更具备 Modbus 通信功能。

2）Xenta 911：以太网通信控制器，实现 LonWorks 网络与以太网之间的协议转换。

3）Xenta 913：标准网关设备，实现 LonWorks、BACnet、Modbus、M - bus 及奇胜 C - bus 之间的协议转换。

4）Xenta 527：实现 l/NET 门禁系统与 Vista 之间的无缝集成，同时具备 Web Server 功能。

（2）现场控制器。Xenta DDC 控制器包括可编程 DDC（Xenta 280/300/400 系列）、固定应用 DDC（Xenta100 系列）和 I/O 扩展模块。

1）Xenta 可编程控制器：Xenta 400 适合于大型、复杂应用场合，它处理及存储能力强大，但自身不包括任何监控点，I/O 点数完全根据需求灵活选配相应 I/O 扩展模块。

2）Xenta 300 控制器：适合于常规应用场合，它本身具备一定监控点数，同时又可根据现场需求选配少数几个 I/O 扩展模块进行扩展，从而在经济性与灵活性之间取得很好平衡；

Xenta280 适合于注重经济性的应用场合，它具有很高的性价比，但无法通过 I/O 模块进行点数扩展。

3）Xenta 固定应用控制器：Xenta 100 为各种简单区域应用提供解决方案。这些应用包括风机盘管、变风量末端、冷吊顶和热泵机组等。Xenta 100 调试简单、性价比高，是区域简单控制的理想之选。

4）Xenta I/O 扩展模块：Xenta I/O 扩展通过标准 TP/FT - 10 LonWorks 网络与 Xenta400/300 系列控制器相连。它包括不同的输入/输出组合，以适用于各种应用场合。

5）集成化控制器 Xenta700：施耐德电气最新推出的 Xenta 700 集成化控制器集网络控制器与 LonWorks 现场控制器的功能于一体。支持 LON、Modbus、I/NET 等现场总线及不同现场总线之间的互联。支持多个自由编程的控制应用并行运行 。IP 接入、Web 访问。有精美的矢量化图形监控界面。

6）手操器 Xenta OP：Xenta OP 手操器拥有 4×20 英文字符背光显示，采用 TP/FT - 10 进行通信，可通过 RJ10 接头直接连至控制器，也可通过 LON 网络接入。Xenta OP 采用树形结构对控制器参数进行访问和修改，参数树由 DDC 编程软件自动生成，无须大量设置工作。Xenta OP 拥有三级密码保护权限，也可支持第三方 LonWorks 设备。

3. 网络

Vista 现场层采用 LonWorks 技术。作为业内最流行的现场总线技术之一，LonWorks 具有开放性/互操作性强、简单易用、技术支持全面等特点。

LonWorks 目前已被中国国家标准化指导性技术文件（GB/Z 20177—2006）正式采纳为国家标准。

Vista 支持两种 LonWorks 网络结构类型：一种是 LNS 网络；另一种是施耐德电气经典网络。在实际工程应用中，两种网络结构可以混合使用。

（1）LNS 网络。LNS 网络功能强大，且具备很强的标准兼容能力。在 LNS 网络中，网络管理及运行完全由标准 LNS（LonWorks Network Service）Server 负责，Vista Server 作为客户端对 LonWorks 网络进行访问。LNS 网络具有很高的标准化程度和可靠性。LNS 网络通过标准 LonWorks 网络管理工具（如 Lon Maker、NL220 等）进行配置。

（2）施耐德电气经典网络。施耐德电气经典网络是一种简化的高效网络形式。施耐德电气经典网络无须任何附加网络管理工具，Vista 直接对网络进行配置、管理和访问。

施耐德电气经典网络为中小型项目提供了简单高效的解决方案。

4. 软件

（1）建筑物管理软件。Vista 5 是目前业界最友好的建筑物管理软件，为用户提供了简单、易学的监视操作界面。Vista 5 基于 XML 可标记语言的矢量图形系统不仅界面精美、功能强大，而且比以往更易于掌握和使用。大量内置组件、功能模块、Internet 图形资源共享网站以及组件重用技术将大大提高用户的工作效率。

1）Tgml 图形系统。Tgml 图形系统是基于 XML 的矢量化图形界面。具有类似 FrontPage 等网页工具的开发模式。有大量图库组件供调用，并可编辑和重用。可将动画效果以 Snippets 组件形式保存，需要时可通过简单拖发赋予任何对象。它支持变量及连接的相对地址绑定，节省标准设备调试时间。

2）Menta 编程工具。应用图形化组态，编程，局部支持语句编程。有大量 HVAC 预置宏程序模块供调用，用户也可自定义宏程序模块以方便重用。它具备在线及离线仿真功能。可自动生成 Xenta OP 手操器菜单。

3）ZBuilder 配置工具。可针对固定应用 DDC 进行功能配置。只需参数输入及选择即可完整配置工作，可图形化显示控制效果。通过相应插件可完全支持 LonMaker 等标准 Lon-Works 组网工具。

4）Web 操作界面。任何为 Vista 工作站开发的操作界面均可直接用于 Web 操作界面。它既可通过 Vista Web 工作站发布，也可将网页内置于专用控制器 Xenta Web 服务器。通过标准网络浏览器，用户即可完成日常操作服务。Vista 5 的管理操作界面设计完全按照 IT 行业的理念，不仅图形界面精美华丽，而且充分地考虑了程序、组件的重用性以及调试配置的模板化。实践证明，与传统建筑自控系统相比，Vista 5 大约可节约 40％以上的调试时间。

（2）集成化管理平台。Vista 不仅为建筑环境监控提供了有力工具，同时，其强大的管理功能也可服务于其他建筑智能化系统。通过一个界面监控和管理所有建筑智能化系统，加强系统之间的协调配合，同时减少客户在软/硬件及系统调试、维护上的投资。Vista 的全开放型网络结构使这一切成为可能。

Vista 不仅是一套建筑物自动控制系统，通过它还可以实现：

1）能源管理。Vista 可以有效地提高用户对建筑物能耗的控制力。通过数据采集与处理有效掌握建筑物能源分配及各类环境、设备因素对能耗的影响；为用户提供节能空间分析，并在能源改造过程中随时跟踪投入、回报情况，预测投资回收期。

2）物业管理。基于 Vista 建筑自控系统的历史及实时数据，为用户提供建筑设备全生命周期综合管理平台。通过此平台，用户可以跟踪所有设备运行数据、管理维护进程、从全生命周期角度制订设备管理计划并支持整个实施过程。此外，Vista FM 还可提供文件、合同和物业流程管理功能。

3）安全防范。可靠的出入口控制和安防系统也是 Vista 的一个重要组成部分。Vista 为用户提供了一套暖通空调（HVAC）和安防高度集成系统。一致的用户界面和简单的系统管理可以有效降低培训及维护费用，使客户从中获益。

（3）Vista 服务器和工作站软件。Vista 服务器负责通信及数据库管理，为操作员工作站提供了对环境控制及安防系统的接入管理。Vista 工作站是整个建筑管理系统的主操作界面，通过图形化显示、报警管理、历史及实时趋势记录和标准及定制报告等功能帮助用户实现日常运行操作及监控原理。

Webstation 允许用户通过标准网络浏览器接入控制系统。使用任何网络浏览器，用户就可以浏览它们的工程，实现图形、趋势和报警管理。

此外，Webstation 还提供了系统日志查询以及周期性或自动报告功能。

（4）其他功能模块。为支持 Vista 的开发和调试，施耐德电气还提供了以下一系列功能模块。

1）Vista 报告生成器：基于微软 Excel 生成各类报告及概览的软件模块。

2）Vista 图形编辑器：强大的动态图形创建及编辑工具。

3）Vista OPC 服务器/客户端：用于通过 OPC 与第三方产品进行集成。

4）Vista Screen Mate：基于 PC 机和 Intranet 的虚拟房间控制客户端。

此外，Vista 的独立功能模块还包括能源管理、安防集成和数据库工具等。

Vista 建筑自动化系统如图 14-11 所示。

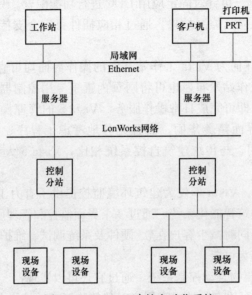

图 14-11　Vista 建筑自动化系统

14.9　BAS2800 建筑自动化系统

施耐德集团的萨驰威尔（SATCHWELL）控制系统有限公司创立于 1921 年，具有 70 多年的建筑物设备自动化控制研究发展史。在 2001 年与 Sibe 公司合并成立 Invensys 公司，2006 年为施耐德公司收购。是英联邦在建筑物管理和控制系统方面最大的设备生产商和供货商，年销售额超过 3 亿美元。自 1989 年 BAS 系列控制系统推出至今，已在世界各地运行多达 1900 套以上，其中有许多超大型的机场、通信等控制系统。被誉为世界上第一套大建筑智能化自动控制管理系统（BA）的创造者及欧洲最大最优秀的大楼自动化系统专业制造商，同时在服务与培训方面享有盛誉。

萨驰威尔（Satchwell）一直为工业和商业建筑物控制系统提供设计、制造、安装指导和维护。该公司在中国的工程项目有北京新东安市场、上海世界贸易商城、北京万通新世界广场、南京碌口机场、上海国际网球中心。

BAS2800 建筑自动化系统是萨驰威尔产品。

系统功能特点如下。

（1）环境控制：可以进行所有空调系统控制。

（2）系统管理：分级密码控制、分级报警管理。具有历史记录能力。

（3）系统接口：可与消防、安防、闭路电视、电梯监测、照明系统或其他公司的产品连接通信。

（4）设备维护功能：指示设备运行时间、负荷分配、设备运行转换。

（5）节能软件：时间控制、节日转换、线性和等百分比的优化控制、日负荷和热量调节。

（6）电系统集成制：自动供电、备用发电机控制、最大电系统集成制。

（7）报警处理：报警时接通传呼机、单项报警的密码保护、自动生成报警报告、报警信息可送到不同终端。

（8）通信：采用国际标准 OSI 的 7 层通信模型。多用户、多终端扩展功能。网络自动拨号功能。不同模式下数据共享。

（9）用户界面：动态图形界面，用户可以修改屏幕布置。短文编辑。工具条显示。支持 Windows 系统和 Windows NT/95 。具有光标功能显示功能。

图 14-12 是 BAS2800＋系统。

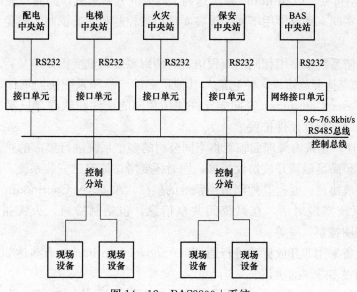

图 14-12　BAS2800＋系统

14.10　Continuum 建筑自动化系统

1998 年，Andover 推出 Continuum 系统，它是 Andover 的第三代产品。但它的历史可追溯到 1980 年，当时 Andover 是第一家开发低成本能源管理系统，并将其作为主系统可选择部分的厂家。Andover Continuum 继承了具有自己传统的个性和成功经验。

Andover Continuum 是第一个将 HVAC 和自动通道控制集成在一个控制器内，第一个开发出具有以太网通信功能的控制器，第一个推出内嵌 WEB 服务器的控制器，第一个将出入口控制和数字视频录像进行集成，第一个将 BACnet 系统用于处理安全管理任务的厂家。

Andover Continuum 不断地发展，又一次开发出世界上第一个无线现场总线，与 Andover Continuum 的 Infinet™ 和 BACnet 现场控制器完全兼容。

施耐德电气公司于 2004 年 8 月收购 Andover Controls 公司。TAC 和 Andover 组合拓展了施耐德电气在建筑自动化领域的发展平台，加上施耐德电气的传统产品，如变频器、UPS 系统、照明控制和电力监控设备，施耐德电气能够向客户提供一整套电气、安防和设备自动化的解决方案。Andover Continuum 建筑物自动化系统的特点如下。

（1）开放性和集成性。当一个控制系统达到最佳状态时，大厦的使用者往往不再会觉察到它的存在。要做到这一步，需要系统完成很多工作。当系统在最高效率下运行，人们将感觉到安全、舒适，有价值感，即系统通过较低的运行成本来提供较高的附加值。通过建筑物的通道控制，火警预报，视频监控和记录，烟雾控制系统，使大厦的安全性得以提高。

舒适并不只是达到合适的温度，还要保持适当的湿度，压力和恰当的空气循环。要有效地提高建筑的高效运行，必须通过设备间的相互通信，从而达到控制要求。一旦这些系统协同工作，效果是超乎想象的，而如何有效地协调这些系统共同工作是我们所面临的新的挑战。

（2）设计灵活可变。Continuum 系统达到了高效的紧密集成，同时可完成暖通系统和安防系统的管理，在同一系统中用不同的设备实现门禁控制和暖通控制，避免了独立系统硬件和布线上的重复。

在暖通和安防系统中使用相同的编程语言，所以系统调试变得简单易行。Andover Continuum 与生俱来支持开放协议，使它能与其他厂商的产品和系统协同工作。无论是小系统还是大系统 Andover Continuum 都同样允许使用相同的硬件和软件，只要按照目前的需要购买，将来可随时进行软硬件扩展。

（3）互操作性。建筑物管理面临着将不同公司的多个系统进行集成的挑战。一个全面的集成解决方案必须满足最新开放协议标准，同时还要考虑原有已安装系统，尤其是当这些系统使用的是不开放协议。通过其他制造商系统的接口，Andover Continuum 系统可以和整个建筑物中的各系统实现对话，在系统间共享信息，包括制冷机、火灾报警、空调机组、CCTV 系统、照明控制，等等。

如果一个设备采用非开放标准进行通信，Andover Continuum 有多达 200 多个第三方通信驱动，并包括很多适应的协议。

施耐德电气包含 BACnet，一个开放的 ASHRAE/ANSI/ISO 标准，为建筑自动化系统同另一个系统间的互操作提供机会。Andover Continuum 系统充分利用了 BACnet 的数据共享、趋势、时间表、报警、设备管理服务等。从 BACnet 的工作站到建筑物控制器，再到最简单的终端控制器，Andover Continuum 在每个层面均提供高水准的互操作能力。

Andover Continuum 具有友好的 IT 性能，支持大多数通信、桌面 IT 和建筑自动化标准，如通过 TCP/IP、OPC、LonWorks、BACnet 和 Ethernet 技术支持的电子邮件，SNMP，HTML，Active - X 和 XML。

（4）可满足不断增长的可升级系统。Andover Continuum 是一个完整的系统，拥有控制器和用户界面软件等产品。它可以用不同的方法组合自定义系统以满足建筑的需求。无论建筑是独立的大厦还是多种区域的交叉系统，Andover Continuum 都可升级和修改。它甚至可以为特殊的环境量身定制。例如，有高要求的生命科学领域，系统的安装和验证符合 FDA 标准。

（5）全面强大的网络控制器。Andover Continuum 基于以太网的网络控制器是业内最强大的控制器，远远超出了现场总线基本路由的概念。它们也是可编程控制器，Web 网络服务器，开放和不开放协议网关，报警和事件状态引擎，以及 SNMP、OPC 和邮件服务器。

（6）智能、可靠的现场控制器。控制器的可靠性直接影响到设备正常运行，所以施耐德电气将智能控制分布到每一个现场设备的控制器。这些满足点对点通信的控制器可具有独立控制功能，运行它们自己的程序、时间表、趋势，发布自身的报警和事件。当通过现场总线网络和 Andover Continuum 系统连接，便可与网络上的控制器共享数据。这一全球化点寻址性能允许协调控制，并减少安装总成本。而不仅是数据共享，更具自主性。

（7）BACnet 在各层面的选项。Andover Continuum 的设计支持各层面的 BACnet，从固定的工作站到网络控制器，到现场控制器，无须网关。

它们支持最先进的 BACnet 5 个协同工作区域访问服务：数据共享，时间表，趋势，报警和设备管理。施耐德电气的 Andover Continuum 系统每个 BACnet 控制器具有 BACnet 测试实验室认证，它们符合美国采暖、制冷与空调工程师学会（ASHRAE）标准，并可与第三方设备互操作。

（8）系统在线的自由式无线网络。采用无线不会牺牲可靠性，无线网络是自由任意组合并进行自诊断，解决了现场控制网络几英里布线费用的难题。只需采用一个简单的无线适配器即可与 Andover Continuum 的大部分现场控制器通信，包括 Andover Continuum BACnet 现场控制器。

（9）适用于所有客户的界面。从设备管理者和大厦业主，到部门经理或接待员，不同的人员需要访问系统，以获得不同的功能，使用广泛的用户界面。

1）固定的工作站：PC 计算机，手提电脑。

2）网络浏览器：PC 计算机，手提电脑，PDA，手机。

3）服务工具：手提电脑，PDA。

4）墙装显示器：触摸屏，带键盘显示器。

通过 Andover Continuum 强大的集成界面，用户能够：

1）浏览图形；

2）浏览和确认报警；

3）修改时间表；

4）制作报表；

5）改变设置点；

6）浏览趋势图；

7）浏览视频图像；

8）编辑人员记录；

9）创建标签；

10）编辑程序。

使用 Andover Continuum，能从建筑自动化和安防系统中获得更多期望。它是标准组件，随着快速变化易于修改，并允许建筑物系统间互相合作。它成为环境舒适和居住者安全的模范，建立起连接现在和过去的桥梁，新推出的系统向前兼容，符合开放标准。

14.11　I/A 系列建筑自动化系统

施耐德电气集团成员 Siebe 公司生产 I/A（INTELLIGENT/Automation）系列建筑物自动化系统产品。

I/A 系列建筑自动化系统的特点如下。

1. 采用开放式系统协议

I/A 系列是一套适用于各种建筑类型和规模的智能自动化系统。该系统具备业界最完整的 LonWorks 以及 BACnet 控制器系列，为用户提供开放、互操作、可升级的建筑自动化解决方案。不论用户需要的是一个小型监控方案或者整个 IP 绑定的网络，I/A 系列都可满足用户的要求。

(1) 开放式、互操作。I/A 系列是同时具备 LonWorks 与 Native BACnet 两套系统解决方案的建筑物自控系统，从而在开放性方面首屈一指。此外，I/A 系列还完全支持 TCP/IP、ModBus、OPC 等众多标准和协议。

(2) 强大的 Web 功能。I/A 系列本身就是按照基于 Java 的 Web 产品理念进行设计和开发的。实现真正的瘦客户端，用户只需标准 Web 浏览器就可接入并完全监控任意规模的工程项目。

(3) 全系列控制解决方案。I/A 系列提供了业界最完整的可自由编程 BACnet 和 LonWorks 控制器产品线。

(4) 创新设计。业界领先的智能温/湿度传感器家族——S - Link 系列。

(5) 投资保护。I/A 系列完全兼容以往的 NETWORK 8000 和 DMS 建筑物自控系统。

(6) 完整的企业解决方案。I/A 系列建筑自控系统非常适用于大型设备以及完整的企业解决方案。不论用户采用 LON、BACnet 或其他标准，I/A 系列都可与其兼容。在建筑物自控系统的各个层面（从传感器到中控室），I/A 系列均可满足用户的任何控制要求。

2. 网络系统便于扩展

I/A 系列与互联网、企业局域网实现无缝连接，并可进行互操作的控制系统。

施耐德电气推出的整套 I/A 系列建筑自控系统包括模块化现场控制器以及功能强大的通用网络控制器。I/A 系列基于 JAVA 语言的对象模型，内置互联网连接机制。I/A 系列将不同的控制应用组合在一个集成的系统构造之中。I/A 系列软件能够真正做到即插即用的多协议互操作，大大降低了自动化和信息系统成本，并能够最大限度地利用互联网资源。

从工程角度来说，I/A 系列框架以增强型 JavaBeans 对象模型为基础，因而解决了分散实时控制系统所引起的各种实际问题。例如，I/A 系列软件为用户提供经过测试的对象库，在 I/A 系列应用程序开发环境下，用户调用对象就可以轻松生成并修改控制方案；为了满足特定的控制需求，用户也可以创建自己的对象。

从解决方案的角度来说，自动化及信息系统过时并非由于使用损耗所致。当系统无法适应或集成新的应用和新兴技术时便会被淘汰。I/A 系列提供了一个开放的系统构造，在保证实时控制的基本功能及其完整性的基础上，允许用户构建新的互操作控制系统，并可与互联网连接。因此可以说，I/A 系列提供了一个支持用户的工作环境、一个可调节的系统结构，从而轻松实现多协议系统集成，减少了重复工作，避免系统过早被淘汰。

从用户的角度来说，I/A 系列使用户能够完全掌控所有设备。比如，用户可以根据使用性能要求，从自己满意的供应商处购买所需要的产品，而不受协议规范的限制。使用 I/A 系列，用户通过互联网，根据时刻变化的需要，能够以动态方式对其控制系统迅速进行重新配置。

I/A 系列在设计上有两大突破。首先，I/A 系列的每个软件组件都是一个独立的单元，具有各自特定的功能，分工明确又相互关联。也就是说，运用这些软件组件生成的应用程序高度可靠，并可进行无限次的扩充和修改。进一步来说，基于其相互关联的界面，用户仅需运行应用程序，不同软件组件就能够相互通信、迅速交换信息，并可修改应用程序。同样的系统软硬件可以组成多种网络结构，其结构方式由物理设备、控制器和控制应用程序表现出来。其中包括但不仅限于：内置 LonWorks 标准程序、BACnet 对象、NETWORK8000 和 DMS 控制点。用户可对原有旧系统进行升级，并在此基础上使用新的标准、方案和应用程序，I/A 系列保护了用户投资。

第二个设计突破是在控制层内置了开放的互联网协议。以 I/A 系列为平台，可以轻松实现互联网和实时控制系统的连接。这样只需极低的成本，用户就可以对系统中的多个现场控制器进行访问，且用户数量不受限制。具有适当权限的用户也可在任何时间、从任何地点，通过标准 Internet 浏览器访问系统中的智能设备。

I/A 系列基于当今最新的通信协议开发而成，并将协议内置于控制层，互联网的开放性便成为 I/A 系列的有机组成部分。

3. 便于用户使用

I/A 系列与互联网无缝连接。用户端无须负担额外费用，便可通过标准网络浏览器对系统进行访问，进行在线动态编辑，随时随地掌握系统动态。与传统系统不同，基于其内置的互联网连接特性，I/A 系列支持的客户端不受数量限制，是最低成本的互联网控制方案。系统管理终端采用 Java 语言编写，并将协议内置于控制层，使互联网的开放性成为 I/A 系列的有机构成部分。同时 Java 安全模式内在的安全性能保护终端用户免受内部或外部故障影响。

I/A 系列是同时具备 LonWorks 和 BACnet 标准两大系统解决方案的建筑自控系统，控制层具备强大的网络管理功能。I/A 系列还支持 Modbus、SNMP、TCP/IP、CORBA、XML、HTTP 等多种通信协议与即插即用的多协议互操作，从而大大降低了自动化及信息管理的系统构造成本，最大限度地使用了互联网资源。

与第三方系统数据接口，支持 DDE、OPC、ODBC、SQL 等多种方式，具有优越的开放性能和良好的互操作特性。用户可通过 ODBC、SQL 自动生成各种管理报表。

I/A 系列提供友好便捷的应用开发环境，简便用户对系统进行规划、设计、构造以及维护等一系列管理活动。

I/A 系列适用于各种规模的控制系统，系统升级与扩展简便易行，保障了用户长期投资收益。不同行业的用户均可以使用通用对象模块建立系统构架，实现集散式控制功能，同时又满足其行业的独特控制要求。

(1) I/A 系列管理总线采用 10/100Mbit/s 高速以太网，保证了整个系统的高速运行。

(2) 直接支持 LonWorks、BACnet、Modbus 等多种协议及标准。其中，LonWorks 接口以及 BACnet 接口 (RS485) 直接支持 LON 以及 BACnet 总线、产品，即插即用。

(3) 内置互联网协议，与互联网无缝连接，只需标准网络浏览器便可对系统进行动态管理。

(4) 支持无限数量终端。

(5) 密码保护。

(6) 友好的图形化人机界面，系统管理者无须学习任何编程语言。

(7) 友好的图形化开发环境，强大的应用开发工具。

(8) 可建立并储存对象及应用库，方便反复调用，节省编程时间。

(9) 丰富多样的人机界面 (HMI)，根据不同应用场合灵活配置。

（10）强大的网络管理功能，轻松实现各类机电设备实时监控以及不同设备间的互操作。

（11）支持标准能源管理功能。

（12）Active X 技术可自动将自动化数据传送给企业信息系统。

（13）完整的 HTML 在线帮助文档系统。

总之，具有适当权限的 I/A 系列用户可在任何时间、任何地点，通过标准 Internet 浏览器与建筑物系统中的智能设备进行相互通信。

14.12 Saia – Burgess 建筑自动化系统

瑞士思博（Saia – Burgess）集团以瑞士为基地，工厂分布在德国、英国和瑞士。公司在自动化领域已经有 80 年的开发和生产经验。当前主要开发和生产工业自动化和建筑自动化领域的产品。其所有用于建筑物自控的系统部件都按照工业化的最高要求设计生产。

1. 控制器

公司的产品 PCD 控制器是在传统控制器基础上，结合现代最先进的计算机技术，电子制造技术、网络通信技术和自动控制技术开发的先进的建筑物自动控制产品。该产品已有 25 万套成功地安装在世界各地，使得控制器成为欧洲乃至世界著名的控制器品牌。

控制器具有以下特点。

1）达到 266MHz 的快速 CPU 处理器，意味着可以在同一平台集成如 HVAC、照明、能源管理以及 Web IT 等系统。

2）输入/输出点、通信通道以及存储模块皆模块化设计。

3）欧洲首先获得 BACnet BTL 认证的产品之一。

4）可选 BACnet 2004 和 2008 版本，支持未来 BACnet 更高版本。

5）首个同时支持 BACnet 和 LonWorks 的控制器，支持所有开放工业协议，如 EIB、MODBUS、DALI、M Bus、Profibus、CAN Bus、MP Bus、OPC 服务器。

6）强大的 IT 集成能力，支持 CGI、SNMP、CSV 和 SQL。

7）支持无线通信，如 EnOcean、Wi - Fi、Bluetooth，以及 ZigBee。

8）带有扩展槽，可自由配置的硬件输入/输出点达到 1024 点。

9）标准编程工具 PG5，提供丰富的应用和页面生成库，使用 PG5 实现自由编程。

10）支持的 SD 闪存卡高达 4GB，轻松实现编程修改及备份的上传/下载。

11）内置了 Web 服务器、E-mail 客户端以及 FTP 服务器作为标准配置。

12）大量系统资源支持。

2. 软件

瑞士思博自控 Visi - Plus 系统软件为全汉化软件，其图形化界面及开发环境均已全面汉化，便于开发人员及业主方使用及操作。

工作站功能将包含对所有控制器的监控和程序设计。监控包括：报警、报表、图形显示、数据存储，自动数据采集，操作员初始化的控制动作等日程和对设定点的更改等。控制器的程序设计能够从任何操作工作站上离线或在线进行。所有的信息可以选择图形或文本显示。图形显示将提高数据表示的效果，警告操作员，并可方便地确定信息在系统中的位置。所有的操作功能可通过鼠标进行。

软件特点如下。

（1）应用范围广。Visi-Plus 为典型的 SCADA 软件，既可应用于建筑管理平台，也可适用于过程控制等工业自动化领域。

（2）系统结构弹性高。系统由不同的模块化结构组成，可根据项目实际需要，选择不同类软件模块，具有明显的性价比。

（3）集成性高。支持 OPC Server 功能，支持多种第三方系统的通信软件，便于实现 BMS 功能。

（4）Web Server 功能。Visi-Plus 人机界面可存储为 Web 页，Visi-Plus 工作站可作为 Web 服务器，在网络内的计算机可以应用浏览器在任何地方、任何时间访问建筑物自动化系统数据。Visi-Plus 人机界面可实现文字方式或动画方式的动态实时数据显示，便于开发及应用。

（5）时间表功能。Visi-Plus 可根据用户需要对设备进行预先时间表设置，大大方便了管理成本。

（6）历史记录及趋势。Visi-Plus 软件具有数据记录功能，历史数据可以按照列表或趋势图的形式显示，便于实现能源管理。

（7）报警管理。包括报警的实时浏览功能，报警确认功能，报警的远程短信息功能等。

（8）报告功能。根据客户需要，可设置自定义格式的报告报表，如设备运行报告、报警报告等。

（9）用户级别设置。根据实际操作需要，对软件使用人员设置不同的用户级别，便于安全管理。

3. 网络系统

网络采用 SAIA S-Bus 作为系统总线协议。该协议作为标准配置已包含在每个 CPU 之中，

（1）网络特点如下。

1）Saia®-S-Net 是 Saia 公司的网络技术，它基于开放的标准 Ethernet 和 Profibus，现在又添加了许多 IT 领域常用的标准和功能（Internet 技术 和 Web 技术）。

2）它可以采用多种物理传输介质（RS232/422/485，TTY/20mA 电流环，以太网 TCP/IP，调制解调器等）。

3）通过简单的 2 线制 RS485 就可以实现经济可靠的主/从网络。

4）在大型网络结构中可以通过以太网-TCP/IP 实现多主通信进行资料交换。

（2）支持多种协议。内部集成的通信网络接口通过扩展相应的网络/总线模块，实现与 LonWorks、Ethernet、ProfiBus、DP、Modbus、BACnet、M-Bus、MP-Bus、EIB、DALI、CAN Bus 等网络的连接。这些接口模块是该公司自己开发和生产的，足以在整个控制器生命周期内保证产品的性能和品质。

Saia PCD 的技术实力明显地表现在它被广泛用作网络控制器、收集处理数据或在各种不同的总线系统之间做网络。Saia PCD 强大的通信指令集允许用户自己实现各种通信协议，如 EIB-bus 或 Modbus 以及其他的应用协议。

（3）系统通信速率。Saia-Burgess 系统控制层支持 TCP/IP 通信协议，通信速率符合

TCP/IP 协议标准。

DDC 从站与 DDC 从站之间，采用 S-Bus 总线，通信速率最大为 115.2kbit/s。

DDC 与第三家设备之间，如 LonWorks、Modbus、BACnet、M-Bus、MP-Bus 等，通信速率符合每个不同协议的标准。

系统软件 Visi-Plus 系统操作快速，简捷，保证数据采集及控制的实时响应。现场数据读取速度：最大 40 000 点/s，控制中心发出数据至被控设备速度：最大 20 000 点/s。

（4）远程通信。系统支持 LAN/WAN，控制器具有默认路由功能，可以不通过工作站即可实现远程管理。控制器支持 Web Server、XML、WML、OPC、SNMP，可实现远程 IE 浏览、电话拨号、GMS 手机短信操作等功能。

在 PCD 控制器层面上可直接连接到互联网，实现远程监控、报警等功能，

（5）系统扩充。思博自控系统 PCD 控制器主站支持 TCP/IP 协议，原则上是无限扩展，每条 S-Bus 总线最大可支持 255 个控制器从站。

图 14-13 是 Saia-Burgess 控制系统。

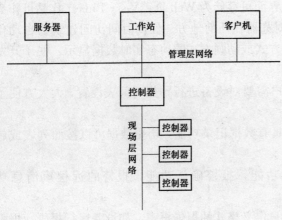

图 14-13　Saia-Burgess 控制系统

👷 14.13　IBS-5000 建筑自动化系统

北京柏斯顿（BESTON）智能科技有限公司推出的 IBS-5000 建筑自控系统应用于建筑物控制及能源管理，是国际上先进的 BA 系统之一。IBS-5000 建筑自控系统（或称建筑管理系统）是由中央管理站、各种现场数字控制器及各类传感器、执行机构组成的、能够完成多种控制及管理功能的网络系统。它是随着计算机在环境控制中的应用而发展起来的一种智能化控制管理网络。目前，系统中的各个组成部分已从过去的非标准化的设计产生，发展成标准化、专业化产品，从而使系统的设计安装及扩展更加方便、灵活，系统的运行更加可靠，系统的投资大大降低。

IBS-5000 系统适应性非常强，系统组成为模块化，该系统能够方便地同西门子 PLC、MBC 等下位机系统通信，上位机与下位机构成完整的集散式控制系统。系统可分为不同等级的独立系统，每级都具有非常清楚的功能和权限，这就使 IBS-5000 既可用于单独的建筑物管理，也可用于一个区域的、分散的建筑物集中管理。

1. 系统特点

（1）可靠性。系统具备长期和稳定的工作能力，系统指标如下：

1）MTBF（平均无故障工作时间或无故障间隔时间）：50 000h；

2）MTTR（平均修复时间）：24h；

3）系统可利用率 A [$A=MTBF/(MTBF+MTTR)$]：0.999 76。

在设计上充分体现了分散控制、集中管理的特点，保证每个子系统都能独立控制，同时

在中央工作站上又能做到集中管理，使得整个系统的结构完善、性能可靠。

系统当中的各级别设备都可独立完成操作，即同一时刻组成不同级别的集散系统（或不同级别的结构组织形式），使用界面非常亲切，其全套建筑物自控产品、统一的生产管理体系保证了系统的配套性，同时使系统可靠性大为增加。

柏斯顿引进技术生产的数字式电动调节阀优质稳定的调节特性和低故障率，大大提高了整个控制系统中最薄弱环节的可靠性。

（2）先进性。

1）在网络扩展方面提供了强大的功能，可与其他厂家的系统或产品（包括各种形式的PLC、消防系统等）连接。

2）优越的远程通信功能，能够使不同建筑物间的控制系统联系起来组成一个群集系统。

3）网络结构的开放性和兼容性，确保了它和先进通信技术结合的能力，并且保证系统结构在产品更新换代时的延续性。自1988年以来，柏斯顿开始发展建筑物管理直接数字控制器（DDC），后来柏斯顿将直接数字控制器引入建筑物控制，公司奉行这样一个政策，所有直接数字控制器系统产品的更新和新型控制器的开发完全后向兼容。由于这样的政策，客户可确保当发展其设施时，柏斯顿提供的产品和系统会随着新系统和产品的开发而壮大。

（3）经济性。

1）结构形式为模块式，控制方式极其灵活，控制层的维护和扩展极为方便。使得建筑物管理系统可以很方便地扩展，节省初期投资，系统各部分可分别随调试完成投入使用。

2）系统能够满足在物业管理上节省费用的要求，投入有效的使用能量即能保证房间的高标准和舒适性。

2．系统结构

（1）管理层网络。管理层网络可扩充到以太通信网络（ETHERNET），采用工业标准数据通路及时存取到一个或多个工作站（25个），它为庞大的系统提供10M波特率以上的高速通信。操作员可以监测、改变设定点和在网络的任何一位置存取信息。通过地区级网络将完成整个大楼的系统集成（包括本工程要求的消防系统、安保系统的集成）

图形工作站（采用Dell PC或其他兼容机）可以进入以太网进行数据管理，实现区域性数据联网，提高管理水平。

Windows NT网络用于系统操作员PC控制工作站。

中央工作站系统由PC主机、彩色大屏幕显示器及打印机组成，是BAS系统的核心，它直接可以和以太网相连。整个大厦内所受监控的机电设备都在这里进行集中管理和显示，内装中文IBS-5000工作软件提供给操作人员下拉式菜单、人机对话、动态显示图形，为用户提供一个非常好的、简单易学的界面，操作简单，操作者无须任何先验软件知识，即可通过鼠标和键盘操作管理整个控制系统。

（2）现场网络。BS系列直接数字控制器（DDC）是用于所有建筑物自控系统的主要控制装置。PC通过CAN总线（同层总线共享无主从方式），可以连接多达110台DDC，每台DDC又可相应自由插接扩展模块，完成不同点数需要。DDC通过一个安装在每一单个大厦上 CAN 通信网络在设施内相互通信。每个 DDC 拥有自己的数据库，能对其所控制的大厦系统进行编程。这种设计即便它的通信中继线在占用，仍能作为一个单独控制装置执行所有正常控制功能。此等级系统控制称为建筑物层网络。

14.14 Optisys PCS-300 建筑自动化系统

浙江浙大中控信息技术有限公司生产（SUPCON）的 PCS-300 系列分布式可编程控制系统是一套基于工业以太网和 CAN 总线的分布式现场总线控制系统，系统技术先进、配置灵活、易于扩展。图 14-14 是 PCS-300 系统。

该系统采用高速工业以太网，符合 TCP/IP 协议，提供 10M/100M 波特率通信，和传统的主仆通信方式不同，系统中所有的现场控制器和中央监控计算机都可以通过以太网连接，处于平等的地位。每个控制器分配独立以太网地址，其分布距离及系统节点可不受限制扩展。现场控制器独立工作，不受中央或其他控制器故障的影响。操作人员可以在任何拥有足够权限的工作站实施监控设备状态、控制设备启停、修正设定值、改变末端设备开度等得到充分授权的操作。

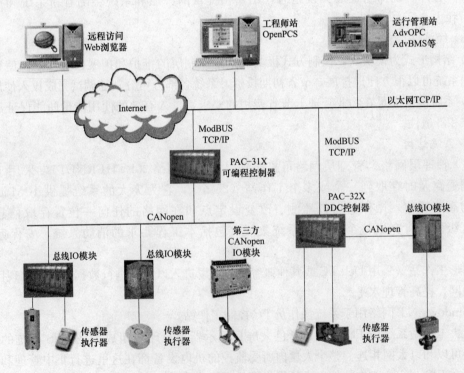

图 14-14 PCS-300 系统

现场控制器的 CPU 模块与 I/O 模块之间的通信协议采用业界先进的 CAN 现场总线协议，每个 CPU 模块最多可以挂 32 个 I/O 扩展模块，CAN 总线可远距离扩展 I/O，最长可达 5000m。CAN 总线与其传输距离见表 14-1。

表 14-1　　　　　　　　　　　　CAN 总线与其传输距离

波特率（kbit/s）	最大通信距离（m）	波特率（kbit/s）	最大通信距离（m）
1000	25	125	500
800	50	50	1000
500	100	20	2500
250	250	10	5000

14.15　UNIZON 建筑自动化系统

ST8800 UNIZON 建筑自动化系统是新加坡科技电子有限公司（STElectronics）的产品。

新加坡科技电子有限公司（STEE）在中国的工程有中国上海博物馆、河南博物馆、上海时代大厦、上海金茂大厦等。

1. 系统特点

高性能软件结构采用客户机—服务器结构多任务技术，系统性能好并保证数据可靠性和完整性。

数据可互换性具有多个输入输出驱动器，支持通用控制系统及设备。

冗余设置服务器作为代理服务器操作。含有标准热备份配置。

数据库可连接性提供综合性软件工具包，用于与其他应用程序数据交换。

网络解决方案可以将建筑物数据与其他信息系统结合在一起。

2. 组成

各种传感器的信号送到智慧外围站（IOS），读卡器读出信号送到读卡控制器，再送到智慧外围站（IOS）。智慧外围站通过 RS485 同层总线相连，再通过数据网关（DG）连到 ARCNET 网络，在网络上可以接上作监控中心的微机工作站、办公自动化系统及通信计算机及控制系统。

3. 系统部件

系统部件有以下几种。

（1）读卡器。是一种单板机，提供出入口控制、时间计划、黑名单、防回传及多种操作功能。可以读取多种卡如磁卡、接近卡、条码卡、智慧卡等。

（2）分站（IOS）。可以独立进行操作，用户可修改控制方法，采用模块化设计，配置 16 位微处理器、实时操作系统、实时时钟及内存用电池后备。

（3）数据网关（DG）。这是一种多通道的智能通信控制器，它和智慧外围站（IOS）的通信是通过 RS485 总线，另一个通道和其他数据网关及中央计算机通信是通过 ARCNET 网络，可进行全局数据库后备。它具有全局控制功能，有热备用，与闭路电视系统和公用电话网 PSTN 有接口。

（4）管理中心（SC）。这是一个人机接口，用微机实时操作，运行窗口图形操作环境，可实现多用户多任务操作。主要性能有监视控制、报警管理、报告。

4. 系统特点

这是一个综合性系统，能提供全局管理、建筑物管理、物业管理、商务管理等。该系统可以自动监测显示报警。它可以通过电话线或无线通信来监视控制。这是一个综合一体化系统，监控软件可以协调各子系统的联动和连锁。它是集散式系统，反应快。它有 2 条通信网络备用数据库，可自动转接，可靠性好。系统的模块化组成便于扩展和维护，并采用彩色图形提供系统信息，便于操作。

（1）一体化集成管理能力。系统可以将建筑物内的所有设备监控子系统由一台中央计算机或多台计算机联网的组成的中央计算机系统进行全面的集中管理。它采用统一的操作系统，在同一个计算机平台上运行系统的监控和管理软件。它所管理的子系统包括建筑自控系统及其子系统、供热通风及空气调节系统、给排水系统、变配电及自备发电机的综合应用系统、照明控制系统、电梯或自动扶梯运行控制系统、安防管理系统及其子系统、入侵报警系统、闭路保安视频监控系统、出入口控制系统、巡更管理系统、火灾报警系统（二次监控）、有线/无线内部通信系统、卫星电视天线接收及广播系统、停车场收费管理系统等。在中央计算机系统的集中管理、监视和控制下，能够充分利用和共享各子系统的硬、软件资源，使系统配置得到最大限度的优化，同时大大降低了整个系统的造价。

（2）智能卡的综合利用。该系统可以提供智能卡系统。它可以为用户提供方便、快捷的商务活动。智能卡（也称 IC 卡）容量大、保密性高（不可能被控制），其内置 CPU 具有智能，是磁卡无法比拟的。因此，智能卡可以灵活而严密地控制建筑物内各重要出入口、通道和电梯的运行，可以用于建筑物内水、电、气、风的计量、记录和付费等，也可以作为商场内部消费的电子货币。通过智能卡上的累计消费金额，顾客可以享受多种优惠和折扣，还可以为建筑物内停车场的储值卡或优惠卡来支付停泊费。这些功能都能通过系统在同一张智能卡中实现。

（3）并行处理与分布式计算机系统。中央计算机管理系统是一个典型的分布式计算机系统，它由多台分散的微机通过网络连接，并采用分布式操作系统进行管理。系统中的各智能单元既相互协同又高度自治，在全系统范围内实现了资源统一管理、动态任务分配或功能分配，同时可以并行地执行分布式程序。中央计算机管理系统强调资源、任务、功能和控制的全面分布。就资源分布而言，既包括系统（现场控制器）、输入/输出设备、通信接口、后备存储器等硬件设备；又包括进程、文件、目录、表、数据库等软件资源。它们分布于各个节点（智能终端）。各智能终端经网络互联，相互通信，构成统一的中央计算机管理系统。

中央计算机管理系统的工作方式也是分布的，系统中的各智能终端之间可根据两种原则进行分工：一种是把任务分解成各个可并行执行的子系统，分散到各个智能终端协同完成，这种方式称为任务分布。另一种是把系统的总体功能划分成若干个子功能，分配给各个智能终端分别完成，这种方式称为功能分布。无论是任务分布还是功能分布，分配方案均可依处理内容由系统动态地确定。在分布式操作系统控制下，各智能终端都能较均等地分担控制功能，独立发挥自身的控制作用。同时，它们又能相互配合，在彼此通信协调的基础上实现系统的集中管理。

（4）实时多用户多任务操作系统。系统所采用的 Windows 操作系统实时系统是指在限定时间内对外来事件做出反应的系统。其实时性的关键在于：系统具有各种操作的不同优先级别，高优先级的操作先得到处理。系统还应具有抢占调度功能，即在正常工作情况下，如果高优先级任务的条件得到满足，系统将中断正常的运行而去执行高优先级的任务。作为一个实时监视和控制系统，这一功能显得尤为重要。

显然，实时多用户多任务操作系统无论在文件管理、信息采集和设备控制，还是在实时处理事件响应程序以及控制速度方面，都优于单用户单任务操作系统。

(5) 中文及图形界面。系统为用户提供了一个方便、友善的用机环境。Windows 操作系统具有多种人机接口和多媒体功能，能处理影像和声音，结合系统的通信模式和智能技术，使系统可以指导和提示用户作出明智的决策。Windows 操作系统中的多窗口图形软件提供了更加友好的人机界面，中央监控显示器（CRT）配有彩色动态全仿真图形显示/控制器，可提供中文选单和图形表格。

为了确保系统软件运行的可靠性和实时性，提供用户图形界面，系统没有简单地借用现成的中文窗口软件，而是采用较为复杂的图形方式来提供系统软件的中文版本。这样做既可以保留原英文版本的全部内容和功能，又能提供中文界面。系统采用多窗口图形技术，可以在同一个显示器上显示多个窗口图形。系统以绘制的建筑平面图、设备运行图或系统联动图作为组态基本图形，并在基本图形上嵌入采样输入点（IP）、调控输出点（OP）或智能卡读卡机控制输出点（CAU）等的动态图形符号和动态数据。当信息点状态改变时，动态图形符号会作相应的图形变化来跟踪该点的实时状态；系统操作员也可以通过鼠标器激活该信息点的图形符号，以便进行资料查询、参数设定及手动控制等操作。

(6) 远程故障诊断与维修管理。该公司有维修中心，系统硬件和软件的维修采用全国联网的远程故障诊断和三级现场服务的管理体制。全国各地的用户都可经电话线路与维修中心联网，用户系统的故障自诊断软件，可以将系统主要设备的运行状况每日定时传送给维修中心的计算机，进行系统故障预测。当用户系统突然发生故障时，可立即诊断用户系统设备。大大降低了对维修人员技术水平的要求，也大大缩短了排除故障和恢复用户系统的时间。同时，集中的故障诊断，便于建立各用户系统的长期维修资料档案，便于系统的维护和保养，有利于系统长期稳定和可靠地运行。系统与新技术结合，而不会因为技术的发展而过时。因此，使该系统得以不断发展。跟踪记录情况表明，该公司产品的兼容性使其在工业应用上具有独到之处，而且是有效的。图 14 - 15 是 ST8800 智能建筑控制系统。

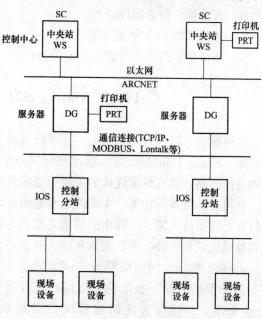

图 14 - 15　ST8800 智能建筑控制系统

🧑‍💼 14.16 HBA4/5 系列建筑自动化系统

我国格瑞特（Great）公司生产的 HBA4/5 系列建筑自动化系统，其主要功能由现场控制器和上位机管理软件共同实现。控制器采用 ARM 微处理器，运算速度快，带有大容量存储器。通常控制器负责现场设备信息采集，基本运算，联动控制，数据上传，接收上位机指令等。控制器具备脱机工作的能力。现场实时控制功能尽可能在控制器中编程组态完成。

系统为集散型控制系统：现场控制器分布在各受控设备附近，大大减少集中控制所需的电缆，减少施工成本，也减少电缆故障引起的系统故障。一个控制器发生故障，不影响其他设备的运营，系统可靠性较高。

格瑞特（GREAT - HBA）建筑自控系统控制层采用美国先进的 Lonworks 总线技术，属标准的操作控制网（Local Operating Network），无主通信，运行可靠，在国际上广泛应用，是建设部推广的控制总线。网络可以由几个控制器（DDC）到 32 385 个控制器组成。

系统具有独特的 DIY 全智能组态软件。它基于 Windows 的专业图形化人机对话界面，简便、直观，大大降低了操作员的技术要求和劳动强度。可配置多个客户端，也可单机运行。其特点如下。

（1）采用 C/S 架构，支持本地或远端工作站。

（2）能对建筑物中各类机电设备进行实时监控。

（3）有强大的运行及数据管理。

（4）有强大的报警及数据管理。

（5）有完备的历史数据及日志管理。

（6）有独到的物业属性管理。

（7）有独到的 DIY 智能组态配置。

（8）能提供平面图或流程图智能组态模式。

🧑‍🔧 14.17 Matrix iS21 系列建筑自动化系统

迈科智控（Matrix Controls）有限公司成立于 1989 年，是新加坡著名的建筑物自控产品原始生产商，LonMark 国际标准化组织合作伙伴。公司开发和生产的 Matrix iS21 系列建筑物自控产品，能提供最优化的采暖、通风及空调系统控制及能源管理方案。

公司业务覆盖新加坡、中国内地和港澳台地区及东南亚，中东等市场。该公司在中国的项目有上海金茂大厦、上海中凯城市之光、上海美兰湖高尔夫酒店、广东东莞康华医院、深圳卓越岗世纪城中心、浙江嘉兴东明实业公司、浙江义乌国贸大厦，等等。

迈科智控 Lon 网络依照分布式智能控制系统的标准设计，每个独立控制器在没有服务器干预的情况下也能独立运行，充分利用 LonWorks 技术的先进性，完全符合 LonMark 标准，以确保为任何建筑或设备提供可靠的、开放性的和互操作的设备管理工具。

冷水机房群控专用控制器由以下部分组成。

（1）有冷冻机控制、水泵控制、冷却塔控制、负荷控制等多种模块。

（2）冷冻机组，水泵，冷却塔等设备轮循，设备监控，故障报警。

（3）有完整的接线槽和端子，以及保护装置。

（4）附带控制箱体，能效计量显示。

其他产品有：集成综合空气质量监视器、热能测量表、集成电能监视控制器、变风量空调终端箱控制器、风机盘管终端控制器、变风量和区域照明控制器、空气静压调节器，等等。

14.18 PINACL 建筑自动化系统

AspectFT 建筑自动化系统是由美国 AAM（American AUTO - MATRIX）公司生产的，在中国的工程应用项目有北京汉沙航空公司中心、北京肯培基饭店、上海索尼公司、深圳索尼公司、海南文华酒店。

1. 系统组成

该系统提供多种现场控制盘。现场控制盘具有较强的通信能力，可以作为可编程控制器的网关。这些现场控制盘组成高速多用户、多功能的智能建筑控制信息系统，是新颖灵活的现场控制盘网关。它可以作为全局控制器的协调控制器，并可作为可编程固定应用的单元控制器。

SPECTRA 是用于现场控制盘的主控制系统。用 SPECTRA 可以将任意系统和微机组成网络，它有最有效的信息管理工具。图 14 - 16 是 SPECTRA 系统结构。

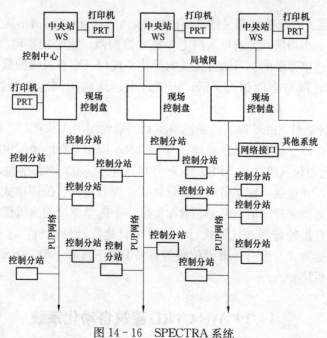

图 14 - 16 SPECTRA 系统

传感器接收现场物理量变化的信号，输入系统的直接数字控制器（DDC），控制器输出控制信号控制执行器工作，使物理量按照一定规律变化。

各个直接数字控制器通过 RS485 通信接口和单位控制器连接，多个单元控制器接成以太网。在单元控制器上可以接上中央站，也可以通过以太网和其他系统（安防、电梯、火灾报警等）相连。

SPECTRA 是彩色图形系统，可以和单元控制器以及现场控制盘通信。

2. 系统部件

系统部件主要有以下几种。

（1）通用控制器。它的控制功能有 PID 控制、积算、报警、输出监视、输入计数、计划调度等。编程用 SAGE 用户编程语言（SPL）。可接操作终端。可独立操作，也可与 SPEC-TRA 监控器联成网络，每 500ms 刷新数字输出。输入为 8 个 16 位，0~5V、通用输入、热敏电阻。输出为 4 个 0~10V 或 0~20mA 模拟输出，有 8 个通用输入及高速脉冲计数（30Hz）输入，还有 2 个继电输出。进行对等式操作。通信通过 EIA RS485，速率为 38.4kbit/s，用光或磁隔离保护。网络配置为星形，通信协议为公共单元协议（PUP）。电源为 24V AC。

（2）单元控制器都是独立的，可组网的，有微机的单元控制器，如变风量终端箱控制器，有测量风量的固态传感器，室温输入及设定点可远方调整。输出有 2 个晶闸管、24V1A，可驱动继电器和挡板。1 个模拟输出，0~10V 或 4~20mA，可驱动电子或气动执行器。

（3）操作终端。通过共同单位协议（PUP）联网，是一个便携式手操作终端，可以接入 PUP 网络使用，也可以作网络管理器。它有键盘、液晶显示器，通过插座或接线可以和其他控制器相连。

（4）现场控制器。现场控制器又称现场控制盘，它提供很强的通信能力和编程能力，可以在小局域网或几个小局域网，或以太网上作独立控制器。它采用实时多任务的操作系统。它有一个多任务的选单驱动的、与语言无关的操作员接口。它有较强的数据库管理能力和强大的报警管理功能，网络功能相当灵活，可通过电话线路用调制解调器与其他系统进行通信。

（5）中央站监控软件 SPECTRA。是选单驱动的彩色图形人机接口，以微机工作，它和控制器一起工作，可以直接和现场盘通信，SPECTRA 用非专有的通信规程即公共主机协议（PHP）及公共单元协议（PUP）。SPECTRA 可高速显示 52 个动态字段，对不同状态可显示不同的动态字段，并包括：数字格式、彩带格式、符号格式、位图格式和彩色区格式。并且用鼠标器能方便地改变设定值。SPECTRA 提供一个选单驱动的编辑程序，它还提供随机帮助功能。其他还有报警管理和计划执行、按照时日建立计划执行，还有高级的操作员注册、优先操作、终端方式、拨号、报警信息等。SPECTRA 和 BACnet 及 CEN 通信方法相兼容，具有路由和桥接能力。

👷 14.19 WebCTRL 建筑自动化系统

美国奥莱斯公司（Automated Logic Corporation，ALC）1977 年创立于美国佐治亚州亚特兰大市。成立宗旨是为复杂的建筑物管理系统带来便捷，服务并满足客户的需求。基于对此宗旨持续的重视，使奥莱斯所研发的家族产品达到了效率化的建筑物控制管理，通过简易操作赋予用户最大的功能，摆脱了复杂及无序，而走入了简易及有序。通过市场的实现，成功的案例使奥莱斯的产品迅速地被建筑管理系统市场接受，也证明了奥莱斯所提供解决方案的优越性。

2000 年，奥莱斯公司生产架构应用于互联网时代的 BA 系统——WebCTRL，并成功应用至今。2003 年，奥莱斯公司生产体现 Web Services 的应用及建构新一代更好更快速的数字控制器。

如今奥莱斯已拥有广大的客户基础，包含政府及公共设施、医疗机构、娱乐场所、商务大楼、学校、健康设施、工业厂房、数据库中心等方面。而销售网络涵盖美国、加拿大、南美洲、西欧、中东、东亚、中国内地、澳大利亚等。

14.20 ORCA 控制系统

加拿大 Delta 控制公司（简称"Delta"）是全球领先的建筑智能化解决方案和服务提供厂商。自 1987 年成立以来，Delta 一直致力于绿色建筑物控制系统和建筑物节能领域的创新和应用，为用户提供全面的"高效集成的、更省钱、更节能"的绿色建筑物节能解决方案、硬件、软件、服务，包括：绿色建筑物能源管理平台、建筑物机电监控系统、智能照明控制系统、门禁控制系统等。除系统的设计、研发、制造、销售外，还提供全方位的解决方案和服务，形成了完整的产品链布局。Delta 基于先进的 BACnet 技术，结合"云计算"技术，凭借在建筑机电设备管理和节能领域的综合优势，为各类建筑提供全面优质的产品、解决方案。

数十年以来，该公司以降低运营费用和提高舒适度为目标，在各个领域树立了良好的信誉，如商业、零售业、政府建筑、制造业、运输业、体育和其他娱乐业、教育业及酒店等。在中国的典型项目有宁波市行政中心、中移动浙江分公司、北京奥林匹克中心地下商城、宁波会展中心、上海杨浦创智天地、泰州万达广场、三亚凯宾斯基酒店。

Delta 公司的 BACnet 建筑物自动化系统研发、生产及项目工程设计、调试是在同一场地进行，他们在行业内拥有高水平的创新设计、生产质量及用户服务。

Delta 公司具有完善的产品认证体系。Delta 全系列产品通过了 ISO 9001、CE、FCC、UL 和 BTL 认证，Delta 的质量管理体系涵盖了其系统及产品从设计到生产的任何一个方面。

Delta Controls 公司的建筑物自动化系统名为 ORCA（Open Real-time Control Architecture，开放、实时的控制结构）。Delta 公司的产品特点是集散性高、直观简单易用。Delta 公司还有工作站操作软件（ORCAview）、广域网用户端。系统主要特点如下。

（1）真正的 BACnet 产品：遵循开放性原则，为系统集成奠定基础并提供多种解决方案。

（2）集成化管理：系统支持多种通信协议，具有 OPC、DDE、ODBC 等动态数据交换功能，可无缝连接暖通空调控制系统、出入口控制系统、照明管理系统、视频监控系统，其特点是系统间可互操作。可组成多达 50 万点（近 2 万个 DDC）的大型四级网络系统，使用同一编程和监控软件。

（3）点对点通信：控制器之间是"无主"（Peer - to - Peer）通信方式，通信速率高，主网和子网分别可达到 10MB 和 76.8KB。

（4）网络功能强：可方便地与 Internet/Intranet 搭接，实现远程服务及多点操作。

（5）专业产品：DDC 种类多，点数设置合理，扩展功能强，可针对 BA 被控对象做到"量体裁衣"。

（6）结构灵活：I/O 接口种类软件设定，大部分控制器可与 PC 机连接，便于系统构成及现场调整和调试。

（7）功能强大：集实时监控、网络管理、绘图、编程和调试功能于一体。

1）强有力的画图功能可实现三维、动态，支持多媒体软件。

2）自动搜索 Delta 及第三方 BACnet 设备。

3）具有简便易行的画图方法，丰富的图形库。

4）使用 GCL＋通用编程语言并提供标准程序库，方便用户实施工程。

5）多层次动态数据和自动继承的网络地址。

14.21 Beckhoff 建筑自动化系统

倍福（Beckhoff）自动化有限公司总部位于德国威尔市，其主要推广的自动化新技术，是一种基于 PC 控制技术的开放式自动化系统。其产品范围包括工业 PC、I/O 和现场总线组件、驱动技术和自动化软件。这些产品线既可作为独立的组件来使用，也可将它们集成到一个完整的控制系统中，适用于各种行业领域。Beckhoff 始终坚持"自动化新技术"的发展理念，其自动化解决方案，从 CNC 机床控制到智能建筑物领域，已在世界各地得到广泛应用。

在建筑自动化领域，倍福自动化有限公司可提供一系列的工业标准硬件和软件组件，这就意味着，在保障所有组件高可靠性的同时，还兼顾使用寿命和易维护，从而确保长期有效的安全运行。倍福建筑物自控系统中的所有控制器都是采用具有良好开放性的以太网总线，传输带宽大、速度快，信号响应有较高实时性。由于倍福的开放式接口基于 IT 和 Windows 标准，因此倍福基于 PC 和以太网的控制技术自然就非常适用于建筑自动化领域。其产品除了满足传统的应用，还可以提供酒店、别墅等多种建筑物类型一整套的家居智能化控制。在过去 10 年里，倍福参与了众多项目的建设，如北京文联大厦办公楼以及浙江欧华广场商业中心，并取得了好评。

Beckhoff 的整体建筑自动化系统具备高性能系统的所有特点。将建筑物的所有传感器和执行器接入一套系统需要整合各种子系统，Beckhoff 提供了这种多元化控制方案。与过去相比，如今建筑自动化功能变得越来越丰富（又如遮光校正和百叶片调整），这对控制器提出了更高的要求，因此这就需要满足不同需求的高性能控制器组合。例如，Beckhoff 的控制器，可以根据房间环境对空调进行能耗管理和负载优化并传送到建筑管理系统以及各个子系统。又如将气象站采集的数据传送至建筑物的百叶窗控制器，让它们做出最理想的联动，这些都需要快速且开放的通信。

建筑物自动化系统的特点如下。

1. 模块化自动化组件

Beckhoff 用于连接数据点的总线端子模块系统拥有 400 多种，支持各种传感器和执行器。Beckhoff 模块系统非常灵活，可以根据项目要求插入所需的输入或输出。极其高的组装密度（宽度仅为 12 mm 的 16 位 I/O）将空间需求减少到最低并促进了日后的升级。总线端子模块系统是一个全球的自动化标准，适用于众多的应用程序。这就保证了其可用性并提供了较高的投资保障。

2. 可满足不同需求的控制技术

可满足不同需求的 Beckhoff 模块化控制系统为各项任务提供了合适的解决方案：从用作楼宇主控的高性能工业 PC 到本地房间控制的嵌入式控制器。基于 PC 的控制技术的性能以及所有组件的工业质量标准不仅为工业客户证明了自己，还在众多的楼宇自动化项目中证明了自己。楼宇自动化应用程序所要求的计算能力往往被低估。但基于 PC 的控制技术却提供了足够的性能。例如，幕墙所有百叶窗的同步定位需要高速的反应。同样地，当用控制器调节百叶窗片时，为了准确地定位百叶窗片则需要快速的周期。

3. 开放式通信系统

为了将控制器集成到现有的自动化拓扑结构中，Beckhoff 几乎支持楼宇自动化所有常用通信协议，例如：

BACnet、OPC‐UA、Modbus TCP（自动化层）；

DALI、DMX、EnOcean、LON、EIB/KNX、MP‐Bus、M‐Bus、Modbus RTU（现场层）。

总线端子模块控制器和 PCs 通过以太网通信到房间自动化层。这样，许多项目就不需要低层现场总线技术。可以省去从低层现场总线映射数据的附加网关。

4. 标准软件

所有系统的编程或参数化都使用 Twin CAT 自动化软件进行。PLC 的编程符合 IEC 61131‐3 标准。为了楼宇能永久安全操作，客户则需要技术人员的长期服务。因为全球大多数的控制器都是根据 IEC 61131‐3 进行编程的，所以 Twin CAT 系统非常适用。所有的程序都可以用同样的语言进行编程，也可以使用楼宇自动化库中的功能块。因为维护费用集中在同一个软件上，所以大大降低了寿命周期成本。

14.22　T3000 建筑控制系统

美国 Temco Controls 公司建筑自动化系统在中国的工程项目有长沙市府建筑物、上海施贵宝制药有限公司、上海凯福大厦等。

T3000 建筑控制系统硬件由 T3000 控制器和 T3000 MINI‐Panel 控制器组成。系统组成功能特点如下。

（1）T3000 控制器可以连接以太网，可以接显示器键盘或通过串行口接其他 PC 机，也可以接 MODEM。标准配置可支持 128 个端口。每个 T3000 可以有 8 块输入输出卡。每块输入输出卡可以有 16 路输入或 16 路输出。

（2）T3000 MINI‐Panel 控制器可支持 32 个端口。通过 RS485 总线可以连接 256 个控制器。RS485 总线可以用绞对线连接，也可以是 BACnet 软件。

（3）系统采用 DOS 操作系统。它支持 TIF 图形格式。用户可以通过控制 BASIC 编程语言。图 14 - 17 是 T3000 建筑控制系统。

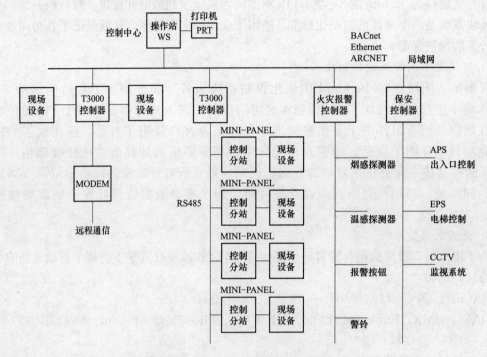

图 14 - 17   T3000 建筑控制系统

👷 14.23 KMC 建筑自动化系统

美国 KMC Controls（克鲁特控制）公司有多年制造建筑物自动化系统经验，它的变风量（VAV）控制系统占市场份额很高。该公司生产建筑物自动化系统。它在中国的工程项目有北京邮电部电信科研综合楼、北京贝尔综合楼、西安城市运动会运动员村、上海中银广场等。

其建筑自动化系统的特点如下。

（1）分布式控制，可以构成多达 50 万点系统。

（2）模块化结构。

（3）无主（Peer to Peer）通信。

（4）输入端为通用式，可以按信号模拟或数字量通过软件设定。

（5）视窗操作平台。

（6）图形操作界面。

（7）一体化控制器。

图 14 - 18 是 KMC 建筑自动化系统。

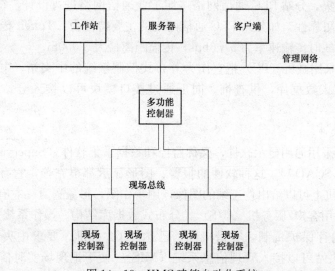

图 14-18 KMC 建筑自动化系统

14.24 三星（Samsung）数据系统有限公司

韩国三星（Samsung）数据系统有限公司有下列产品。

（1）Control City 建筑自动化系统。为高配置系统，控制能力达 128 000 点。

（2）ARGOS 建筑自动化系统。为实用性系统，达控制能力 8192 点。

（3）LGS-11 建筑自动化系统。为经济型系统，达控制能力 2 000 点。

（4）ATIS 智能建筑整体解决方案。用于智能化系统集成。

14.25 通 用 监 控 系 统

目前，用户大多要求系统开放性好、通用性强，因而通用监控系统应用在建筑物自制化系统中发展很快。

1. 系统的特点

（1）分级分布式结构。提高了可靠性，减少了线路。

（2）对环境适应性强。PLC 是适合工业环境的控制器，具有很好的环境适应能力和抗干扰能力。

（3）投资少。PLC 通用性强，价格低。

2. 系统的组成

通用监控系统是由通用的微机或工业控制机、可编程序控制器等通用硬件和通用监控和数据采集软件组成。

（1）分站。采用可编程控制器（PLC）或微机作为分站，执行现场数字直接控制功能。可以把控制器，控制终端，便携式计算机同时并入网络工作，在系统中建立公用数据库。所有信息都是全网络共享的。分站 PLC 是一种数字控制器，可以执行存储器存储的各种数学运算、逻辑运算、定时计数和程序控制等指令，通过模拟量和数字量的输入输出，实行各种控制和进行数据采集。分站 PLC 通信网络按照工业通信网络进行设计，符合 MAP 协议和规范，保证通信的可靠性，如分站 PLC 通信网络的主要特性为：Token 传递网络，最大 64 个站，用屏蔽对绞线时传输速率为 57.6bps，传输距离最大 3 000m。

（2）中央站。采用微机（PC）把它作为分布式控制系统的中央站。中央站可以和局域网相连，将数据存入数据库，供查询。向下通过接口模块可以接入分站网络和各个分站通信。

3. 通用监控软件

通用监控系统采用通用显示软件，又称监控和数据采集软件（Supervisory Control And Data Acquisition，SCADA）。这种软件的报警、图形显示都很完善，它有非常强大的图形用户界面，在 PC 机上可以给出伪三维的图像，用于作图，形象逼真。它有多种现场控制设备的驱动软件，采用客户/服务机（C/S）式分布式数据库结构。操作系统是 Windows NT，因为它能够提供内存保护机制，容错机制，已达到 C2 标准。要求中央站软件能够支持 TCP/IP。这样中央站可以接入管理信息系统（MIS）。便于把现场实时信息送入管理信息系统。

例如，美国 Wonderware 公司的 Building Suite 2000 系统，包含 InTouch 可视化软件，InControl 实时控制软件。它有以下功能特点。

（1）面向对象的图形。软件使用简便，编辑功能强，可以在屏幕上方便而迅速地移动、放大、缩小或动画显示建筑物或一个物体的图像，速度很快。这种功能很强的面向对象的设计工具很容易绘制、对齐、安排层次、旋转、变换、复制、粘贴、删除图像等。这些功能都能通过工具箱取得，也可用标准的下拉式选单取得。它支持各种分辨率图形显示器，如 EGA、VGA。同时，在同一个视窗可显示多个物体的动画。

（2）动画链接。可以用动画链接来显示图形复杂的形状、多种色彩、运动及位置的变化。动画链接包括离散式、模拟式、字符串式的模式输入。水平及垂直滚动由独立的控制按钮分别控制，可显示或隐藏视窗控制按钮。对于离散式或模拟量的警报由线条、字符或填充的色彩链接。动态链接包括物体的高度和宽度、水平和垂直位置、可视度、离散式、模拟式和数字串式输出、旋转和信号灯闪耀等。

（3）标准用户界面。该软件保持同标准的 Windows 软件 GUI（图形用户接口）格式一致。这样可便于多种版本软件在 TOUCH VIEW 和其他的 Windows 软件间转换。TOUCH VIEW 软件和 Windows NT 支持的 TOUCH VIEW 软件使用相同的用户界面，这样可同时运行多种 Windows 程序。

（4）图形库。该软件有一个图形库，其中有多种复杂图形，用户可以随意调用、修改或复制，也可以按照用户的需求将其他常用的图形加入到 TOUCH VIEW 软件的工具箱中供开发时快速使用。它有可扩展的工具箱，允许用户及软件开发者自行设计更复杂的图形库，如由 AutoCAD 图形转换的图形库。自动建立图形及数据点图形的用户图形库，便于用户使用。

（5）网络动态数据交换（NetDDE）。该软件还可使用 NetDDE，由于在联网中不同方式间的 DDE 连接，用户可以获得极大的好处。这种在 Windows，VMS 和 UNIX 操作环境的连接是建立在如 NetBIOS、TCP/IP 及 BEC NET 加串口通信网络协议上的。NetDDE 使工作站具有网络协议的虚拟网关功能。

（6）用户特性。该软件具有多种分布式特性。

1）动态引用。它允许用户在输入或输出点运行过程中改变数据引用，这意味着在运行过程中，用户可以改变 DDC 地址、Excel 图表及 DDE（动态数据交换）数据引用。由于这种功能的存在，操作者要查寻图表中任意一栏都十分容易。同时还有在 I/O 服务器之间或在其他 DDE 应用之间的动态交换功能。这种动态引用提供了灵活机动的强大功能。

2）分布警报。该功能允许多个警报同时进行。这使得用户在同一时间可从多个远方地点取得警报信息。这种新的分布警报功能允许用户用鼠标器确认、警报滚动条及其他许多为网络应用的新功能来进行。这种新的分布式历史趋势系统允许用户在一个趋势图里用不同的笔动态定义各个警报文件。因为该软件允许同时在流程图中使用 8 支笔，这样用户可以在任一时间查寻多个警报文件。

3）远地开发。该功能可以运用于大型的多节点的安装。它可以在联网中更新所有的节点，既能够按照事先设置时间自动实现，也能够由操作者控制或随事件发生而实现。

（7）实时数据库。可以将离散型、实型、整型或字符串型数据从图表输入数据库或其从数据库软件输入图表。对于任一种形式数据都没有数量的限制。还可以从电子表格，其他数据库或编辑程序输入或输出数据。

（8）实时及历史趋势图。内置图形功能简化了实时和历史趋势图的显示。同时有 8 支笔进行历史趋势图的显示，而且每支笔是用于不同的历史文件。各历史文件都有一个运行时选择标记，并同时具有显示数值、放大缩小及中央显示等功能。它还可以输出数据到 Excel 文件、文本文件或任何 DDE 文件。4 支笔用于显示趋势数值，不限制同一应用中或同一屏幕下的图表显示的数量。

（9）警报功能。警报功能强大，很容易定义及设置警报信息的优先级。该软件可提供 1～999 级警报优先级，并且根据报警状态的不同而变换颜色，同时又可将警报按照各层次分为 8 组，每一个警报组下可分为 16 个警报分组。对于警报数目是没有限制的。警报的输出可以显示在屏幕上，也可以记录在磁盘或打印出来。可以个别地选择显示、输入磁盘或打印的格式，如简要或详细地显示所有的警报或其分警报。这种分布警报有全局确认、警报滚动显示及同一警报目标的多处警报信息显示的功能。

（10）程序编辑器。该软件提供了强大的供快速的原形、后台计算或模拟的程序。条件程序包括了当"真"时、当"假"时，如果"真时"和如果"假时"执行。按钮程序包括了在按钮向下，当按钮向下及当按钮向上时执行。窗口程序是当窗口开、关或如果窗口开时被执行。数据转换程序是当在操作员作用下选择对象或在警报状态下改变数据值时执行。程序编辑是非常容易的，所有的功能都设置成编辑程序窗口的按钮。只要选择按钮这样简单操作就可完成程序的功能及数据变化。程序编辑器本身具有查找、替换和转换功能。同时对于条件程序它还支持多达 256 个字符的表达式。

（11）程序函数。程序函数支持逻辑和数学的表达式。当机器内部选用双精度浮点数计算时，用户可显示单精度浮点数。增加了一些新程序函数，如字符串运算、数学函数、文件输入/输出、系统资源、16 进制或科学计数表示法。用户还可以写他们自己的程序函数并应用扩展工具把它们加入到程序函数选单中。

（12）口令保护。口令保护提供了内置的，多达 10 000 层的注册口令保护。同时为口令注册及条件操作提供了扩展的功能。

(13) 优化数据采样。该软件的优化数据采样使得大量数据的采样成为可能。据此能够被连续采样的数据点是当前视窗所显示的或者用于报警、历史数据或程序激活的数据点。TOUCH VIEW 自动跟踪数据点的应用可避免使用复杂的采样数据表格。

(14) 文件打印。用户可以直接用软件方便地设计并生成客户报表。通过设置，如有事件发生，可自动打印出报表。该软件还可自动地通过电子邮件将报表传送出去。该软件还提供众多的应用文件。

(15) 数据库访问。该软件提供的数据库访问使该软件的用户几乎可以直接进入所有大型数据库软件，如 Microsoft SQL Server，ORACL，Sybase，dBase 或者其他支持开放数据库互联（ODBC）标准的软件。

(16) 可扩展的工具软件包。这种工具软件包允许用户根据特殊的要求定义或扩展该软件功能。这种工具软件包包括图形库开发软件、高级程序软件和 IDEA 工具软件。用户可以通过运用 C 语言生成自己的图形库及特定的程序函数并使其作为开发系统的一部分。另外，用户还可借助于 Visual Basic，FORTRAN，Pascal 等软件功能来改进可视元件、表格、数据库访问及操作功能。

其他公司的 SCADA 通用显示软件有以下几种。

(1) FIX 系列软件。为美国 Intellution 公司产品。

(2) Citect 系统。由澳大利亚西雅特（CiT）公司开发。

(3) WinCC 系统。为西门子公司产品。

(4) RSView32 系统。为 Rockwell 公司产品。

(5) King View 组态王软件。为北京亚控科技发展公司产品。

(6) Web Access 系统。由研华（AD VANTECH）自动化公司产品。

(7) GH 通用组态式工业监控软件。由北京恒力电脑技术公司开发。

(8) MCGCS（Monitor and Control General System）组态软件。由北京中泰计算机技术研究所开发。

(9) Eagleye pSCADA 系统。由新加坡宇博系统工程有限公司生产。

(10) Synchro IBMS 协同集成管理平台。是西安协同数码股份有限公司的产品。

第15章

建筑自动化工程实例

👷 15.1 概　　述

建筑自动化系统是通过对建筑物的空调系统、制冷站、给排水、变配电及电梯等系统的自动控制来为建筑物提供舒适、高效环境的。

在现场配置了 DDC 控制器及各种传感器，如水温传感器、差压传感器、压力传感器、流量计、液位计以及各种执行器。通过布置在现场的各种传感器，来收集信息，送到控制器（DDC），经分析处理后，发出指令给现场的执行器，实现对建筑物内各种机电设备的自动控制。

在位于地下一层的制冷机房，有两台冷冻机组，在冷冻水的供、回水管路上布置有水温传感器、差压传感器、压力传感器，用来监测供、回水的温度、压力。控制室内设有 DDC 控制器，传感器将信号传至 DDC 控制器，控制器做出分析处理，并协同冷冻机的控制单元，控制冷水机组、冷冻水泵、冷却水泵等设备的运行，使水温达到要求，并进行台数控制。在冬季转入冬季运行控制模式，以保证设定的供水温度。

在建筑物各层空调机组等空调设备和风机等通风设施，就地配以 DDC 控制器，控制设备自动运行，满足环境的要求。

监控中心设有中央控制计算机。中央控制计算机是用来将所有的 DDC 控制器连接起来，实现对 DDC 控制器及其下属设备的总控，其作用就类似于计算机系统中的服务器。中央控制计算机是由计算机及其彩色显示器、打印机、通信接口器和专用软件组成的。通过中央控制计算机，可看到建筑物的平面图，设备的工艺流程图、运行工况图、各种分析报表、数据等。使操作员清楚地了解建筑物内各种设备的运行情况。

对于系统和设备的各种历史资料、数据信息、维修记录等，管理人员可随时从计算机中调出查看，并可打印输出。

👷 15.2 系　统　配　置

全部系统采用 Honeywell 公司的 Excel 5000 系列产品组成。

（1）制冷机组的控制。冷冻站内共有制冷机组 2 台、冷冻水泵 2 台、冷却水泵 2 台，房顶上有冷却塔 6 台。在冷冻站内设一台 DDC 控制器，对 2 台制冷机组及其外围设备进行自动控制；现场元件（执行器和传感器）有水温传感器、差压传感器、压力传感器、液位传感器、电动调节阀等。

（2）直燃机组的控制。建筑物设有一台直燃机组。通过采集直燃机组运行状态数据，在中央站上进行监视，同时监控其外围设备，即室外油箱、日用油箱。控制器与冷冻站系统合用一台控制器，现场元件（执行器和传感器）有液位传感器等。

（3）空调设备的控制。空调系统采用了全空气空调系统加风机盘管，共有组合式空调机组 43 台。在各楼层就地设置 DDC 控制器，对各机组进行分区控制；现场元件为风道温度传感器、风阀执行器、冷热水调节阀、过滤器压差开关等。共设 15 台 DDC 控制器。

（4）给、排水系统的控制。建筑物内共有生活水池 1 个、污水集水坑 1 个，屋顶水箱 1 个。通过现场的液位传感器持续监测其液位状态，实现高低液位报警并控制水泵启停。现场元件为液位传感器。这些设备由设在冷冻站内的 DDC 控制器监控。

（5）热水泵的控制。两台热水泵由冷冻站系统 DDC 控制器控制。

（6）变、配电设备的控制。高压配电设备为微机保护的智能化设备。低压配电设备用智能化断路器和集散型智能电力监控仪。它能监测控制低压配电装置的运行状态、联络开关状态及故障报警，直接接入电流互感器、电压互感器信号，而无须采用变送器，能测量相电流、相电压、频率、有功功率、无功功率、视在功率、功率因数、电能（kWh，kVARh，kVAh），可直接安装于配电柜屏面有直观的数字显示，提供电力系统运行参数的历史数据、运行状态、联络开关状态及故障报警。并能通过 RS485 总线与监控中心主机联网，将所有测量数据送至监控主机。变压器温度等由 2 台 DDC 控制器进行控制。

（7）照明控制。对于建筑物外的路灯、广告灯、建筑物内部走廊及地下车库等公共照明系统，由 1 台 DDC 控制器进行控制，或就近接入其他 DDC 控制器进行监控。

（8）通风控制。在地下一层共有 5 台通风机，与冷冻站系统合用一台 DDC 控制器，大厅 12 台通风机设置一台 DDC 控制器。

（9）监控中心。在中央控制室，设置计算机图形中心，采用奔腾电脑作为各个 DDC 控制器的中央站。通过图形中心，可以从显示器屏幕上观察各层设备的运行情况，并可用键盘和鼠标对现场设备进行控制操作。图形中心由计算机、CSS 通道接口器、专为该工程设计的配套控制软件组成。

（10）与专用控制系统连接。对冷冻机及电梯等自身带有控制系统的设备，如果要与 BA 系统连接，可以采用以下方法。

1）采用 Honeywell 的 DDE link 第三方联结器。该方法可实现双向通信，但费用昂贵，而且须编程序。需要设备生产厂家提供通信接口、通信协议、参数定义及数据格式等资料。

2）由厂家提供上述参数资料，通过网卡联结到计算机系统中。另编一套程序，在中央站上显示。由于 WIN98 或 NT 是可执行多任务的，因此该程序可与 Honeywell 系统同时在中央站上运行。此方法费用较低，但不能实现双向通信。

3）由厂家为中央站上显示的参数，如运行状态、故障状态等参数提供相应的无源触点，通过 DDC 控制器将信号读入系统。此方法要占用 DDC 点数，所能采集到的信息量较少。

BAS 系统的监控点表如下。

（1）空调机组（1 层 2 台、2 层 1 台，合计 3 台）。

序号	设备名称及控制功能	数量	DI	AI	DO	AO	合计
	回风温度			3			
	过滤器压差		3				
	防冻开关报警		3				
	表冷器电动调节水阀					3	
	风阀控制					3	
	风速控制					3	
	送风机状态及故障		6				
	送风机启/停				3		
	空调机组合计	3	12	3	3	9	27
	选用 XL—100 DDC 控制器，合计 36 点		12 点 AI/DI 通用、12 点 AO/DO 通用、12 点 DI				

（2）排风机（12 台）。

序号	设备名称及控制功能	数量	DI	AI	DO	AO	合计
	排风机状态及故障		24				
	排风机启/停				12		
	排风机合计	12	24	0	12	0	36
	选用 XL—100 DDC 控制器，合计 36 点		12 点 AI/DI 通用、12 点 AO/DO 通用、12 点 DI				

（3）冷热源设备。

序号	设备名称及控制功能	数量	DI	AI	DO	AO	合计
	冷冻机组启/停	2			2		
	冷冻机组运行状态		2				
	冷冻机组故障报警		2				
	冷冻水泵启/停	2			2		
	冷冻水泵运行状态		2				
	冷冻水泵故障报警		2				
	冷却水泵启/停	2			2		
	冷却水泵运行状态		2				
	冷却水泵故障报警		2				
	冷却塔启/停	6			6		
	冷却塔运行状态		6				
	冷却塔故障报警		6				
	冷冻水压差	2		2			
	冷冻水供/回水温度	1		2			
	冷却水供/回水温度	1		2			
	冷冻水供水流量	1		1			
	膨胀水箱水位	1	2				
	室外油箱液位	1	2				

序号	设备名称及控制功能	数量	DI	AI	DO	AO	合计
	日用油箱液位	1	2				
	排风机	5					
	排风机状态及故障		10				
	排风机启/停				5		
	生活水池液位	1	2				
	生活水泵运行状态	2	2				
	生活水泵故障报警		2				
	生活水泵启/停				2		
	污水池液位	1	2				
	污水泵运行状态	6	6				
	污水泵故障报警		6				
	污水泵启/停				6		
	合 计		60	7	25	0	92
	XL—500 控制器一台 I/O 模块配置		5	1	5	0	11

（4）变配电系统。

序号	设备名称及控制功能	数量	DI	AI	DO	AO	合计
	变压器温度	2		2			
	低压配电柜运行状态	15	15				
	低压配电柜故障报警	15	15				
	高压配电柜运行状态	1	1				
	高压联络柜故障报警	2	2				
	高压联络柜运行状态	2	2				
	室外照明运行状态	4	4				
	室外照明故障报警		4				
	室外照明启/停				4		
	合 计		43	2	4	0	49
	选用 XL—100 DDC 控制器，合计 36 点，12 点 AI/DI 通用、12 点 AO/DO 通用、12 点 DI						

（5）照明。

序号	设备名称及控制功能	数量	DI	AI	DO	AO	合计
	走道照明运行状态	10	10				
	走道照明故障报警		10				
	走道照明启/停				10		
	重要双电源切换箱状态	4	4				
	合 计		24	0	10	0	34
	选用 XL—100 DDC 控制器，合计 36 点，12 点 AI/DI 通用、12 点 AO/DO 通用、12 点 DI						

建筑自动化系统的系统图如图 15-1 所示。

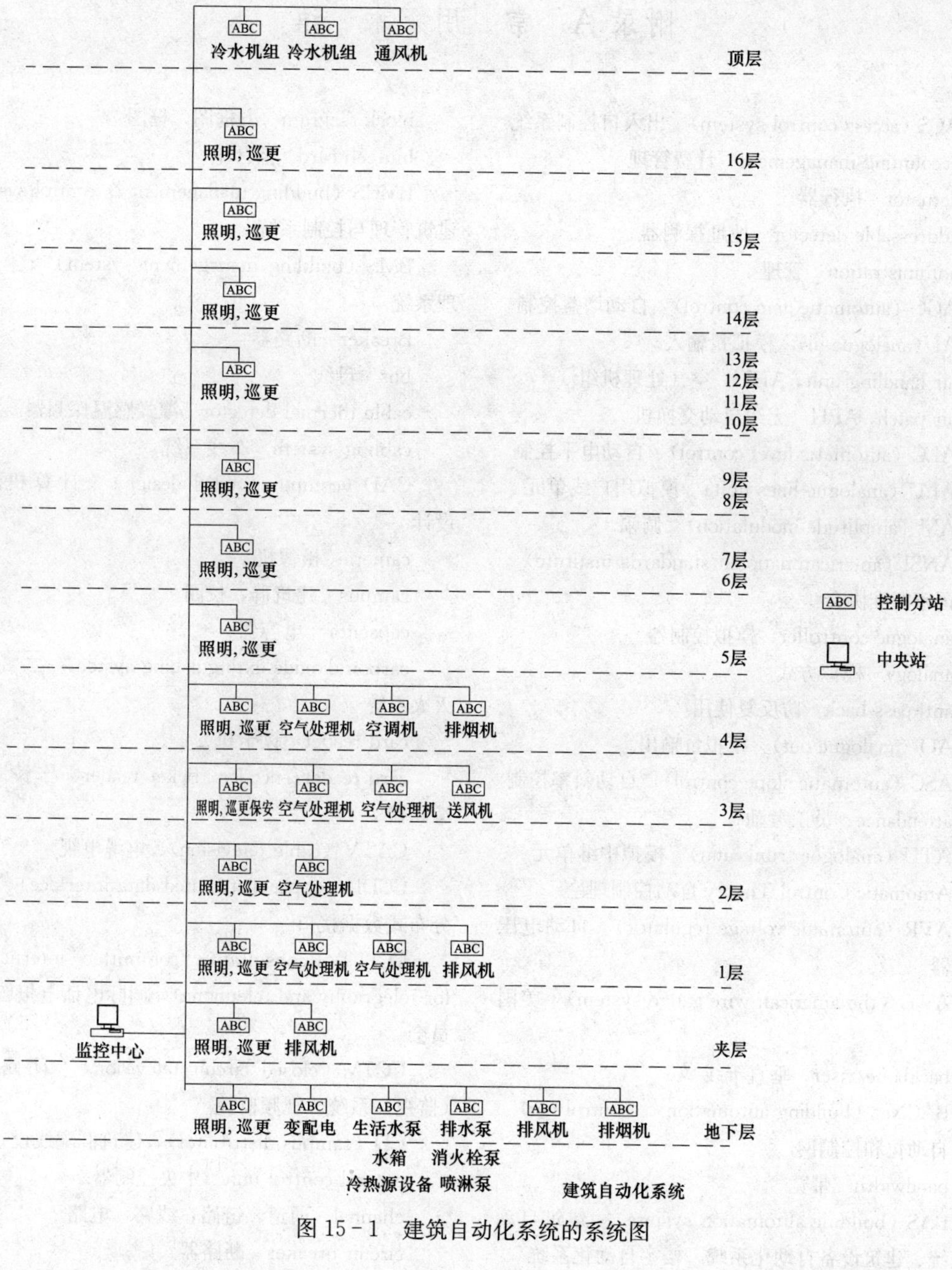

图 15-1　建筑自动化系统的系统图

附录 A 常 用 术 语

ACS（access control system） 出入口控制系统

accounting management 计费管理

actuator 执行器

addressable detector 地址探测器

administration 管理

AGC（automatic gain control） 自动增益控制

AI（analogue in） 模拟量输入

air handling unit，AHU 空气处理机组

air patch，APH 无线自动交换机

ALC（automatic level control） 自动电平控制

ALU（analogue lines unit） 模拟用户线单元

AM（amplitude modulation） 调幅

ANSI（american national standards institute）
美国国家标准协会

analogue controller 模拟控制器

analogy 模拟方式

anti-pass back 防反复使用

AO（analogue out） 模拟量输出

ASC（automatic slope control） 自动斜率控制

attendance 员工考勤

ATU（analogue trunk unit） 模拟中继单元

Automatic Control Theory 自动控制理论

AVR（automatic voltage regulator） 自动电压
调整器

AWG（the american wire gauge system） 美国
线规

backbone/riser 垂直干线

BACNet（building automation & control net）
建筑自动化和控制网

bandwidth 带宽

BAS（building automation system） 建筑自动
化系统、建筑设备自动化系统，楼宇自动化系统

Basic fundamentals of power electronics 电力
电子基础

Basis of Analogue Electronic Technique 模拟电
子技术基础

BISI（building intelligent system integration）
建筑物智能系统集成

blacklist 黑名单

block diagram 方框图，框图

bluteeh card 蓝牙卡

BMCS（building management & control system）
建筑管理与控制系统

BMS（building management system） 建筑管
理系统

Breaker 断路器

bus 母线

cable thermal detector 缆式感温探测器

cabling system 布线系统

CAD（computer aided design） 计算机辅助
设计

camera 摄像机

campus 建筑群，校园

capacitor 电容器

carbon dioxide extinguishing system 二氧化碳
灭火系统

card reader 读卡机

card reader/encoder, ticket reader 卡读写器/
编码器

CATV（cable television） 电缆电视

CCDI（copper distributed data interface） 铜缆
分布式数据接口

CCITT（consultative committee international
for telegraphy and telephone） 国际电话电报咨询委
员会

CCTV（closed circuit television） 闭路电视
（监视）系统，视频监控

CD（campus distributor） 建筑群配线设备

central control unit 中央控制器

channel 通道，链路，线路，电路

circuit breaker 断路器

circuit components 电路元件

circuit parameters 电路参数

CNS（communication network system） 通信
网络系统

coax cable 同轴电缆

combination detector （感温、感烟）复合探
测器

222

communication　通信

compression　压缩

compressor　压缩器

concentration　集中式

conductance　电导

conductor　导体

connect block　连接块

controller　控制分站，控制器

conventional detector　常规探测器

CP（connect point）　转接点

CPU（central process unit）　中央处理器

cross-connect jack panels　混合式配线架

CRT（cathode ray tube）　显示器，监视器

CSU（high C bus servers unit）　高速 C 总线服务单元

daisy chain　链式

datum，data　数据

DBMS（data base system）　数据库（软件）系统

DC（direct current）　直流

DCE（data circuit terminating equipment）　数据电路终接设备。

DCP（distributed control panel）　分散控制器

DCP - G（distributed control panel-general）　普通型分散控制器

DCP - I（distributed control panel-intelligent）　智能型分散控制器

DCS（distributed control system）　集散式控制系统

DDC（direct digital control）　直接数字控制

DDN（digital data network）　数字数据网

detection devices　监测器

DGP（data gathering panel）　数据采集器

DI（digital in）　数字量输入

diagnostics　诊断

digital　数字，数字化方式

digital controller　数字控制器

Digital Electrical Technique　数字电子技术

direct-current　直流

DLU（digital line unit）　数字用户单元

DMI（digital multiple interface）　数字多路复用接口

DO（digital out）　数字量输出

door contacts　门传感器

DP（data procession）　数据处理

DSP（digital signal processor）　数字信号处理器

DSS（decision support system）　决策支持系统

DTE（data terminal equipment）　数据终端设备

DTU（digital trunk unit）　数字中继单元

dual-technology sensor　双鉴传感器

dynamic response　动态响应

e. m. f（electromotive force）　电动势

EDI（electronic data interchange）　电子数据交换

electric energy　电能

electrical device　电气设备

Electrical Drive and Control　电力传动与控制

electronic machine system　电子电机集成系统

EMC（electro magnetic compatibility）　电磁兼容性

emergency lighting　事故照明设备

emergency power　应急电源

EMI（electro magnetic interference）　电磁干扰

equipment　设备，装备，器械

ER（equipment room）　设备室

ERO（Ethernet router option）　以太网路由器选件

error detector　误差检测器

error signal　误差信号

ERS（Emergency Response System）　应急联动系统

Ethernet　以太网

FAS（fire alarm system）　火灾报警系统

FAS（fire-fighting automation system）　消防自动化系统

fault clearing time　故障切除时间

FCS（field control system）　现场总线

FCU（fan coil unit）　风机盘管

FDDI（fiber distributed data interface）　光纤分布数据接口

fee computer/control unit　收费计算机/控制单元

fee indicator　费用显示器

feed　信号馈送

feedback loop　反馈回路

feedback signal　反馈信号

feedback system　反馈系统

filter　滤波器

fire alarm control unit　火灾自动报警控制装置

fire extinguisher　灭火器

fire hydrant　消火栓

fire lift　消防电梯

fire protection device　消防设施

fire public address　火灾事故广播

fire telephone　消防电话

fixed temperature heat detector　定温探测器

flame detector　火焰探测器

forward transfer function　正向传递函数

FR（frame relay）　帧中继

frequency　频率

FS（file server）　文件服务器

FS（flow rate switch）　流量开关

FSK（frequency shift keying）　移频键控

FTP（foil twisted pair）　金属箔对绞线

FTTD（fiber to the desk）　光纤到桌面

FTTH（fiber to the home）　光纤到家庭

fuzzy logic　模糊逻辑

gain　增益

gate　闸门

gateway　网关

generating　发电

generator terminal　机端

generator　发电机

glass break sensor　玻璃破碎传感器

GPS（Global Position System）　全球定位系统

Green Data Center　绿色数据中心

GCS（generic cabling system）　通用布线系统，综合布线系统

HD（hard disk）　硬盘

HDTV（high definition television）　高清晰度电视

heat detector　感温探测器

HFC（hybrid fiber coax）　光纤同轴电缆混合系统

HI（host interface line）　主计算机接口

High voltage engineering　高电压工程

high voltage switch gear　高压开关柜

high-performance　高性能的

hi-tech building　高科技建筑

horizontal　水平干线

hub　集中器，集线器

hub head end　中心前端

HVAC（heating ventilation air conditioning）暖通空调

HWS（hot water supply）　热水供应（系统）

hybrid　混合式

IB（intelligent building）　智能建筑

IBDN（integrated building distribution network）综合建筑分布网络

IBS（intelligent building system）　智能建筑物系统

IDF（intermediate distribution frame）　干线交接间，分配线架

IDS（industrial distribution system）　工业布线系统

IDU（indoors unit）　室内单元

IEC（international electrical commission）　国际电工学会

IEEE（institute of electrical and electronic engineer）　（美国）电气及电子工程师学会

IN（information network）　信息网络

input interface　输入接口

inrush current　涌流

insulation　绝缘

Internet　国际互联网络，因特网，互联网

intruder alarm　入侵报警、防盗报警

ionization smoke detector　离子感烟探测器

IOS（intelligent out station）　智能外围站

IOS（Internet Operating System）　互联网操作系统

IP（internet protocol）　互联网协议，因特网协议

ISDN（integrated services digital network）　综合业务数字网

ISO（international organization for standardization）　国际标准化组织

IT（information technology）　信息技术

ITU（international telecommunication union）国际电信联盟

key board　键盘

key box　钥匙管理箱

LAN（local area network）　计算机局域网，局域网，本地网

Lectures on electrical power production　电力工程讲座

lens　（摄像机）镜头

light emitting diode（LED）　发光二极管

local lamp　就地（报警）灯

local signaling　现场报警器

low voltage switch gear　低压开关柜

lower limit　下限

magnetic strip card　磁带卡

mainframe　大型计算机，主机

manual call point　手动报警器

manual control　手动控制

MCP（multimedia computer）　多媒体计算机［系统］

MCU（multipoint control unit）　多点控制单元

MDF（main distributing frame）　主配线架，总配线架；设备间，主交接间

microprocessor based motion detectors　微处理机式运动传感器

microprocessor system　微处理机系统

MIS（management information system）　管理信息系统

monitor　监视器

MP（modem pooling）　调制解调器群

multi media　多媒体

multi-criteria evaluation　多准则评估

multimode optical fiber cable　多模光缆

NCS（network control system）　网络控制系统

neurotic network　神经网络

NIU（network interface unit）　网络接口单元

NTE（network terminal equipment）　网络端接设备

OAS（office automation system）　办公自动化系统

OCR（optical character recognition）　光学字符识别

ODU（outdoors unit）　室外单元

on/off　开关，双位或继电器型控制

operational calculus　算符演算

optical disk　光盘

optical fiber　光纤

OSI（open system interconnection）　开放系统互联

OSS（optimum start stop）　最佳启停，优化启停

panic button　报警按钮

parallel port　并行通信接口

parking management system　停车场管理系统

PAS（public address system）　公共广播系统

patch panel　配线架，跳线架

pattern recognition method　模式识别法

PBX（private branch exchange）　用户交换机

PC（personal computer）　微机，个人计算机

PDN（public data network）　公用数据网

PDS（premises distribution system）　建筑布线系统

peer bus　同层总线

photoelectric smoke detector　光电感烟探测器

PIR（passive infrared detector）　被动式红外线传感器

PLC（programmable logic controller）　可编程序控制器

plotter　绘画机

plugging　反向制动

PMS（property management system）　物业管理系统，资源管理系统

potential transformer（PT）　电压互感器

power factor　功率因数

power matching　功率匹配

pressure-operated　压力操纵

pressurization fan　加压风机

PRI（primary rate interface）　基群速率，基群速率接口

primary cell　原电池

principle of circuits　电路原理

proximity card　接近卡

PSK（phase shift keying）　移相键控

PVCS（public video conferring system）　公用型视频会议系统

rate of rise thermal detector　温升速率探测器

rating　额定

ratio　变比

reactance　电抗

reactive current 无功电流

reactive load 无功负载

reactive loss 无功损耗

reactive power compensation 无功补偿

shunt capacitor 并联电容器

reactive power 无功功率

reactor 电抗器

real time 实时，（事件发生的）同时，真正的时间

receiver 接受器，终端解码器

receive-side 受端

reference value 参考值

reference voltage 基准电压

reflected sound 反射声

regeneration 再生，后反馈放大

regulation 调节

regulator 调节器

reinforced excitation 强行励磁

remote control units 远端控制器

remote head end 远地前端

repeater 中继器

resistance 电阻

resistor 电阻器

resolution 清晰度

RFID (radio frequency identification) 射频识别，电子标签

RMC (repeater management controller) 无线信道控制器

RMU (redundancy memory unit) 冗余存储器

room's coefficient 房间系数

router 路由器

S/N (signal/noise) 信噪比

safety lighting 安全照明

SAS (security automation system) 安全防范自动化系统

saturation effect 饱和效应

SC (supervisory center) 中央站，监控中心，管理中心

SCADA (supervisory control and data acquisition) 监控和数据采集（软件）

scanner 扫描器

SCS (security system) 保安系统

SCS (structured cabling system) 结构化布线系统

SDCA (synchronization DCA) 同步数据通信适配器

SDMA (space division multiplex access) 空分多址

season cards 月季票卡

sensitivity 灵敏度

sensor 传感器，感应器

serial port 串行通信接口

server （电脑）服务器

shock sensors 震动传感器

short-term card 计时票

signaling devices 报警装置

simulation analysis 仿真分析

slot 槽

smart card 智能卡

smoke control system 排烟系统

smoke damper 排烟阀（挡板）

smoke detector 感烟探测器

smoke extractor exhaust fan 排烟风机

smoke vent 排烟口

SNA (systems network architecture) 系统网络构架

SNMP (simple network management protocol) 简单网络协议

sound reinforcement system 扩声系统

speed regulation 速度调节

speed-torque curve 转速力矩特性曲线

splitter 分配器

sprinkler system 自动喷水灭火系统

spur feeder 分支线

stabilization network 稳定网络

stabilizer 稳定器

stabilizing transformer 稳定变压器

static (state) 静态

STB (set-top-box) 机顶盒

step-up transformer 升压变压器

stereo 双声道，立体

storage battery 蓄电池

stored value/pre-paid cards 储值（预付）票

STP (shielded twisted pairs) 屏蔽双绞线

strike 电子门锁

switch station 开关站

synchronization　同步

synchronous speed　同步转速

system distortion　系统失真

system integration　系统集成

tape recorder　磁带录音机

tap　分接头

TC（telecom closet）　通信配线间，电信间

TCS（telecommunication system）　通信系统

TDM（time division multiplex）　时分多路，时分多路复用

TDMA（time division multiplex access）　时分多址

TDS（time division system）　时分交换系统

telephone　电话，电话机

Telex　用户电报，电传，电传机

TEP　时间/事件软件

terminal　终端机

text　文字，正文

the dielectric　电介质

the greatest noise power　最大噪声功率

three phase fault　三相故障

three-column transformer　三绕组变压器

ticket dispenser　发卡机

time constant　时间常数

time delay　延时

time invariant　时不变的

time lapse VTR（Video Tape Recorder）　时移录像机

time-phase　时间相位

TO（telecommunication outlet）　信息插座

TOD（time of day）　日期—时间与节日程序

Token - Ring　令牌网，令牌环网

TP（transition point）　过渡点

TP（twist pair）　双绞线

transfer function　传递函数

transformer substation　变电站

transformer　变压器

transient characteristic　瞬态特性

transient response　瞬态响应

transient stability　暂态稳定

transistor　晶体管

transmission form　传输方式

transmission frequency characteristic　传输频率特性

transmission line　输电线

tri-technology sensor　三鉴传感器

trunk amplifier　干线放大器

trunk feeder　干线

two-way configuration　二线制

UPS（uninterrupted power supply）　不间断电源，不停电电源

UTP（unshielded twisted pair）　非屏蔽双绞线

VAST（very small aperture terminal）　甚小口径天线智能化微型地球站

VAV（very air volume）　变风量

VCS（video conference system）　会议电视系统，会议电视

video interphone　可视对讲器

video phone　可视电话

video switchers　图像切换控制器

video text　可视图文

VLM（voice linking module）　话音链路模块

VMS（voice mail system）　话音邮递系统，有声邮件，语言信箱

VOD（video on demand）　视频点播

WAN（wide area network）　广域网

watchman tour　保安人员巡逻

web camera　网络摄像机

Wigand card　嵌磁线卡、云根卡

winding　绕组

windows　窗口，视窗操作系统

work area　工作区

WP（word process）　文字处理

WWW（world wide web）　万维网，互联网

附录 B 电气技术文字符号

类别	文字符号	中文名称	英文名称
线缆敷设方式的标注	CE	混凝土排管敷设	Concrete encasement
	CP	穿金属软管敷设	Flexible metal conduit
	CT	用电缆桥架敷设	cable tray
	DB	直埋敷设	direct burying
	FPC	穿阻燃聚氯乙烯管敷设	flame retardant PVC conduit
	K	瓷片或瓷珠敷设	
	M	用钢索敷设	messenger wire
	MR	金属线槽敷设	metallic raceway
	MT	穿金属电线管敷设	Metallic tubing
	PC	穿聚氯乙烯管敷设	PVC conduit
	PCL	用瓷夹敷设	
	PMC	穿蛇皮管敷设	flexible metal conduit
	PR	塑料线槽敷设	PVC raceway
	SC	穿焊接钢管敷设	welded steel conduit
	TC	电缆沟敷设	Cable trough
线缆敷设部位的标注	AB	沿梁或跨梁敷设	along or across beam
	AC	沿柱或跨柱敷设	along or across column
	BC	暗敷在梁内	concealed in beam
	CC	暗敷在屋面	concealed in ceiling or slab
	CLC	暗敷在柱内	concealed in column
	F	地板或地面下敷设	Floor
	SCE	吊顶内敷设	recessed in ceiling
	WC	墙内敷设	concealed in wall
	WS	沿墙面敷设	wall surface
设备安装方式的标注	C	吸顶式	Ceiling
	CL	柱上	Column
	CR	顶棚内安装	Recessed in ceiling
	CS	链吊式	Catenaries Suspension
	DS	管吊式	conduit suspension
	HM	座装	Holder Mounting
	R	嵌入式	Flush type
	S	支架	support
	SW	线吊式	Wire suspension

续表

类别	文字符号	中文名称	英文名称
设备安装方式的标注	W	墙装式	wall
	WR	墙壁内安装	Recessed in wall
参数	P_N	设备安装功率	installed capacity
	P	计算有功功率	calculate active power
	I_C	计算电流	calculate current
	f	频率	Frequency
	Un	标称电压	nominal voltage
项目种类代号	**A**	部件、组件	
	AM	计量柜	Electric energy measuring cabinet
	AH	高压开关柜	HV switchgear
	AA	交流开关柜	AC switchgear
	AD	直流开关柜	DC switchgear
	AP	动力配电盘	Power distribution board
	APE	应急动力配电盘	Emergency power distribution board
	AL	照明配电盘	Lighting distribution board
	ALE	应急照明配电盘	Emergency lighting distribution board
	AT	电源自动切换盘	Power automatic transfer board
	AC	控制箱	Control box
	AW	电度表箱	Watt hour meter box
	AFC	火灾报警控制器	Fire alarm controller
	ABC	建筑物自动化控制器	Building automation controller
	B	事件或状态检测	
	BP	压力传感器	Pressure transducer
	BT	温度传感器	Temperature transducer
	BF	流量传感器	Measuring transducer for flow rate
	BH	湿度传感器	Measuring transducer for humidity
	BL	液位传感器	Measuring transducer for level
	C	电容器	Condenser
	E	产生冷、热、光的物体	
	EH	发热器件	Heating device
	EL	照明灯	Lamp for lighting
	EV	空调器	Ventilator
	EE	电加热器	Electrical heater
	F	保护器件	
	FV	限压保护器件	Voltage threshold protective device
	FU	熔断器	Fuse

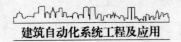
续表

类别	文字符号	中文名称	英文名称
项目种类代号	**G**	产生物质、能量或信号的物体	
	GA	异步发电机	Asynchronous generator
	GB	蓄电池	Battery
	GD	柴油发电机	Diesel – engine generator
	GU	不间断电源	Uninterrupted power system（UPS）
	H	信号或信息	
	HA	声响指示器	Acoustical indicator
	HL	光指示器	Optical indicator
	K	处理信号或控制其他物体的设备	
	KT	时间继电器	Time delay relay
	KC	电流继电器	Current relay
	KV	电压继电器	Voltage relay
	KF	频率继电器	Frequency relay
	KH	热继电器	Thermal relay
	M	提供动力驱动其他物体的设备	
	MD	直流电动机	Direct current motor
	MA	异步电动机	Asynchronous motor
	P	测量、试验设备	
	PA	电流表	Ammeter
	PV	电压表	Voltmeter
	PJ	电度表	Watt hour meter
	PW	有功功率表	Watt meter
	PF	频率表	Frequency meter
	PPA	相位表	Phase meter
	Q	电力电路的开关	
	QF	断路器	Circuit breaker
	QM	电动机保护开关	Motor protection switch
	QS	隔离开关	Disconnect，Isolator
	QR	漏电保护断路器	Residual current circuit breaker
	QL	负荷开关	Load – breaking switch
	QCS	转换开关	Change over switch
	QC	接触器	Contactor
	QST	启动器	Starter
	QTS	切换开关	Two direction switch
	R	电阻	Resistor
	S	提供手动输入信息或从系统选择信息的物体	

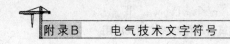

续表

类别	文字符号	中文名称	英文名称
项目种类代号	SA	控制开关，选择开关	Control switch, Select switch
	SB	按钮开关	Push - button
	SL	液位传感器	Liquid level sensor
	SP	压力传感器	Pressure sensor
	SQ	位置开关	Position switch
	T	能量或信息转换器	
	TA	电流互感器	Current transformer
	TM	电力变压器	Power transformer
	TV	电压互感器	Voltage Transformer
	W	传导、引导物质、能量、信息的物质	
	WP	电力线路	Power line
	WL	照明线路	lighting line
	WPE	应急电力线路	Emergency power line
	WLE	应急照明线路	Emergency lighting line
	WC	控制线路	Control line
	WS	信号线路	Signal line
	X	静态连接体	
	XT	端子板	Terminal board
常用辅助文字符号	A	电流	current
	A	模拟	analog
	AC	交流	alternating current
	A AUT	自动	automatic
	ACC	加速度	accelerating
	ADD	附加	add
	ADJ	可调	adjustability
	AUX	辅助	Auxiliary
	ASY	异步	A synchronizing
	B BRK	制动	Braking
	BC	广播	Broadcast
	BK	黑	Black
	BL	兰	Blue
	BW	向后	Back ward
	C	控制	control
	D	延时	Delay
	D	数字	Digital
	DC	直流	Direct current

231

续表

类别	文字符号	中文名称	英文名称
	DR	方向	Direction
	E	接地	Earthlings
	EM	紧急	Emergency
	EN	密闭	Enclosed
	EX	防爆	Explosion proof
	F	快速	Fast
	FM	调频	Frequency modulation
	G	气体	Gas
	H	高	High
	IN	输入	Input
	L	左	Left
	L	限制	Limiting
	LA	闭锁	Latching
	M	主	Main
	MAX	最大	Maximum
	MIN	最小	Minimum
	MC	微波	microwave
常用辅助	MN	监听	Monitoring
文字符号	MUX	多路复用	Multiplex
	N	中性线	Neutral
	NR	正常	Normal
	OFF	断开	Off，Open
	ON	闭合	On，Close
	OUT	输出	Output
	P	压力	Pressure
	P	保护	Protection
	PE	保护接地	Protective earthlings
	PEN	保护接地与中性线合一	Protective earthlings neutral
	PL	脉冲	Pulse
	PR	参数	Parameter
	R	记录	Record
	R	右	Right
	RD	红	Red
	RUN	运转	Run
	S	信号	Signal
	ST	起动	Start

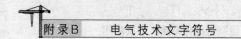

续表

类别	文字符号	中文名称	英文名称
常用辅助文字符号	S，SET	设置	Setting
	SA	安全	Safety
	SAT	饱和	Saturate
	SB	电源箱	Power supply box
	STE	步进	Stepping
	STP	停	Stop
	SYN	同步	Synchronize
	T	温度	Temperature
	T	时间	Time
	T	力矩	Torque
	TM	发送	Transmit
	U	向上	Up
	UPS	不间断电源	Uninterruptible power supplies
	V	真空	Vacuum
	V	速度	Velocity
	V	电压	Voltage
	VR	可变	Variable
	WH	白	White
	YE	黄	Yellow

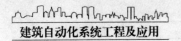
附录C 建筑自动化系统常用图形符号

符号	名称	英文名
○	传感器	Transducer
Ⓣ	温度传感器	Transducer, temperature
Ⓟ	压力传感器	Transducer，pressure
Ⓕ	流量传感器	Transducer, flow rate
Ⓗ	湿度传感器	Transducer，humidity
▭	控制器	Control
Ⓜ	电动执行器	Actuoctor
Ⓜ▷◁	电动调节阀	Electric valve
Ⓜ▷◁	电磁阀	Solenoid valve
○▷◁	三通电动调节阀	Shunt three way electric vale